国土资源部公益性行业科研专项（201511016-2）
国家自然科学基金青年科学基金项目（41702103）
联合资助

塔西陆相砂砾岩型铜铅锌矿床成矿特征与成矿模式

赵路通　张会琼 等　著

科学出版社
北京

内 容 简 介

本书系统介绍了塔西地区陆相砂砾岩型铜铅锌矿床的成矿地质特征，并总结了该矿床的成矿模式。全书共分六章，其中第一章介绍了塔西地区区域地质特征，第二章到第四章分别叙述了萨热克式砾岩型铜矿床、乌拉根式砂岩型铅锌矿床和花园式砂岩型铜矿床的成矿特征，第五章论述了矿床的成矿作用，第六章结合区域地质背景构建了矿床成矿模式。

本书适合矿床学和矿产普查与勘探学科领域的技术人员及国土资源相关管理部门参考。

图书在版编目(CIP)数据

塔西陆相砂砾岩型铜铅锌矿床成矿特征与成矿模式／赵路通等著．—北京：科学出版社，2022. 11

ISBN 978-7-03-072849-4

Ⅰ. ①塔…　Ⅱ. ①赵…　Ⅲ. ①塔里木盆地–陆相盆地–砂岩储集层–铜矿床–成矿规律–研究②塔里木盆地–陆相盆地–砂岩储集层–铜矿床–成矿模式–研究③塔里木盆地–陆相盆地–砂岩储集层–铅锌矿床–成矿规律–研究④塔里木盆地–陆相盆地–砂岩储集层–铅锌矿床–成矿模式–研究　Ⅳ. ①P618. 4

中国版本图书馆 CIP 数据核字（2022）第 146158 号

责任编辑：王　运　张梦雪／责任校对：何艳萍

责任印制：赵　博／封面设计：图阅盛世

科学出版社 出版

北京东黄城根北街 16 号

邮政编码：100717

http://www.sciencep.com

北京中科印刷有限公司印刷

科学出版社发行　各地新华书店经销

*

2022 年 11 月第　一　版　开本：787×1092　1/16

2025 年 2 月第二次印刷　印张：10 1/4

字数：243 000

定价：158. 00 元

（如有印装质量问题，我社负责调换）

前　言

塔西地区位于塔里木盆地西缘，在大地构造上属于西南天山造山带和西昆仑造山带的结合部位，中-新生代以来构造运动强烈，经历了复杂的盆-山耦合演化过程。该区先后在上侏罗统库孜贡苏组、下白垩统克孜勒苏群和中新统安居安组的砂岩、砂砾岩等陆相碎屑沉积岩层位中发现了萨热克大型铜矿、乌拉根超大型铅锌矿以及花园铜矿等一大批小型矿床、矿点及铜铅锌综合异常，成为我国一条重要的陆相砂砾岩型铜铅锌矿成矿带。

长期以来，由于经济价值上的差异、矿床规模以及研究实例的缺乏，陆相砂岩型铜铅锌矿床的研究程度远远低于海相砂岩型铜铅锌矿床，而塔西地区陆相砂岩型铜矿和铅锌矿同时发育，构成了一个较为完整的陆相砂岩型矿床成矿系列，在全球范围内都比较少见，且单个矿床规模已达到大-超大型，成矿特色明显，这为研究陆相砂岩型铜铅锌矿床成矿作用提供了绝佳范例。同时，近年来在萨热克铜矿东部库孜贡苏组中找矿勘查取得突破，新增铜资源量大于20×10^4t，在花园铜矿西部和南部安居安组中分别新探明吾合沙鲁中型铜矿和吉勒格小型铜矿，在加斯铅锌矿区深部勘查也取得突破，探获累计厚度超过100m的铅锌矿（化）体，显示出区域上具有广阔的找矿前景。因此，对塔西地区陆相砂砾岩型铜铅锌矿床的研究，不但对于指导矿产勘查工作具有重要的现实意义，而且对于丰富和发展矿床学理论也具有重要的科学意义。

本书是在原国土资源部公益性行业科研专项经费课题“塔西砂砾岩型铜铅锌矿床成矿规律与找矿预测”下属第二子课题“塔西砂砾岩型铜矿床成矿特征与成矿模式”（编号：201511016-2）研究成果的基础上编写而成的。该子课题的主要任务是通过对塔西地区砂砾岩型铜矿床地质资料的全面系统研究，总结该类型矿床成矿特征和成矿规律，建立成矿模式和找矿模型，进行成矿预测，指明大-超大型矿床的找矿方向，进一步提出工作建议。

本书在编写过程中吸收了“十二五”国家科技支撑计划项目“西南天山优势矿产成矿规律与预测评价研究”下属第三课题“西南天山中新生代砂砾岩型铜铅锌矿成矿潜力与靶区优选评价”（编号：2015BAB05B04-03）关于乌拉根铅锌矿床的研究成果。国家自然科学基金青年科学基金项目（编号：41702103）为本书部分研究工作提供了经费支持。

在本书编写过程中，于上述研究成果的基础上完善了区域地质背景部分内容，增加了吾合沙鲁铜矿、加斯铅锌矿和托帕铅锌铜矿的研究内容，以形成塔西地区陆相砂砾岩型铜铅锌矿床较为完整的学术性研究成果。

本书的出版是在中色紫金地质勘查（北京）有限责任公司和北京矿产地质研究院有限责任公司的大力支持下完成的。本书所涉及的研究工作得到了国家305项目办公室马华东和王威，有色金属矿产地质调查中心方维萱、刘增仁、叶雷和贾润幸，新疆鑫汇地质矿业有限责任公司郭正林和马忠美，紫金矿业集团股份有限公司矿产地质勘查员杨卫立，新疆紫金锌业有限公司李守业、石苏东和胡海滨等有关领导和专家的具体帮助和指导。本书编写过程中参考和利用了中国地质调查局南疆地质调查项目和新疆有关地勘单位的大量资料，在此对所有给予我们帮助的单位和个人深表谢意！

由于作者水平有限，书中疏漏在所难免，敬请读者批评指正！

目　　录

第一章　区域地质特征

第一节　构　　造

一、大地构造单元划分

塔里木盆地西缘大地构造整体特征是“一带一缘”，即北部为西南天山造山带，南部为塔里木地块北缘（图 1-1），构造形式在空间分布上对比明显：西南天山造山带以逆冲-逆掩断层和紧闭-倒转褶皱为主要形式，塔里木地块北缘以拗陷-断陷为主要形式。本书研究区共涉及西南天山造山带东阿赖冲断褶皱区（I^{1}_{1-1}）、塔里木地块苏鲁铁列克断隆区（II^{1}_{1-1}）、塔里木地块库尔干-翁库尔复背斜区（II^{2}_{1-1}）、塔里木地块切列克辛断陷区（II^{2}_{2-2}）、塔里木地块喀什拗陷区（II^{1}_{3-1}）5 个四级构造单元（图 1-2）。

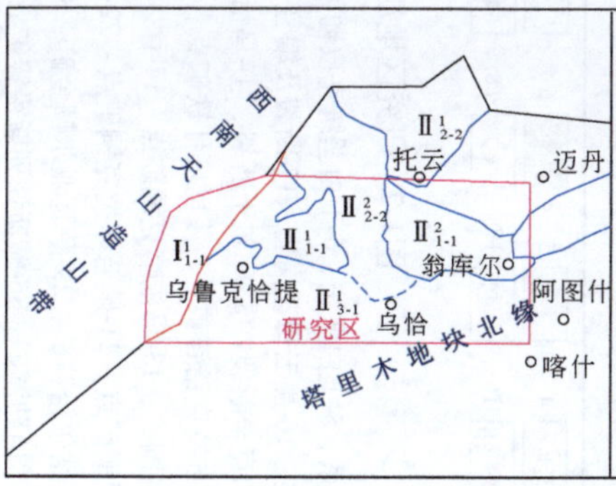

一级构造单元	二级构造单元	三级构造单元	四级构造单元
西南天山造山带（Ⅰ）	东阿赖-哈尔克山弧前增生带（I_1）	东阿赖-哈尔克山早古生代沟弧带（I_{1-1}）	东阿赖冲断褶皱区（I^{1}_{1-1}）
塔里木地块（Ⅱ）	西南天山-霍拉山上叠盆地（II_1）	乌鲁克恰提-迈丹-库瓦特晚古生代陆源盆地（II_{1-1}）	苏鲁铁列克断隆区（II^{1}_{1-1}）
			库尔干-翁库尔复背斜区（II^{2}_{1-1}）
	塔里木北缘隆起（II_2）	切列克苏-托云中新生代断陷盆地（II_{2-2}）	切列克辛断陷区（II^{2}_{2-2}）
	塔里木中央地块（II_3）	塔里木板块北缘中新生代坳陷盆地（II_{3-1}）	喀什拗陷区（II^{1}_{3-1}）

图 1-1　研究区大地构造单元划分（据报告①修编）

二、主要构造单元特征

（一）东阿赖冲断褶皱区

该区以吾瓦断裂为界，与东部苏鲁铁列克断隆区、切列克辛断陷区和喀什拗陷区相邻。该区出露的地层有志留系塔尔特库里组（$S_{3-4}t$）、下泥盆统萨瓦亚尔顿组（D_1sw）和中泥盆统托格买提组（D_2t），局部见中-新生代上叠盆地，盆地内为陆相碎屑岩沉积建造，

① 有色金属矿产地质调查中心，2016. 塔里木盆地西缘砂砾岩型铜铅锌矿找矿靶区优选评价研究总结报告

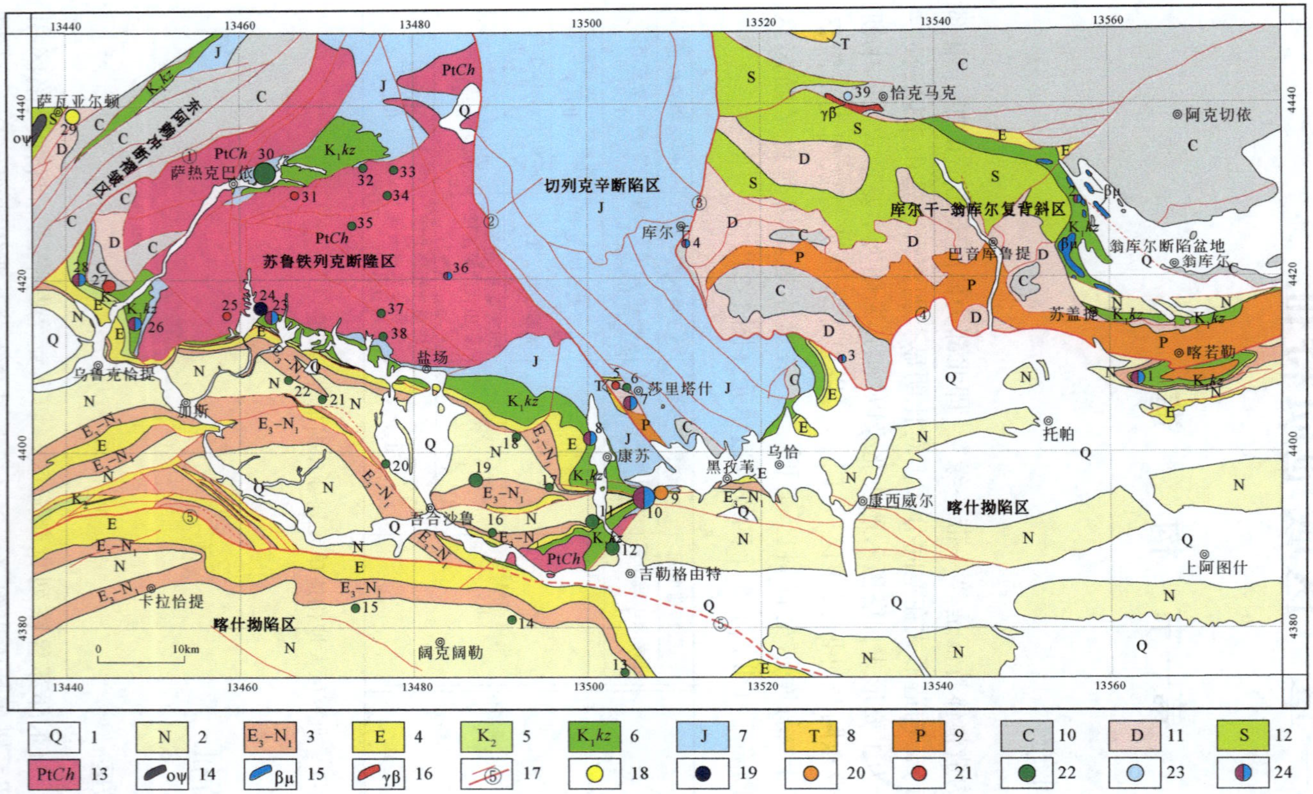

图1-2　研究区地质矿产简图

1-第四系；2-新近系；3-渐新统-中新统；4-古近系；5-上白垩统；6-下白垩统克孜勒苏群；7-侏罗系；8-三叠系；9-二叠系；10-石炭系；11-泥盆系；12-志留系；13-中元古界长城系；14-蛇绿杂岩；15-玄武岩类；16-黑云母花岗岩；17-断裂及编号；18-金矿床；19-铀矿床；20-锶矿床；21-铁矿床；22-铜矿床；23-钼矿床；24-铅锌矿床。断裂名称：①-吾瓦断裂；②-切列克辛断裂；③-库尔干断裂；④-乌恰断裂；⑤-帕米尔前缘边界断裂（克孜勒苏断裂）。矿床/点名称：1-托帕铅锌矿；2-琼库尔铅锌矿；3-乔诺铅锌矿；4-佰什布拉克铅锌矿；5-莎里塔什铁矿点；6-莎里塔什铅锌矿点；7-莎里塔什铅锌矿；8-康西铅锌矿；9-帕尔布拉克锶矿；10-乌拉根铅锌矿；11-花园铜矿；12-吉勒格铜矿；13-玛依喀克铜矿点；14-休木喀尔铜矿点；15-萨热吉铜矿点；16-吾东铜矿点；17-杨树沟铜矿点；18-阿克套铜矿；19-吾合沙鲁铜矿；20-马什热甫大阪铜矿点；21-硝若布拉克铜矿点；22-索库尔铜矿点；23-加斯铅锌矿；24-巴什布拉克铀矿；25-阔克当格铁矿；26-喀炼铁厂铅锌矿；27-大红山铁矿；28-江格结尔铅锌矿；29-萨瓦亚尔顿金矿；30-萨热克铜矿；31-陀罗姆塔依铁矿点；32-苏鲁铁列克铁矿点；33-果儿铁矿点；34-托库孜依如克铜矿点；35-阿克然佰勒铜矿；36-鲍斯铁列斯铅锌矿；37-克其克吐约克铜矿点；38-克斯干塔西铜矿；39-琼拉克特勒克钼矿主要为下白垩统克孜勒苏群（K_1kz）和侏罗系（未分组）。

该区以一系列走向北东、倾向北西、倾角为50°~70°的逆冲推覆体为主，总体褶皱形态为复向斜（塔尔特库里复向斜），主要断裂包括塔尔特库里断裂、萨瓦亚尔顿-吉根断裂、吾瓦断裂等。该区产有两条蛇绿混杂岩带：木孜别里蛇绿混杂岩［（S_3-D_1）MZ］和吉根蛇绿混杂岩（D_{1-2}JG），其中木孜别里蛇绿混杂岩以早古生代所形成的深海相软泥及放射虫硅质岩和半深海相复理石建造为特征，为南天山洋拉张事件沉积与洋岛火山岩的具体体现；萨瓦亚尔顿-吉根断裂与吉根蛇绿混杂岩为海西早期洋盆闭合褶皱造山运动的表现形式。该区在晚古生代为陆缘盆地碳酸盐台地相、浅海陆棚相沉积，石炭纪末南北向构造挤压作用结束沉积，二叠纪初期的挤压加剧使得该构造单元地层褶皱变形并以A型俯冲的形式仰冲于塔里木板块之上（海西晚期天山运动）。印支期本区一直处于抬升剥蚀状态，至早燕山晚期受构造拉张的影响于局部形成上叠拉分断陷盆地，盆地内接受下白垩统克孜勒苏群（K_1kz）和侏罗系沉积。早更新世的西域构造运动使得该区以吾瓦-小红山断裂为界整体向东南方向推覆隆升。

（二）苏鲁铁列克断隆区

该区以吾瓦断裂为界与西侧东阿赖冲断褶皱区之间呈断层接触，以侏罗系、白垩系与长城系阿克苏群（Ch*ak*）之间的角度不整合接触界线及切列克辛断裂为界与切列克辛断陷区及喀什拗陷区相邻。该区出露的地层以中元古界长城系阿克苏群结晶片岩为主，向外以断层为界变为下古生界，包括下石炭统巴什索贡组（C_1b）、上石炭统别根他乌组（C_2bg）和康克林组（C_2kk）以及中泥盆统托格买提组。

该区总体呈地垒状隆起，为塔里木地台前震旦系结晶基底的一部分。阿尔金运动使该区发生变质、变形，塔里木运动使其隆起进而形成统一的结晶基底。该区在震旦纪—泥盆纪处于隆升剥蚀状态未接受沉积，至石炭纪接受陆缘海盆碎屑岩-碳酸盐岩沉积。海西晚期的构造运动使得本区一直处于隆升状态，缺失三叠系，至早侏罗世初期在拉张背景之下形成侏罗纪—白垩纪的萨热克巴依上叠盆地。喜马拉雅晚期构造运动使得该区再一次隆升并向南推覆掩压于中生界之上。

（三）切列克辛断陷区

该区以库尔干断裂为界，东与库尔干-翁库尔复背斜区呈断层接触，西以切列克辛断裂及侏罗系与古生界之间的角度不整合界线为界，与苏鲁铁列克断隆区呈断层接触，南与喀什拗陷区之间的接触界线由于第四系盖压不明显。该区出露的地层以侏罗系为主，包括下侏罗统莎里塔什组（J_1s）、康苏组（J_1k）和中侏罗统杨叶组（J_2y）、塔尔尕组（J_2t）、上侏罗统库孜贡苏组（J_3k）。白垩系包括下白垩统克孜勒苏群和上白垩统英吉沙群（K_2yn），主要沿该区南部边缘分布。在莎里塔什一带见泥盆系和石炭系构造窗，由中泥盆统托格买提组碎屑岩-碳酸盐建造及下石炭统巴什索贡组生物碎屑含砾灰岩组成，周缘被侏罗系呈角度不整合盖压，切列克辛断裂的次级断裂从构造窗通过。

该区为受印支运动塔拉斯-费尔干纳断裂右行拉分的影响在元古宇—古生界基底之上发育形成的拗陷盆地，拗陷的边界正断层控制了盆地的沉积演化，经历了早侏罗世早期的断陷快速下沉、早侏罗世晚期—中侏罗世稳定沉降、晚侏罗世萎缩抬升消亡三个发展演化阶段。

（四）库尔干-翁库尔复背斜区

该区以库尔干断裂、乌恰断裂及白垩纪上叠盆地东部西域组（Q_1x）角度不整合界线为界与西部切列克辛断陷区和南部喀什拗陷区相邻，总体为一复式倒转背斜构造，轴向近东西向，倾伏向北西西，向南东东向翘起，共有7个次级向背斜构造，在其东部上叠有白垩纪翁库尔陆相碎屑岩盆地。该区出露的地层有上志留统塔尔特库里组、中泥盆统托格买提组、上泥盆统坦盖塔尔组（D_3t）、下石炭统巴什索贡组、下二叠统比尤列提群（P_1by）、下白垩统克孜勒苏群及第四系。

该区在志留纪—石炭纪处于南天山洋演化沉积阶段，石炭纪末—早二叠世初海西运动南北向挤压板内陆陆碰撞造山期形成一系列叠瓦式逆冲断裂带和推覆带。二叠纪之后处于抬升阶段，缺失三叠系和侏罗系，至早白垩世受塔拉斯-费尔干纳断裂右行拉分影响又一次拉伸形成翁库尔断陷盆地，沉积了克孜勒苏群一套河流相-山间盆地相红色碎屑岩沉积夹少量的火山喷出岩，包括深灰绿色橄榄玄武岩、深灰色玄武岩、深绿色杏仁状玄武岩等。晚白垩世山体抬升，至中新世末，受印度板块对西藏板块碰撞的影响，塔里木盆地北部向天山造山带发生C型俯冲。喜马拉雅期构造运动使该区发育一系列逆冲推覆构造，造成古生界推覆于下更新统西域组之上。

（五）喀什拗陷区

该区以吾瓦断裂以及侏罗系与长城系之间的角度不整合界线和乌恰断裂为界，与东阿赖冲断褶皱区、苏鲁铁列克断隆区和库尔干-翁库尔复背斜区相邻。该区出露地层主要为中-新生界，包括下侏罗统莎里塔什组和康苏组、中侏罗统杨叶组和塔尔尕组、上侏罗统库孜贡苏组；下白垩统克孜勒苏群、上白垩统英吉沙群［（K_2yn，包括库克拜组（K_2k）、乌依塔克组（K_2w）、依格孜牙组（K_2y）和吐依洛克组（K_2t）］；古新统阿尔塔什组（E_1a）、古新-始新统齐姆根组（$E_{1\text{-}2}q$）、始新统卡拉塔尔组（E_2k）和乌拉根组（E_2w）、始新-渐新统巴什布拉克组（$E_{2\text{-}3}b$），渐新-中新统克孜洛依组［（E_3-N_1）k］、中新统安居安组（N_1a）和帕卡布拉克组（N_1p）、上新统阿图什组（N_2a）及第四系。

该构造单元在古生代为一套稳定地台型浅海碳酸盐岩夹陆源碎屑岩沉积建造，是构成前中生代沉积基底的主要部分。三叠纪末南天山洋和古特提斯洋的闭合及南天山造山带和西昆仑山造山带的形成使该区逐渐从塔里木盆地分离出来，喀什拗陷作为一个相对独立的构造单元基本形成。由于南天山东段碰撞早，西段碰撞晚，当东段已在三叠纪进入碰撞后伸展状态时，西段仍处于碰撞期间的持续挤压状态。因此喀什拗陷普遍抬升，处于剥蚀状态，造成该区缺失三叠系。早侏罗世喀什拗陷继承了晚三叠世的构造格局，由于盆地南北扩张、区域性下陷，且气候由干旱转为潮湿，在南天山和西昆仑山山前形成一系列冲积扇相-扇三洲相粗碎屑含煤建造。中侏罗世喀什拗陷继续加速下陷，形成一系列滨浅湖细碎屑岩。晚侏罗世受燕山运动的影响，南北对冲挤压，造成喀什拗陷整体上隆，沿南天山和西昆仑山山前沉积的中-下侏罗统开始遭受剥蚀。白垩纪—古近纪区域拗陷作用使该区发生大规模的海侵作用，沉积了累计残余厚度达4500m的海湾潟湖相碳酸盐岩-陆源碎屑岩-膏泥岩组合。海水在渐新世中晚期逐渐向西退出喀什拗陷，造成乌恰群与喀什群之间呈不整合接触。新近纪—第四纪帕米尔弧形断裂的形成与南北向区域挤压作用使得喀什拗陷沿西南天山和西昆仑山山前形成一系列逆冲冲断带，且冲断作用至今还在进行，造成现今构造格局。

三、主要构造特征

（一）断裂构造特征

塔里木盆地西缘断裂构造发育，可主要分为3组：①北西西-北东东-近东西向断裂组合；②北西-北东向断裂组合；③北北西-北北东向断裂组合，其中以北西西-北东东-近东西向断裂组合为主。北西西-近东西向断裂一般呈舒缓波状延伸，规模较大，切割深，为深大断裂，常常是各级构造单元的分界线，亦常呈现为多期次由北往南的逆冲推覆构造，控制了区域沉积建造、岩浆活动和成矿带的分布；北西-北东向断裂规模较小，切割了近东西向断裂，形成时间较晚；北北西-北北东向断裂可能是深层断裂的继承性再现，形成时代相对较晚，与铅锌铜矿成矿作用关系密切。区域上划分构造单元的断裂主要有吾瓦断裂、帕米尔前缘边界断裂（克孜勒苏断裂）、切列克辛断裂、库尔干断裂和乌恰断裂等（图1-2）。

吾瓦断裂：该断裂为东阿赖冲断褶皱区与苏鲁铁列克断隆区、切列克辛断陷区、喀什拗陷区之间的边界断裂，属逆冲断裂，整体呈北北东向延伸，断面北西倾，倾角为45°~60°（向下变为20°~30°）。

帕米尔前缘边界断裂（克孜勒苏断裂）：该断裂在区域上东起明遥路背斜西端（根据区域资料这条断层向南延伸即为乌泊尔断裂），向西延至马尔坎恰提后融入托果乔尔套断裂系，研究区内长约100km。该断裂整体呈近东西向，断面南倾或南西倾，倾角为45°~60°，断距为2~4km。该断裂右行走滑性质明显，致使断层东南段古近系中褶曲多如蛇曲状，地层也明显加厚，东端明遥路背斜西端也不完整，新近系和第四系均未能闭合。

切列克辛断裂：该断裂为切列克辛断陷区西部边界断裂，是控盆控岩断裂，呈北西向延伸，走向为320°~340°，延伸长约75km，断层倾向为70°~250°，倾角为45°~80°，南北两端倾向北东、中段倾向南西。该断裂南北两端错断中侏罗统杨叶组和下侏罗统莎里塔什组，中段断于长城系阿克苏群第五岩性段（$Chak^5$）与西侧中侏罗统杨叶组之间，沿断裂两侧可见大规模片理化、构造角砾岩及小型褶曲变形等现象。该断裂属多期活动的继承性断裂，在燕山早期为盆地的边界正断层，控制侏罗纪盆地沉积，至喜马拉雅早期性质反转为逆断层，喜马拉雅晚期则转变为逆冲走滑断裂。

库尔干断裂：该断裂为塔拉斯-费尔干纳断裂系的一部分，整体呈S形南北向产出，断层倾角为70°~85°，大体沿库孜贡苏河分布，属逆掩断层。该断裂北段为切列克辛断陷区与托云拗陷区的分界断裂，走向呈北西-南东向，断裂效应使得中侏罗统杨叶组掩压于第四系及白垩系之上；南段为志留系塔里特库里组、中泥盆统托格买提组和中侏罗统杨叶组的分界断裂。断裂两侧构造破碎带发育，宽0.5～2.5km，有大量的石英细脉、构造角砾岩、层间小揉皱、碎裂岩化等现象。该断裂兼具右行走滑特征，致使侏罗系、白垩系水平错动达3km左右。

乌恰断裂：该断裂为库尔干-翁库尔复背斜区与喀什断拗区的分界断裂，西起库尔干断裂，经翁库尔南延伸至巴什苏红，向东被第四系盖压，航磁异常显示其可继续向东延伸，在喀拉铁热克一带与喀拉铁热克断裂交汇，呈近东西-北东向延伸，断面北倾，倾角35°～55°，属逆冲断裂。该断裂形成于海西晚期，于晚更新世—全新世进入逆冲推覆主活动期，使得断裂上盘的中泥盆统托格买提组和下二叠统比尤列提群逆冲推覆于中-新生界之上，尤其是中-东段逆冲推覆于下更新统西域组砾岩之上。

（二）褶皱构造特征

萨热克巴依向斜：该向斜位于萨热克巴依次级盆地，向斜总体走向为NE70°，具有两翼陡（56°～62°）、核部缓（5°～6°）、东西两端翘起、南北两翼为断层所限的特征。向斜北翼由侏罗系和下白垩统克孜勒苏群组成，南翼由于后期断层掩盖而出露不全。向斜南北两翼的断层即为萨热克巴依次级盆地的边界断裂，喜马拉雅期构造运动使两断裂由早期的正断裂性质转化为南北向对冲的逆冲断裂，结果是使长城系阿克苏群变质岩高角度仰冲至盆地内侏罗系和白垩系之上，萨热克铜矿赋存于该向斜中。

库什维克向斜：该向斜位于苏鲁铁热克隆起与乌拉根-卡巴加特隆起之间，为一复式向斜构造，南北宽10～20km，长约80km。其核部为上新统，翼部依次为中新统至侏罗系，其中上白垩统只在康西以西地区出露，向斜的南翼地层出露不全。吾合沙鲁断裂将库什维克向斜分出北部的吾合沙鲁向斜和南部的乌拉根向斜，乌拉根铅锌矿赋存于乌拉根向斜中，吾合沙鲁铜矿赋存于吾合沙鲁向斜中。

巴什布拉克向斜：该向斜位于加斯至巴什布拉克一带，该向斜总体走向为NW340°，是一宽缓向斜，在巴什布拉克铀矿区一带为断裂所限。向斜核部地层为渐新统-中新统克孜洛依组，产状为160°∠48°，东翼由古近系和白垩系组成，产状为195°～205°∠33°～62°，西翼由古近系、白垩系及上侏罗统库孜贡苏组组成，产状为120°～140°∠50°～73°，但由于推覆构造作用，西翼地层局部缺失或产状倒转。

乌拉根隆起：该隆起位于康苏镇以南至卡巴加特一带，地震剖面上显示其在康苏镇以北亦有存在，总体展布呈向南突出的弧形，北部则呈北西向与苏鲁切热克隆起区相连。该隆起在侏罗纪或更早就已经隆起且一直持续至古近纪，核部为长城系阿克苏群的变质岩，在南北出露有新近系、古近系、侏罗系及下白垩统克孜勒苏群。南部地层产状由于乌拉根断裂、克孜勒苏断裂作用变化较大，倾角为25°～85°，北部地层组成乌拉根向斜南翼，但由于吾合沙鲁断裂、扬北断裂的作用其倾角变化亦较大。

塔什皮萨克背斜：该背斜位于塔什皮萨克-卡拉乌尔村西南一带，轴线近东西向、平面上略呈反S形。东西长约38km、南北宽4～5km，背斜不完整，特别是北翼由于喀如勒断层向南的逆冲推覆作用而破坏了大部分，且在核部产生一些近东西向的逆断层。背斜轴部地层为下二叠统比尤列提群，但未参与其上地层的变形，为北倾的单斜层。背斜两翼地层为下白垩统克孜勒苏群、古近系、新近系及第四系。其中下白垩统克孜勒苏群不整合超覆在下二叠统比尤列提群之上、古近系超覆在下白垩统克孜勒苏群之上、新近系超覆在古近系之上，在东段新近系直接超覆在下白垩统克孜勒苏群之上，西段大部分被第四系所覆盖。

第二节　地　　层

依据《西北地区区域地层表（新疆维吾尔自治区分册）》（1981）和《新疆维吾尔自治区岩石地层》（1999），本书研究区地层单元涉及南天山地层分区的东阿赖地层小区、托云地层小区、迈丹他乌地层小区和塔里木地层分区的喀什地层小区（图1-3），各小区中地层层序划分见图1-4，从图1-4中可以看出，东阿赖地层小区和迈丹他乌地层小区以古生界为主，托云地层小区和喀什地层小区以中-新生界为主。

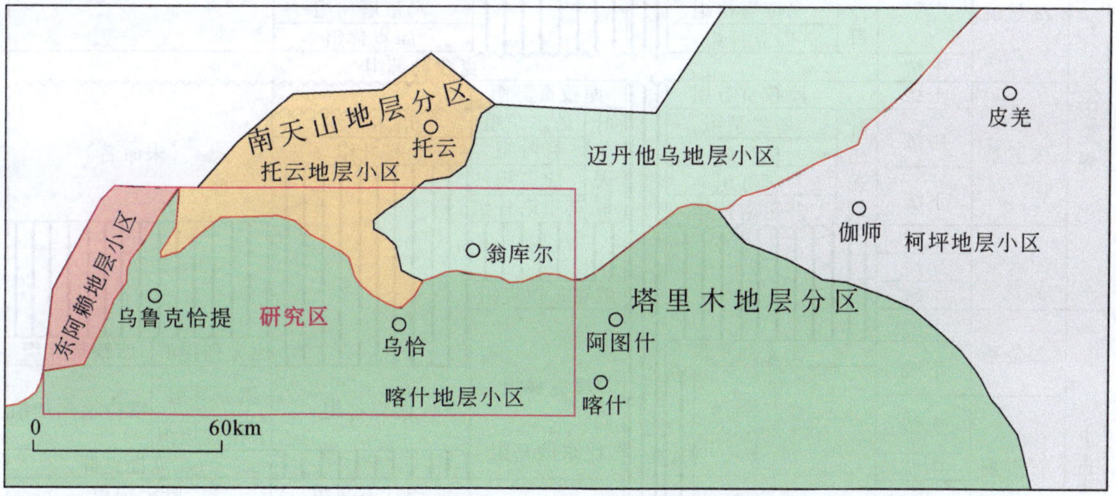

图1-3　研究区地层分区图

一、中元古界

中元古界长城系阿克苏群为区域上出露最老的地层单元，主要分布于苏鲁铁列克隆起区，在乌拉根地区亦有小面积出露。

该群整体为一套基性火山岩经变质形成的复杂的含蓝闪石的变质岩系，主要由蓝闪片岩、（蓝闪）阳起片岩、绿帘石阳起石岩、钠长石英片岩、变粒岩及少量浅粒岩组成，其原岩形成于深海-半深海沉积环境。按照岩性组合可划分出6个岩性段：第一岩性段（$Chak^1$）为石英片岩、黑云母石英片岩段；第二岩性段（$Chak^2$）为二云母石英片岩、绢云母石英片岩、大理岩段；第三岩性段（$Chak^3$）为云母石英片岩、黑云母石英片岩夹大理岩段；第四岩性段（$Chak^4$）为绢云母石英片岩、绢云母片岩、黑云母石英片岩夹大理岩段；第五岩性段（$Chak^5$）为黑云母石英片岩段；第六岩性段（$Chak^6$）为钙质片岩、黑云母石英片岩、大理岩段。该群厚度>1500m，下未见底，与中-新生界之间呈断层或角

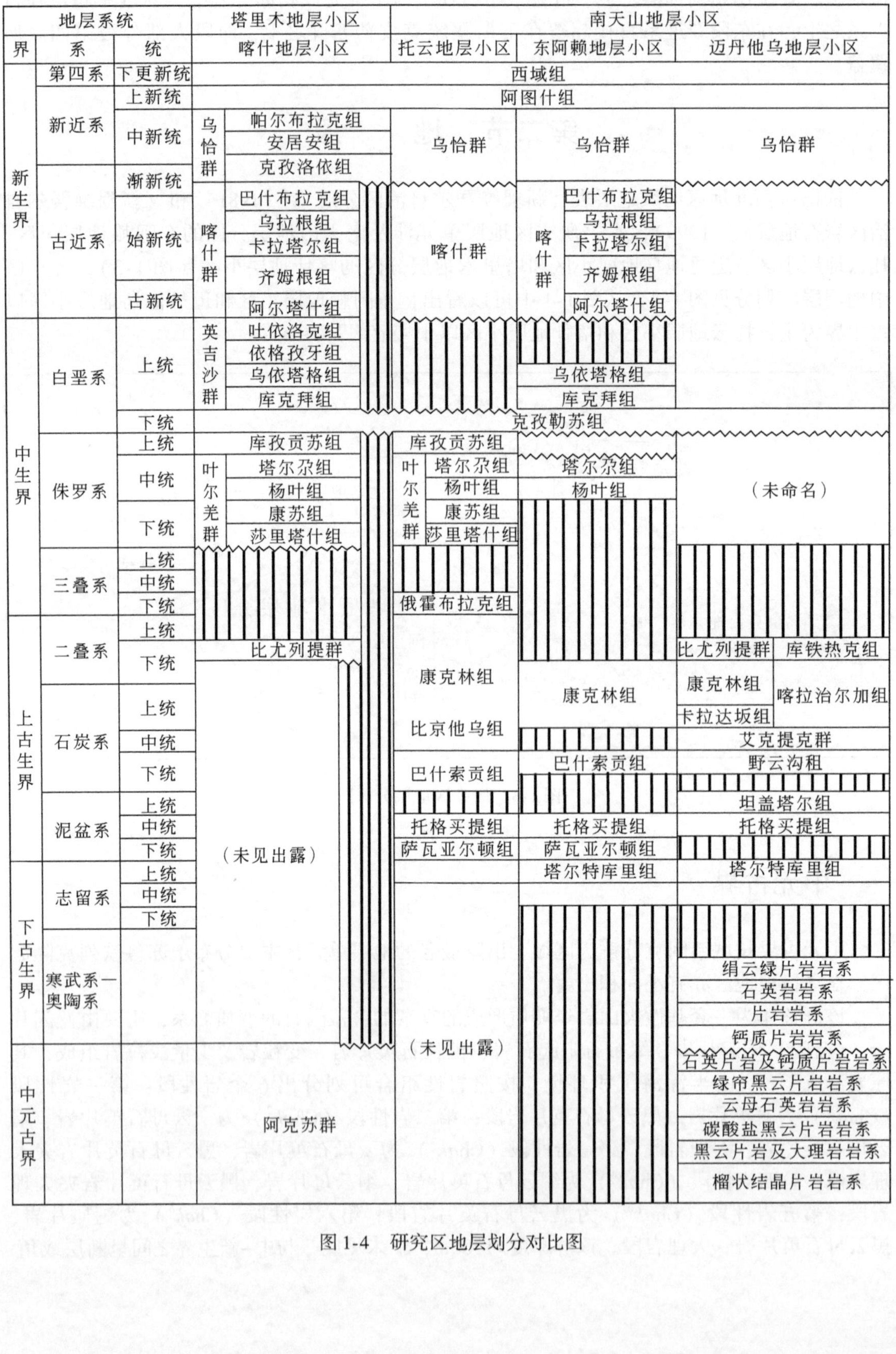

图 1-4　研究区地层划分对比图

度不整合接触。阿克苏群全岩 Rb-Sr 年龄为 944～962Ma（高振家等，1993），张健等（2014）将该群蓝片岩相变质的时间限定在 820～760Ma 内，王富军等（2017）将其构造变形划为四期，前三期变形时代为 754～745Ma，第四期变形涉及的最年轻地层为二叠系，可能与古天山洋关闭或中-新生代的不同陆块碰撞增生到亚洲板块南部边缘有关。

二、古生界

（一）志留系

志留系主要分布在萨瓦亚尔顿一带和巴音布鲁提北至恰克马克一带，主要为上志留统塔尔特库里组。

分布于萨瓦亚尔顿一带的塔尔特库里组呈断夹片状产出，走向为北北东向，东侧与下泥盆统萨瓦亚尔顿组（D_1sw）呈断层接触，岩性主要由碎屑岩、千枚岩、硅质岩、含碳质粉砂岩组成，形成于具浊流沉积特征的半深海-深海沉积环境，厚度为 2900～3721m。

分布于巴音布鲁提北至恰克马克一带的塔尔特库里组总体呈北西-南东向展布，北侧与上石炭统喀拉治尔加组（C_2kl）呈断层接触，其南界在巴音库鲁提一带推覆于中泥盆统托格买提组之上，东部喀拉套一带被下白垩统克孜勒苏群不整合覆盖。该组为一套具浊流沉积特征的浅变质细碎屑岩，岩石组合以灰绿色绢云母细砂岩、灰绿色绢云母粉砂岩、暗紫红色绢云母化粉砂岩夹绢云母片岩、千枚岩、砂屑灰岩为主，厚度为 2707m。

（二）泥盆系

泥盆系主要分布在萨瓦亚尔顿一带和库尔干-巴音库鲁提一带，包括下泥盆统萨瓦亚尔顿组和中泥盆统托格买提组。

分布于萨瓦亚尔顿一带的萨瓦亚尔顿组呈北北东向带状延伸，与下伏塔尔特库里组及上覆托格买提组之间均呈断层接触。该组为一套碎屑岩夹千枚岩，未见化石，厚度为 1574m，岩石组合为灰色、深灰色、灰绿色岩屑长石砂岩、长石岩屑砂岩、长石砂岩及原岩为泥质粉砂岩的千枚岩，沉积环境为半深海。

分布于库尔干及巴音库鲁提一带的托格买提组被上志留统塔尔特库里组以低角度逆冲推覆于其上，同时又以低角度逆冲推覆于下二叠统比尤列提群、下白垩统克孜勒苏群及下更新统西域组之上。该组总体以浅海-陆棚相碳酸盐岩为主，夹少量细碎屑岩，岩性主要为深灰色泥晶灰岩、浅灰色泥晶灰岩、浅灰色细晶白云岩、灰色结晶残余泥晶生物碎屑灰岩、含生物碎屑泥晶灰岩、浅灰色细晶白云岩、角砾状灰岩、砾屑灰岩、深灰色泥质粉砂岩等，厚度为 2621.87m。

以构造窗形式出露于莎里塔什一带的托格买提组可分出 3 个岩性段：第一岩性段（D_2t^1）主要为砾岩、砂岩；第二岩性段（D_2t^2）为灰岩、页岩互层；第三岩性段（D_2t^3）为灰白色砂岩、白云岩化灰岩、页岩、白云岩，该段为莎里塔什铅锌矿富矿层位。

以构造断夹块形式出露于江格结尔北部的托格买提组以浅海台地沉积环境下灰-灰黑色亮晶或泥晶灰岩为主，粒屑灰岩和鲕粒灰岩也较发育并可见生物碎屑灰岩。该组产丰富的复体珊瑚和层孔虫化石，厚度大于1495m。

(三) 石炭系

石炭系主要分布于萨瓦亚尔顿-萨热克巴依一带和恰克马克-阿克切依一带，主要包括下石炭统巴什索贡组、上石炭统康克林组和上石炭统喀拉治尔加组。

分布于萨瓦亚尔顿至萨热克巴依一带的巴什索贡组和康克林组，均呈断夹块形式产出，整体呈北北东向带状延伸，与下伏萨瓦亚尔顿组和阿克苏群呈断层接触，与上覆白垩系呈角度不整合接触。其中巴什索贡组为一套浅海碳酸盐台地相的复理石建造，厚度为890～1916.7m，下部以潮坪相的细碎屑沉积岩为主，岩性主要为灰绿色含泥钙质粉砂岩、浅灰色细砂岩夹钙质粉砂岩和钙质粉砂岩；中部以灰色泥质粉砂岩为主夹浅灰绿色含钙质细砂岩、岩屑砂岩；上部以浅海相碳酸盐沉积岩为主，岩性主要为浅灰色粉细晶白云岩、白云质泥晶灰岩、深灰色亮晶粉屑灰岩。康克林组为一套滨海-浅海碳酸盐台地相碳酸盐岩夹碎屑岩沉积，岩性为灰色、深灰色生屑灰岩、内碎屑灰岩、泥晶灰岩夹细砂岩、泥岩，厚度为143～200.8m。

大面积分布于恰克马克-阿克切依一带的喀拉治尔加组，为一套浅海相杂色富钙碎屑岩沉积，是南天山洋盆石炭纪闭合后残留海环境的产物，厚度约4000m。该组整体呈叠瓦推覆岩席状产出，依据岩性组合划分出4个岩性段：第一岩性段（C_2kl^1）以浅海相陆源细碎屑沉积岩为主，岩性主要为浅灰色钙质细粒岩屑砂岩夹粉砂岩、浅灰绿色粉砂岩夹细砂岩、深灰色粉砂岩夹细砂岩、浅灰绿色绢云母化细砂岩与粉砂岩互层；第二岩性段（C_2kl^2）以浅海相陆源碎屑为主，岩性主要为浅灰色、灰绿色细砂岩夹浅灰色粉砂岩；第三岩性段（C_2kl^3）以半深海相陆源碎屑沉积岩为主，岩性主要为灰色钙质细粒岩屑砂岩夹粉砂岩，局部夹有浅灰色薄层状粉砂质泥灰岩、灰绿色蚀变杏仁状玄武岩及硅质岩；第四岩性段（C_2kl^4）以滨浅海相陆源粗碎屑沉积岩为主，岩性主要为灰色中层状钙质细砂岩夹粉砂岩、细砾岩、粗粒岩屑砂岩、中粒岩屑砂岩、砂屑灰岩，在砂质灰岩中产䗴类化石。

乌恰县城北部一带的康克林组小面积出露，与下伏托格买提组之间呈断层接触、与下伏巴什索贡组之间呈角度不整合接触，与上覆比尤列提群之间呈断层接触，厚度为742.3～1670m。该组以浅海-碳酸盐台地前斜坡相碳酸盐岩为主，下部为浅海相碳酸盐沉积，岩性主要为灰黑色泥晶灰岩、灰黑色条带状亮晶砾屑灰岩；上部为浅海-滨海相碳酸盐沉积，其岩性以灰黑色碎裂化灰岩、深灰色生物砂屑灰岩为主。

(四) 二叠系

二叠系主要分布在库尔干-苏盖提-喀若勒一带，主要为下石炭统比尤列提群，呈断夹片状近东西向产出，东端被下白垩统克孜勒苏群及下更新统西域组砾岩角度不整合盖压。该群为一套海陆棚相的细碎屑岩夹碳酸盐岩沉积，厚度为3869.7m，下部以浅灰绿色粉砂岩夹灰黑色薄层状灰岩、深灰色泥质粉砂岩夹薄层细砂岩、砾屑灰岩为主，中部以灰绿色粉砂岩夹细砂岩、中粒岩屑砂岩、变钙质泥质粉砂夹中薄层状灰岩为主，上部为浅灰色砂岩与粉砂岩互层。

三、中生界

（一）三叠系

三叠系仅零星分布于恰克马克北部和莎里塔什一带，岩性主要为中-下三叠统俄霍布拉克群（$T_{1-2}eh$）及上三叠统（未分组）。

俄霍布拉克群总体呈北西向分布在莎里塔什晚古生代盆内隆起带西侧和北侧、苏鲁铁列克断块北东侧山前断裂带，该组厚232m，从下到上层序结构为褐红色砾岩（88m）→灰色中层状砂岩夹粉砂岩（23m）→紫褐色中厚层块状砂岩、砾岩夹泥质砂岩（121m）→含碳泥岩夹薄煤层或煤线。该群垂向沉积相序列结构下部为山麓冲积扇相杂砾岩类→中部为河流相砂岩与粉砂岩类→上部为浅湖相含碳质泥岩夹薄煤层。

上三叠统岩性主要为灰绿色砾岩、砂岩、粉砂岩和碳质泥岩。

（二）侏罗系

侏罗系广泛分布于切列克辛断陷区、萨热克巴依次级盆地及喀什拗陷区北缘，与下伏长城系及古生界之间均呈角度不整合接触，与上覆下白垩统克孜勒苏群之间呈整合接触。侏罗系包括下侏罗统莎里塔什组、康苏组和中侏罗统杨叶组、塔尔尕组及上侏罗统库孜贡苏组，各组之间呈整合接触。其中康苏组为含煤层系，库孜贡苏组为萨热克式砾岩型铜矿的富矿层位。萨热克巴依次级盆地侏罗系各组岩性特征见第二章第一节。

喀什拗陷区北缘莎里塔什组主要分布在莎里塔什和黑孜苇一带，为一套快速堆积的冲积扇相砾岩夹砂岩透镜体。主要岩性为紫灰色、浅绿灰色、浅褐黄色块状砾岩夹含砂砾岩、砂岩透镜体。砾岩成分以紫红色变砂岩、灰色石英片岩、云母石英片岩、灰色灰岩、黄灰色大理岩及白色石英岩为主，砾石大小为1～100cm，分选极差，多呈棱角状，颗粒支撑、砂泥质充填，砾石最大扁平面排列略具定向性，具快速堆积的特征。该组岩性及厚度侧向变化较大，在康苏一带厚度为1495m，而在乌拉根一带厚度仅为326m，向南砾岩很快侧变为含砾砂岩、砂岩及泥质粉砂岩。

该组在切列克辛断陷区分布面积较小，仅见于莎里塔什铅锌矿的周缘，为一套以灰绿色、灰色厚层到巨厚层杂砾岩为主夹透镜状长英质粗砂岩和含砾长石石英砂岩，厚1781.13m。

喀什拗陷区北缘康苏组主要分布在康苏、黑孜苇及库孜贡苏河一带，为一套湖泊-沼泽相的煤系地层，含植物化石。主要岩性为浅灰白色石英砂岩、灰色细粒岩屑石英砂岩、泥质细砂岩、灰黑色粉砂岩、黑色碳质泥岩夹煤层、煤线，下部见有较多的灰色砾岩薄层。该组煤层、煤线的顶底板砂岩、粉砂岩中产有植物化石。该组在黑孜苇一带厚达2600m，在康苏一带厚1225m，乌拉根地区厚仅数百米。

该组在切列克辛断陷区岩性主要为灰绿色、灰色中厚层状砾岩、含砾石英粗砂岩、细粒石英砂岩，泥质石英粉砂岩夹含碳泥质石英粉砂岩与煤层，其中以暗色含煤碎屑岩为特征，厚590.18m，可划分出9个韵律旋回，每个旋回均由砾岩、砂岩、泥质粉砂岩、碳质泥岩或者煤层组成，其相应的沉积环境为由河流冲积相到湖沼相。

喀什拗陷区北缘杨叶组伴随康苏组出露并与之呈整合接触，为一套灰绿色的滨浅湖相的砂岩、泥岩，主要岩性为灰绿色岩屑石英砂岩、岩屑砂岩、泥质细砂岩、泥质粉砂岩、紫灰色泥质粉砂岩、灰白色石英砂岩，下部夹煤线。该组在黑孜苇一带厚1093m，在杨叶一带厚度仅为350m左右，向西至康苏镇北，该组仅残留15m，再向西则未见出露，由上覆塔尔尕组直接超覆于阿克苏群之上。

该组在切列克辛断陷区大面积出露，局部见其与下伏阿克苏群之间呈断层接触，与上覆库孜贡苏组之间呈整合接触，多未见顶，厚度大于4600m。该组岩石组合总体为一套湖泊沼泽相沉积，岩性主要为岩屑长石砂岩、岩屑砂岩、岩屑石英砂岩、砾岩、含泥粗砂岩、（泥质）粉砂岩夹泥岩、碳质页岩、灰岩等，产煤层及植物化石。

喀什拗陷区北缘塔尔尕组伴随杨叶组产出，面积稍大，为一套浅-半深湖-深湖相杂色泥岩、石英砂岩夹泥灰岩。下部主要岩性为紫灰色、灰绿色岩屑石英砂岩、泥质细砂岩、泥质粉砂岩、粉砂质泥岩及灰白色石英质砾岩、砂砾岩、石英砂岩夹深灰色稳定延伸的泥灰岩，中上部以暗紫灰色、紫红色-灰绿色泥岩、泥质粉砂岩为主，夹灰色长石岩屑石英砂岩及灰绿色泥质岩屑砂岩。该组在乌恰一带厚498m，向西逐渐变薄，至盐场一带厚170m，且超覆于阿克苏群之上。

该组在切列克辛断陷区伴随杨叶组出露并与之呈整合接触，局部可见与下伏阿克苏群之间呈断层接触，与上覆库孜贡苏组之间呈整合接触。该组为一套浅-半深湖-浅湖相杂色泥岩、石英砂岩夹泥灰岩，主要岩性下部为紫灰色、灰绿色岩屑石英砂岩、泥质细砂岩、泥质粉砂岩、粉砂质泥岩及灰白色石英质砾岩、砂砾岩、石英砂岩夹深灰色稳定延伸的泥灰岩；中上部为杂色泥岩，以暗紫灰色、紫红色-灰绿色泥岩、泥质粉砂岩及灰色长石岩屑石英砂岩、灰绿色泥质岩屑砂岩为主。

喀什拗陷区北缘库孜贡苏组代表性地点位于乌恰县城东北的库孜贡苏，为一套快速堆积的砾岩夹砂岩。该组地层侧向变化较大，在黑孜苇一带为暗紫红、棕红色砾岩，近顶部夹棕红色岩屑长石砂岩，厚462m，向西至巴什布拉克岩性为暗紫红或褐色、灰色砾岩夹砂岩，厚68m，再向西至乌鲁克恰提岩性为暗紫色砾岩夹砂岩，厚158m。

（三）白垩系

白垩系主要出露于喀什拗陷区北缘、萨热克巴依次级盆地和翁库尔盆地，包括下白垩统克孜勒苏群和上白垩统英吉沙群。萨热克巴依次级盆地白垩系各组岩性特征见第二章第一节。

喀什拗陷区北缘下白垩统克孜勒苏群主要分布于库孜贡苏、盐场、巴什布拉克及乌鲁克恰提东北一带，与下伏侏罗系呈整合接触。依据岩石组合、沉积相特征可将该组划分出5个岩性段。

第一岩性段（K_1kz^1）：该段为一套辫状河相褐红色泥岩夹砂岩及砾岩，主要岩性为褐红色粉砂质泥岩、灰-灰绿色砾岩、黄褐色含砾砂岩、灰绿色岩屑砂岩、褐黄色长石岩屑砂岩。托帕一带为暗褐红色粉砂质泥岩、暗褐红色泥质岩屑砂岩，底部夹灰绿色砾岩。

第二岩性段（K_1kz^2）：该段为一套辫状河相紫灰色、暗褐红色砂岩与泥岩互层，主要岩性为黄褐色长石岩屑砂岩、紫红色岩屑砂岩、灰白色岩屑石英砂岩与紫灰色泥质粉砂岩、紫灰色粉砂质泥岩及紫灰色泥岩互层，该段为巴什布拉克砂岩型铀矿的富矿层位。

第三岩性段（K_1kz^3）：该段为一套辫状河相灰白色厚层状含砾砂岩、岩屑砂岩夹少量褐红色粉砂质泥岩，局部为砾岩。托帕一带主要岩性为灰白色、灰绿色、深灰色砾岩、含砾砂岩、岩屑砂岩夹粉砂岩，中部乌鲁克恰提-康苏-黑孜苇一带主要岩性为灰白色、灰黄、灰绿色岩屑石英砂岩、长石岩屑砂岩、砂砾岩及灰色砾岩夹紫红色粉砂质泥岩、泥岩。该段经矿山生产勘探揭露亦发育铅锌矿化，为乌拉根式砂岩型铅锌矿的新探明富矿层位。

第四岩性段（K_1kz^4）：该段为一套辫状河河道相-河漫滩相褐红色岩屑砂岩与粉砂质泥岩互层夹含砾砂岩、砾岩。主要岩性为灰色、灰白色、灰黄色含砾砂岩、石英砂岩、长石岩屑砂岩、紫红色粉砂质泥岩、泥岩夹砾岩。

第五岩性段（K_1kz^5）：该段为一套辫状河三角洲相灰白色厚层状砾岩、砂砾岩、含砾砂岩、砂岩夹少量泥岩。主要岩性为灰白色、灰褐色、褐黄色砾岩、砂砾岩、含砾石英砂岩、石英砂岩、岩屑石英砂岩夹紫红色-褐红色泥岩，顶部为紫红色泥岩夹砂岩，该段为乌拉根式砂岩型铅锌矿的富矿层位。

苏盖提至喀若勒一带下白垩统克孜勒苏群被下二叠统比尤列提群逆冲推覆于其上，整体岩性与喀什拗陷北部边缘相当但仅发育第一至第三岩性段。

翁库尔地区的下白垩统克孜勒苏群为一套辫状河三角洲相粗碎屑岩沉积夹少量的火山喷出岩，岩性为暗紫红色粗砂岩、浅灰白色粗砂岩、浅灰白色含钙细砂岩、暗红色粗砂岩、暗紫红色中砂岩、杂色砾岩、夹有深灰绿色橄榄玄武岩、深灰色玄武岩、深绿色杏仁状玄武岩等，厚度为1538. 41m。该组岩相层序在纵向上存在一定的差异，下部以辫状河平原相粗碎屑岩为主，发育板状交错层理；中部发育一套厚度不大的溢流相偏基性的火山熔岩，反映出在喜马拉雅期曾发生过较小规模的火山活动；上部以辫状河三角洲相细碎屑岩沉积为主。

上白垩统英吉沙群：该组仅出露于喀什拗陷北缘黑孜苇-库孜贡苏和盐场-乌鲁克恰提北部一带，与下伏下白垩统克孜勒苏群之间呈整合接触，依据其岩石组合特征可划分出库克拜组、乌依塔克组、依格孜牙组和吐依洛克组4个地层单元。

库克拜组：该组依据岩石组合、沉积相特征可划分出两个岩性段。下段（K_2k^1）为一套灰泥质海湾相棕褐色泥岩夹石膏，底部为灰白色砂岩；上段（K_2k^2）为一套浑水潮坪相灰绿色钙质泥岩夹介壳灰岩，底部为稳定延伸的灰色含牡蛎灰岩。该组在各出露区岩性组合特征基本相似，但沉积厚度有一定的差异，乌鲁克恰提厚289m，巴什布拉克一带厚251m，至盐场以西碳酸盐岩夹层减少而砂岩增多，厚115m。

乌依塔克组：该组伴随库克拜组出露并与之呈整合接触，为一套浑水潮坪相褐红色膏质泥岩，底部为灰白色石膏，主要岩性为褐红色膏质泥岩夹灰绿色含钙质泥岩及介壳灰岩条带。

依格孜牙组：该组分布范围不及库克拜组和乌依塔克组广泛，仅分布在乌鲁克恰提北部和黑孜苇-库孜贡苏一带，与下伏乌依塔克组整合接触。在黑孜苇-库孜贡苏一带该组岩性为一套暗紫红色泥岩为主与灰绿色石膏岩不等厚互层，底部及顶部夹浅灰色白云岩，顶部白云岩中产较丰富的双壳类及有孔虫、腹足类化石，厚137.20m；乌鲁克恰提北部一带该组岩性为紫红色、暗紫红色泥岩夹浅绿灰色膏质粉砂岩，厚62.51m。

吐依洛克组：该组分布范围同依格孜牙组，两者呈整合接触。在黑孜苇-库孜贡苏一带该组岩性为紫红色、暗紫红色泥岩夹白色石膏岩及黄红色泥质石膏岩，厚88.66m；在乌鲁克恰提北部一带为紫红色膏泥岩、泥岩与石膏呈略等厚互层，厚37.37m。

四、新生界

（一）古近系

古近系喀什群（E*ks*）主要出露于喀什拗陷区北缘，沿乌拉根隆起北侧-康苏以西地区有较广泛的出露，在翁库尔盆地有小范围分布。该群为一套正常浅海间潟湖相沉积，海相化石极为丰富，依据岩性组合、化石特征自下而上可划分出5个地层单元：古新统阿尔塔什组、古新-始新统齐姆根组、始新统卡拉塔尔组、始新统乌拉根组和始新-渐新统巴什布拉克组，各组间均呈整合接触。

阿尔塔什组：该组广泛分布于喀什拗陷区内，可分为厚度极悬殊的两个岩性段。下段（E_1a^1）为白色石膏岩夹少量白云岩；上段（E_1a^2）为灰色灰岩，富产双壳类及腹足类化石，厚一般不到10m，但十分稳定，在地貌上常呈山脊或较高的陡坎，是最易识别的区域标志层。该组在巴什布拉克地区厚228.04m，在乌鲁克恰提地区厚153.49m，在乌拉根地区厚32.83m。该组在乌鲁克恰提地区与下伏乌依塔克组之间呈平行不整合接触，在盐场一带则直接超覆于克孜勒苏群之上，在康苏附近与克孜勒苏群呈平行不整合接触，局部地区呈微角度不整合接触，在乌拉根隆起周缘超覆于克孜勒苏群之上，且下段石膏为溶塌角砾状灰岩所取代，但残存的白色石膏在局部仍然可见。阿尔塔什组在乌拉根周缘地区与下伏克孜勒苏群第五岩性段共同组成乌拉根式铅锌矿的富矿层位，只是以坍塌角砾岩的形式出现，于乌拉根铅锌矿、吉勒格铜矿、康西铅锌矿等矿区该组底部的坍塌角砾岩中均发育铅锌矿化。

齐姆根组：该组一般与下伏阿尔塔什组呈整合接触，依据其岩石组合特征可划分出两个岩性段。下段（$E_{1-2}q^1$）主要岩性为灰绿色钙质泥岩夹介壳灰岩，该段顶部为白云岩、泥灰岩，底部为灰色-深灰色长石岩屑石英砂岩、砾岩，但在乌拉根隆起区，其顶部的白云岩、泥灰岩则被灰绿色钙质砂岩所替代，含牡蛎化石；上段（$E_{1-2}q^2$）为一套灰泥质海湾相灰绿色钙质泥岩夹介壳灰岩，该段顶部为灰绿色钙质砂岩、白云岩、泥灰岩。该组“上红下绿”的特征为区域标志性特征，在巴什布拉克地区厚173.92m，在乌鲁克恰提地区厚128.91m，在乌拉根地区厚20.69m。

卡拉塔尔组：该组一般与下伏齐姆根组呈整合接触，仅在翁库尔盆地的上段层位超覆于下白垩统克孜勒苏群之上。该组主要为一套碳酸盐岩沉积，据其岩性及组合特征可分两个岩性段。下段（E_2k^1）为一套浑水潮坪相灰黄色、灰绿色、灰白色、褐红色砂岩、泥岩、石膏夹灰岩；上段（E_2k^2）为区域上稳定延伸的清水潮坪相牡蛎灰岩和介壳灰岩标志岩层。该组在乌鲁克恰提地区厚160.82m，在巴什布拉克地区厚201.40m，在乌拉根地区厚60.55m，翁库尔盆地仅存14.68m厚的角砾灰岩及白云岩。

乌拉根组：该组分布同卡拉塔尔组并与之呈整合接触，为正常海相灰绿色泥页岩夹灰色介壳灰岩、含生物泥灰岩，富产牡蛎、双壳类及腹足类等化石。该组为岩性单一的灰绿色含介壳的泥岩，且稳定产出，较易识别，厚度小且变化不大，在乌鲁克恰提地区厚41.06m，在巴什布拉克地区厚32.76m，翁库尔地区因剥蚀仅残存20.33m。乌拉根隆起北侧因剥蚀，仅残留十余米厚的黄灰色、绿灰色介壳层，从而与上覆克孜洛依组为平行不整合接触。

巴什布拉克组：该组整体为一套灰泥质海湾-浑水潮坪相沉积，组内牡蛎、孢粉、腹足类、疑源类及藻类等化石丰富。该组据其岩性及组合特征可分3个岩性段。下段（$E_{2-3}b^3$）为白色石膏层，展布较为稳定；中段（$E_{2-3}b^2$）为紫红色泥岩夹灰绿色钙质泥岩及介壳灰岩，但在南部乌拉根隆起区则所夹灰绿色钙质泥岩及介壳灰岩缺失；上段（$E_{2-3}b^1$）为紫红色泥岩夹砂岩。该组以乌鲁克恰提（厚482.90m）和巴什布拉克（厚327.75m）地区发育最佳，层序完整，由西向东厚度逐渐变薄。

（二）新近系

新近系喀什群广泛出露于喀什拗陷区，小面积分布于翁库尔盆地，与下伏始新-渐新统巴什布拉克组之间呈整合或假整合接触，与上覆更新统西域组之间呈整合或角度不整合接触。依据岩性组合、化石特征自下而上可划分出4个地层单元：渐新-中新统克孜洛依组、中新统安居安组和帕卡布拉克组及上新统阿图什组，各单元之间呈整合接触。

克孜洛依组：该组分布于喀什拗陷区北缘，以紫红色泥岩为主，与橙色、绿灰色粉砂岩及细砂岩不等厚互层，依据其岩石组合特征可划分出2个岩性段。下段[（E_3-N_1）k^1]为一套膏质海湾-滨浅湖相褐灰色砂岩与泥岩互层，该段下部以膏泥岩及石膏岩较发育为特征，常以膏泥岩及石膏岩与下伏巴什布拉克组整合接触，但在黑孜苇一带呈微角度不整合接触；上段[（E_3-N_1）k^2]为一套浅湖相褐红色泥岩夹砂岩，但在卡巴加特隆起区则粒度较粗，为褐灰色砂岩、灰绿色砂岩与泥岩互层。该组岩性变化不大，厚度横向有较大差异，在乌鲁克恰提地区厚382.62m，在巴什布拉克地区厚874.09m，在乌拉根地区厚721.66m。

该组在翁库尔盆地岩性主要为灰绿色-褐红色细砂岩、暗褐红色泥质粉砂岩与褐红色薄层状粉砂质泥岩、褐红色薄层状泥岩互层，是拗陷型宽浅湖亚相的沉积产物，厚度为440.46m。

中新统安居安组：该组广泛分布于巴什布拉克-花园一带，与下伏克孜洛依组之间呈整合接触，下部砂岩为主，向上泥岩增多，至上部为泥岩夹砂岩，具东部细而厚、西部粗而薄的特征。依据其岩石组合特征可划分出两个岩性段。下段（N_1a^1）主要岩性为灰绿色、褐黄色、灰褐色、褐红色岩屑石英砂岩、细粒岩屑砂岩、泥质细砂岩、泥质粉砂岩、粉砂质泥岩、泥岩夹灰褐色砾岩；上段（N_1a^2）主要岩性为褐红色、灰褐色、灰绿色、褐黄色、灰黑色岩屑砂岩、细粒岩屑砂岩、泥质粉砂岩、粉砂质泥岩、泥岩夹灰褐色砾岩。本组厚度在横向上有较大差异，在乌鲁克恰提地区厚351.08m，在巴什布拉克地区厚698.06m，在乌拉根地区厚698.06m。

该组在翁库尔盆地岩性为灰绿色、灰色、暗灰色砂岩与褐红色、灰红色、浅褐红色砂岩、泥岩、泥质粉砂岩互层，在灰白色砂岩中断续见到多层铜矿化体，分布范围宽100～300m，长达5km以上，具有与花园铜矿相似的矿化特征。

安居安组为花园式砂岩型铜矿的富矿层位，喀什拗陷区北缘该组中产有萨哈尔、巴什布拉克、花园、吾合沙鲁、杨叶、杨树沟、江格结尔、吾东、吉勒格等中小型铜矿（点）。翁库尔盆地产有科克塔木、喀赞布拉克、克孜勒别勒、克孜勒布拉克等铜矿点。

帕卡布拉克组：该组在喀什拗陷区北缘岩性主要为一套暗紫色及褐灰色含钙质泥岩、含粉砂质泥岩与浅棕灰色细-中粒砂岩不等厚互层夹浅灰色、灰绿色粉砂岩，与下伏安居安组呈整合接触，在乌鲁克恰提地区厚819.48m，在巴什布拉克地区厚811.14m。该组在翁库尔盆地则为一套半深湖-浅湖相浅褐红色、棕色、灰色中层状泥岩夹粉砂质泥岩、砂岩，厚度为780.68m。

阿图什组：该组在喀什拗陷区北缘岩性可分两段。下段（N_2a^1）为褐色、浅棕灰色砂岩夹砾岩；上段（N_2a^2）为灰色砾岩夹黄灰色砂岩，自下向上粒度变粗、砾岩增加。该组在翁库尔盆地为一套快速堆积的冲积扇相灰绿色、灰色块状砾岩夹褐红色砂岩、含砾砂岩透镜体，厚度为461.84m。

（三）第四系

第四系分布广泛，依据出露高度、堆积方式、胶结程度等，将第四系划分为下更新统西域组、中更新统乌苏群（Q_2ws）、上更新统新疆群（Q_3xn）以及上更新统-全新统冲洪积堆积（$Q_{3-4}apl$）、全新统冲洪积堆积、全新统冲积堆积、风积物、湖积物及化学沉积物等。其中西域组岩性主要为灰黄色、灰褐色、灰白色钙质胶结砾岩，在乌恰地区与下伏阿图什组之间呈整合接触，在翁库尔盆地与之呈角度不整合接触。

第三节　岩　浆　岩

塔里木盆地西缘岩浆活动较弱，以火山作用为主，未见较大的侵入体出露。火山作用集中于晚志留世—早泥盆世及早白垩世，其中晚志留世—早泥盆世主要为变质橄榄岩、橄榄辉石岩、辉绿岩、辉长岩、枕状玄武岩、安山岩及基性火山角砾岩，产于吉根蛇绿混杂岩中；早白垩世火山岩主要产于翁库尔中-新生代拉分盆地中，主要为玄武岩、橄榄玄武岩、少量碱性玄武岩和碧玄岩。

一、火山岩

（一）晚志留世—早泥盆世火山岩

晚志留世—早泥盆世火山岩主要为吉根蛇绿混杂岩，呈带状断续分布在北北东向吉根-萨瓦亚尔顿断裂带中。该蛇绿混杂岩带岩石序列和岩石组合基本齐全，包括变质橄榄岩、超镁铁质堆积岩、镁铁质堆积岩（角闪辉长岩、闪长岩）、镁铁质火山杂岩（玄武岩、安山岩、基性火山角砾岩、辉绿岩）等组分。蛇绿混杂岩呈豆荚状，产于上志留统-下泥盆统变质碎屑岩中，长轴与断裂构造带方向一致，一般长数百米，宽数十米，与周围地层呈断裂接触。

该蛇绿混杂岩中基性熔岩 SiO_2 含量为 45.18% ~ 52.05%，Al_2O_3 含量为 15.82% ~ 22.20%，TiO_2 含量为 1.52% ~ 2.55%，明显不同于 TiO_2 含量非常低（<1%）的岛弧玄武岩，亦不同于 TiO_2 含量（多数<2%）及 Al_2O_3 含量相对低（13% ~ 16%）的大陆溢流玄武岩（董云鹏等，2002）。

基性火山岩稀土元素分布形式比较平坦，Nb 和 Ta 富集，与岛弧玄武岩亏损 Nb、Ta 完全不同，其大离子亲石元素 Sr、K、Rb、Ba 分布形态亦完全不同于大陆板内玄武岩，同时 Sr、Rb、Ba、Th 较 N-MORB 富集。微量元素整体丰度低于洋岛玄武岩，分布形式类似于 P-MORB（Wilson，1989）。在大多数微量元素构造环境判别图解上，该蛇绿混杂岩中基性火山岩样品投影点也多落入 P-MORB 区（徐学义等，2003a）。

Sm-Nd 同位素年代学研究结果表明，吉根基性火山岩形成时代为 392±15Ma（徐学义等，2003a），形成大地构造背景为洋中脊或成熟的弧后盆地，岩浆起源于亏损地幔并在形成过程中受到富集地幔的影响。从形成年龄和分布位置看，吉根蛇绿混杂岩可与南天山晚古生代阔克萨勒岭地区蛇绿岩（415.7±6.5Ma，董书云，2010）相对应，极有可能为古生代南天山洋盆的残片，代表了南天山与塔里木板块的分界线。

（二）早白垩世火山岩

早白垩世火山岩主要分布于翁库尔中-新生代断陷盆地下白垩统克孜勒苏群河流相-山间盆地相红色碎屑岩中。

翁库尔盆地早白垩世火山岩主要以夹层的形式产出溢流相火山熔岩，地表呈透镜状或团块状产出，横向上连续性较差，岩石类型较为单一，以碱玄岩和碱性橄榄玄武岩为主，其中含上地幔和下地壳包体（韩宝福等，1998；王彦斌等，2000）。早白垩世火山活动的时限和规模均较小，其火山活动形式以间歇式火山喷发为主，玄武岩 K-Ar 年代学测试显示其形成时代为 118.2Ma，为早白垩世翁库尔盆地形成演化阶段岩浆活动的产物，形成大地构造背景为大陆主动裂谷环境（梁涛等，2007）。

早白垩世玄武岩具斑状结构，基质具间粒或脱玻间隐结构。岩石化学分析表明，岩石中 Al_2O_3、Fe_2O_3、CaO、K_2O 相对较高，TiO_2、MnO、P_2O_5、FeO 相对较低，SiO_2 含量普遍<45.87%。岩石里特曼指数（σ）为 7.8 ~ 13.3，平均为 10.23，若 σ 值大于 4，且 $Na_2O>K_2O$，则属碱性岩系钠质（中大西洋型）型火山岩系列。

早白垩世玄武岩微量元素中强不相容元素 Th、U 相对富集，Ba、K、Rb 具较明显的亏损特征，中等不相容元素 Nb、Zr 相对富集，Sr、P、La、Sm、Ce 具相对亏损特征，弱不相容元素 Ti、Tb、Y 相对较贫，总体具有亏损特征。$(Rb/Yb)_N>1$ 为强不相容元素富集型，Nb 元素含量呈现明显正突起，其微量元素配分形式与大陆碱性玄武岩较为相似。

玄武岩稀土总量平均值为 138.96μg/g，轻重稀土比值在 31.75 ~ 32.36，$(Ce/Yb)_N$ 值平均为 7.51，$(La/Sm)_N$ 值平均为 4.68，$(La/Yb)_N$ 值平均为 15.05，表现为较明显的轻稀土富集型特征。δEu 多大于 1，Eu 具弱负异常，稀土分配曲线在 Eu 处表现出较为平坦。

Sr-Nd-Pb 同位素分析表明，早白垩世玄武岩$^{87}Sr/^{86}Sr$为 0.703554～0.703884，$^{143}Nd/^{144}Nd$为 0.512838～0.512904、$^{206}Pb/^{204}Pb$为 18.0063～18.4720、$^{207}Pb/^{204}Pb$为 15.4411～15.5060、$^{208}Pb/^{204}Pb$为 37.8072～37.9290，具有大陆碱性玄武岩的特征。在 FeO-MgO-Al_2O_3图解和 Hf/3-Th-Ta 图解中玄武岩样品投影点均落于碱性玄武岩及其分异产物区，为大陆环境下的产物。

萨热克巴依盆地白垩纪火山岩特征见第二章第一节。

二、侵入岩

区域上岩浆侵入作用仅零星发育于萨热克巴依盆地和恰克马克地区，其中萨热克巴依盆地岩性为辉长辉绿岩类，呈岩脉群侵入于下白垩统克孜勒苏群紫红色砂岩中，侵入时代为早白垩世；恰克马克地区岩性为英云闪长岩、花岗闪长岩，侵入上石炭统喀拉治尔加组碎屑岩中，侵入时代为二叠世。

第四节　变 质 作 用

研究区变质作用以区域变质作用为主，动力变质作用次之，气液接触变质作用微弱。变质地层主要为长城系阿克苏群，次为泥盆系—石炭系，侏罗系中仅局部有轻微变质，中-新生界基本未变质。区域变质岩分布于上述各时代地层中，动力变质岩主要分布于研究区内各大断裂带中。

区域变质作用广泛存在，但总体变质程度不高，变质岩类型也较少，变质作用类型主要有区域埋深变质作用、区域低温动力变质作用、区域动热变质作用、碎裂变质作用和糜棱岩化变质作用。其中中侏罗统杨叶组、上侏罗统库孜贡苏组、下白垩统克孜勒苏群变质温度较低，属低级的葡萄石-绿纤石相变质，为区域埋深变质作用产物；上志留统塔里特库里组、下泥盆统萨瓦亚尔顿组、上石炭统康克林组、上石炭统喀拉治尔加组均为区域低温动力变质作用；长城系阿克苏群为区域动热变质作用。主要变质岩石类型为泥质-长英质岩类，主要有片岩、千枚岩、板岩、变砂岩、变粒岩及碳酸盐岩变质岩类等。

动力变质岩较广泛分布于元古宙变质岩及测区各大断裂构造带中，使原岩遭受构造作用挤压破碎及剪切应力的韧性变形，呈线状分布，延伸长，出露宽度较小。主要变质岩石类型为碎裂岩、片理化岩石、初糜棱岩、糜棱岩、构造片岩等。

研究区主要变质作用类型及变质岩相带划分见表 1-1。

表 1-1　研究区变质作用类型及变质岩相带划分

变质作用类型	变质相	地层代号	主要岩石类型及变质矿物组合
区域埋深变质作用	葡萄石-绿纤石相	K_1kz	变质钙质细砂质岩屑石英粉砂岩、钙质粉砂质绢云母板岩、灰白色白云质细粒岩屑长石砂岩等
		J_3k	砾岩，夹岩屑细砂岩
		J_2y	长石岩屑砂岩、（含细-粉砂质）绢云母板岩、变质细砂质岩屑粉砂岩、变质白云质中细粒长石石英砂岩等

续表

变质作用类型		变质相	地层代号	主要岩石类型及变质矿物组合
区域变质作用	区域低温动力变质作用	低绿片岩相	C_2k、C_2kl	绢云母方解石石英千枚岩、变质白云质细砂质长石石英粉砂岩、粉砂质（绿泥石）绢云母板岩等
			D_1sw	灰白色-浅灰黑色泥晶灰岩、浅灰绿色-浅绿色千枚岩、青灰色长石石英砂岩等
		绿片岩相	$S_{3-4}t$	长石岩屑砂岩、（含细-粉砂质）绢云母板岩、变质白云质中粒岩屑石英砂岩、变质细砂质岩屑粉砂岩、变质白云质中细粒长石石英砂岩等
	区域动热变质作用	高绿片岩相	Ch*ak*	红柱石二云母方解石石英片岩、（二云母）白云母片岩、黑云母斜长方解石片岩、二云母方解石石英片岩、（绿泥石）二云母石英片岩、二云母片岩、（黑云、绿泥石）白云母石英片岩、斜长石英岩、（夕线石）二云母石英片岩、石英斜长浅粒岩、方解斜长石英岩，矿物组合为绿泥石+红柱石+方解石+斜长石+黑云母+白云母+石英等
		低角闪岩相	Ch*ak*	（含石榴子石）黑云母片岩、黝帘石方解石黑云母片岩、含石榴子石二云母片岩、斜长石英浅粒岩、白云母白云石斜长石石英片岩
			Ch*ak*	石榴子石绿泥石角闪石二云母石英片岩、含石榴子石角闪石二云母片岩、方解石绿泥石黑云母片岩，（夕线石）二云母石英片岩等
动力变质作用	碎裂变质作用	主要位于切列克辛断裂带、库尔干断裂带和其他断裂带附近		受构造应力强烈挤压，岩性以脆性变形为主，形成断层破碎带、碎裂岩等。主要代表岩性：碎裂状灰岩，碎裂状变粒岩、角砾岩等
	糜棱岩化变质作用	主要位于吾瓦断裂带、帕米尔前缘边界断裂断裂带、乌恰断裂、萨热克巴依断裂和其他断裂两侧		主要为推覆-韧性剪切作用形成各种糜棱岩、糜棱岩化岩石等，主要变质机制为变形及动态的重结晶，压力和温度极高。属于断层的浅部-中部构造相带，主要代表岩性为钠长石黑云母白云母绿泥石糜棱岩、糜棱岩化灰岩、千枚岩化砂岩等

第五节　矿产特征

塔里木盆地西缘成矿地质条件优越，从中元古代到中-新生代均有成矿作用发生，矿床数量和类型多样，且不同时代的含矿建造中具有不同的成矿特征。

中元古界成矿以铁铜矿化为主，主要赋存于苏鲁铁列克断隆区中元古界阿克苏群千枚岩-片岩变质建造中，成矿类型以沉积+后期热液改造型矿床为主，成矿规模普遍较小，主要为一些小型矿床和矿点，目前发现有阔克当格铁矿、陀罗姆塔依铁矿点、苏鲁铁列克铁矿点、果儿铁矿点、托库孜依如克铜矿点、阿克然佰勒铜矿和鲍斯铁列斯铅锌矿等。

古生界成矿以金铅锌矿化为主，赋存于中泥盆统—下石炭统绿片岩相浅变质作用的海相火山岩-沉积岩建造中，其中于东阿赖冲断褶皱区以金锑矿化为主，成矿规模较大但分布有限，发育有萨瓦亚尔顿超大型韧性剪切带型金矿床；库尔干-翁库尔复背斜区以铅锌矿化为主，目前仅发现佰什布拉克小型密西西比河谷型（MVT）铅锌矿床以及乔诺铅锌矿点。

中-新生界成矿以铀铜铅锌矿化为主，且从早到晚表现出铜（铅锌）→铀铅锌（铜）→铜（银）的演化特征，成矿规模巨大且分布广泛，成矿类型主要为赋存于陆相红色碎屑岩沉积建造中的层控砂砾岩型矿床，是本区的成矿特色。依照含矿建造和矿化金属元素组合的不同，可以划分出 3 个规模较大的成矿带。

（1）北部为以萨热克大型铜矿床为代表的萨热克式砾岩型铜矿带，主要分布于萨热克巴依盆地，赋存于上侏罗统库孜贡苏组顶部冲积扇相杂色碎屑岩沉积建造中，近年来还在喀什拗陷北缘发现江格结尔和喀炼铁厂铜矿点。

（2）中部为以乌拉根超大型铅锌矿床为代表的乌拉根式砂岩型铅锌矿带，主要分布于喀什拗陷区北缘，赋存于下白垩统克孜勒苏群顶部辫状河相杂色碎屑岩与上覆古新统阿尔塔什组底部坍塌角砾灰岩组成的沉积建造中，近年来还发现包括康西、加斯、江格结尔、喀炼铁厂等小型铅锌矿床，在翁库尔盆地还发育有托帕小型铅锌矿床及琼库尔铅锌矿点。此外，在该成矿带下白垩统克孜勒苏群底部砂砾岩层中还发育有巴什布拉克大型砂岩型铀矿床。

（3）南部为以花园铜矿为代表的花园式砂岩型铜矿带，广泛分布于喀什拗陷区北缘中新统安居安组和渐新-中新统克孜洛依组滨浅湖相杂色碎屑沉积建造中，成矿规模较大但矿床规模普遍偏小，已发现包括吾合沙鲁中型铜矿和吉勒格小型铜矿以及吾东、杨树沟、阿克套、马什热甫大阪、硝若布拉克、索库尔等众多铜矿点。

最近还在花园式砂岩型铜矿带南部古近系齐姆根组、乌拉根组和巴什布拉克组等海间潟湖相沉积建造中发现了玛依喀克、休木喀尔、萨热吉等海相砂岩型铜矿（点），完善了塔西地区砂砾岩型铅锌铜矿的成矿系列，为在该区新的层位和空间取得新的找矿突破提供了理论与实践依据。

第二章　萨热克式砾岩型铜矿床成矿特征

萨热克式砾岩型铜矿床以萨热克大型铜矿为代表，近年来先后勘查评价了江格结尔和喀炼铁厂两个较小的铜矿点，本次主要针对萨热克铜矿展开了研究，矿区地质特征叙述如下。

第一节　矿区地质特征

一、地层

萨热克铜矿床位于苏鲁铁列克隆起区北部上叠盆地-萨热克巴依中生代拉分断陷盆地中，盆地内地层主要为基底中元古界和盖层中-新生界，此外还有呈断块形式出露的下古生界志留系（图2-1），各地层单元由老到新其特征叙述如下。

（一）中元古界

中元古界长城系阿克苏群（Ch*ak*）大面积出露于盆地两侧，宏观上呈近东西向展布，构成盆地的岩性基底，整体上为一套高绿片岩-低角闪岩相变质岩建造，与中-新生界之间呈断层接触。依据岩性组合可将其划分为6个岩性段，各岩性段之间均为断层接触，矿区范围仅可见第四至第六岩性段。

第六岩性段（$Chak^6$）：岩性为绿泥石片岩、钙质片岩、绢云母石英片岩、钙质石英片岩及少量大理岩（图2-2A）。方维萱等（2019）对该岩性段石英黑云母片岩中锆石LA-ICP-MS年代学测定结果为1528±140Ma，MSWD=4.6，曲线上交点年龄为1609±190Ma，MSWD（加权平均方差）=5.1，为中元古代早期。

第五岩性段（$Chak^5$）：岩性为云母石英片岩夹少量灰色不纯大理岩、浅粒岩。

第四岩性段（$Chak^4$）：岩性以绿泥石石英片岩、长英质浅粒岩、钙质片岩为主，含少量绢云母石英片岩、变质砂岩。

第三岩性段（$Chak^3$）：岩性以云母石英片岩、黑云母石英片岩、二云母石英片岩为主夹钠长变粒岩和石英岩，可见变余构造及变余微斜层理。

第二岩性段（$Chak^2$）：岩性为二云母石英片岩、钙质片岩及绿泥石石英片岩，在勃尔登柏勒断裂以南夹有不纯的大理岩，含有石英、黑云母等，可见变余微斜层理。

第一岩性段（$Chak^1$）：岩性为黑云母长英质变粒岩、二云斜长变粒岩、浅粒岩、二云母长英变粒岩、黑云母长石石英岩等，夹有角闪石英变粒岩、石英片岩、大理岩。

（二）志留系

仅见中志留统合同沙拉群（S_2h）呈断块状小面积出露于萨热克巴依盆地西南部，与

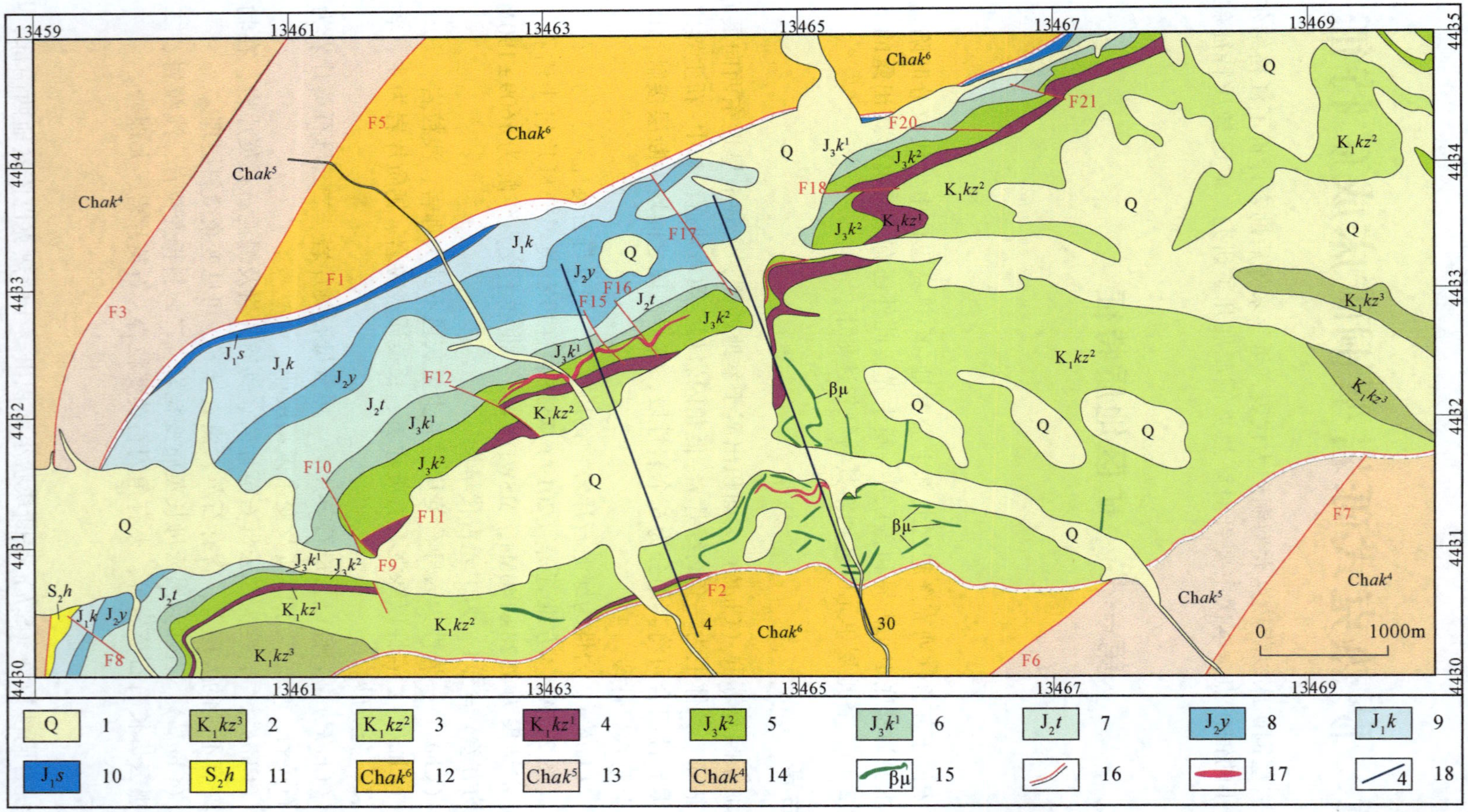

图2-1　萨热克铜矿区地质图（据贾润幸等，2016修编）

1-第四系；2-克孜勒苏群第三岩性段；3-克孜勒苏群第二岩性段；4-克孜勒苏群第一岩性段；5-库孜贡苏组上亚段；6-库孜贡苏组下亚段；7-塔尔尕组；8-杨叶祖；9-康苏组；10-莎里塔什组；11-合同沙拉群；12-阿克苏群第六岩性段；13-阿克苏群第五岩性段；14-阿克苏群第四岩性段；15-辉绿岩脉；16-断层及断层破碎带；17-铜矿体；18-勘探线及编号

图 2-2　萨热克铜矿区地层特征

A-长城系变质岩与莎里塔什组呈断层接触；B-莎里塔什组砾岩；C-康苏组煤层与莎里塔什组呈整合接触；D-杨叶组褶皱；E-塔尔尕组下部灰白色粉砂岩夹紫红色泥岩；F-塔尔尕组上部紫红色泥岩与灰绿色泥岩互层；G-库孜贡苏组砾岩；H-库孜贡苏组与克孜勒苏群呈整合接触；I-克孜勒苏群粉砂质泥岩与第四系呈角度不整合接触

下伏阿克苏群之间呈断层接触，其上被下侏罗统莎里塔什组、康苏组超覆不整合盖压。该群岩性上部为浅灰白色大理岩，下部为暗色钙质绢云母千枚岩、绿泥石片岩及硅质岩互层，局部含浅灰色大理岩。该群变质程度远低于下伏的阿克苏群（Ch*ak*），可见变余层理，原始沉积层理可见，厚度>1000m。

（三）侏罗系

侏罗系大面积出露于盆地中部萨热克巴依向斜的两翼，其中在北翼出露较全，南翼由于后期断裂构造作用部分缺失（图 2-1），整体为一套湖泊-沼泽相含煤系沉积建造，其与上覆下白垩统克孜勒苏群第一岩性段（K_1kz^1）灰白色厚层状含砾砂岩呈整合接触，与下伏阿克苏群表现为断层接触，局部呈角度不整合接触。依据岩石组合特征，其自下而上划分为下侏罗统莎里塔什组和康苏组、中侏罗统杨叶组和塔尔尕组及上侏罗统库孜贡苏组，各组之间呈整合接触，各组岩性特征如下。

莎里塔什组：该组为一套快速堆积的冲积扇相沉积建造，在矿区北部呈条带状沿北东向展布，岩性主要为紫红色、灰色、灰绿色、浅褐黄色砾岩，局部夹透镜状砂岩、含砾砂岩。砾石成分以硅质岩、石英岩为主，分选极差，多数砾径为 2 ~ 150mm，少量可达巨砾级别（约 1m）。砾石多呈棱角-次棱角状，其扁平面总体排列略具定向性，总体显示泥石流的特征（图 2-2B）。含砾砂岩透镜体中发育斜层理，砾石集中分布于纹层底部，具有河道沉积的特点。

康苏组：该组为一套湖泊相-沼泽相的煤系沉积建造（图 2-2C），在矿区北部呈北东向带状展布，岩性主要为灰白色石英砂岩与灰黑色粉砂岩互层。灰白色砂岩分选性较好、颗粒磨圆度较高，胶结物成分主要为碳酸盐类矿物，其次为泥质成分，可见少量草莓状黄铁矿，多数已褐铁矿化，仅保留其外形，偶见电气石、锆石等重砂矿物；灰黑色粉砂岩中夹有 0.7 ~ 2m 黑色碳质泥岩或煤层，延伸较好，煤层中保存大量植物化石碎片，该层是乌恰地区沙礼拜、疏勒、铁热舒克及康苏等煤矿的主要开采层位。

杨叶组：该组为一套滨浅湖相沉积建造，沿北东向呈带状出露于矿区北部，褶皱构造发育（图 2-2D）。岩性分为上下两段，上段（J_2y^2）为灰绿色岩屑石英细砂岩、粗砂岩，岩层层理面可见虫迹、虫洞沉积构造；下段（J_2y^1）为灰绿色粉砂质泥岩与浅褐黄色石英砂岩，砂岩中石英含量一般>70%，以次圆状为主，部分为次棱角状，孔隙式胶结，胶结物为碳酸盐类矿物，可见少量褐铁矿分布于粒间胶结物中。

塔尔尕组：该组为一套半深湖-浅湖相沉积建造，呈带状展布于矿区北侧。岩性上部为灰绿色泥质粉砂岩与粉砂质泥岩互层，下部为灰白色石英岩屑粗砂岩与红色泥岩互层（图 2-2E、F）。

库孜贡苏组：该组为一套冲积扇相-河流相沉积建造，呈带状沿北东向展布，为萨热克铜矿主要富矿层位（图 2-2G）。根据岩性组合特征可分为两个岩性段，下段（J_3k^1）为一套冲积扇相-河流相沉积建造，主要岩性为灰色、绿灰色砾岩与岩屑石英砂岩、长石岩屑砂岩和泥质细粒岩屑砂岩、泥质粉砂岩组成的韵律，顶部夹紫红色泥质粉砂岩，厚约 2m，底部为稳定延伸的褐灰色块状砾岩；上段（J_3k^2）为一套冲积扇相沉积建造，主要岩性为灰绿色、紫红色、褐灰色巨块状砾岩夹岩屑砂岩、泥质细砂岩透镜体，顶部为灰白色块状岩屑石英砂岩，于砾岩、胶结物和顶部砂岩中均见有铜矿化（辉铜矿和少量黄铜矿及孔雀石）。砾石成分为灰色石英片岩、灰绿色石英片岩、褐灰色钙质片岩、浅褐红色、玫瑰红色、黄灰色大理岩、白色石英岩等，大小为 0.2 ~ 50cm。砾石分选差，磨圆呈次棱角-棱角状，颗粒支撑、砂质-砂泥质填隙，砾石最大扁平面排列略具定向性，显示快速堆积的特征。砾岩沿倾向有尖灭之趋势，顶部砂岩可相变为含砾砂岩、砂砾岩、砾岩。

（四）白垩系

仅见下白垩统克孜勒苏群，大面积出露于盆地中部，整体为一套辫状河相褐红色泥岩夹砂岩及砾岩沉积建造，与下伏库孜贡苏组呈整合接触，局部直接盖压在阿克苏群之上。依据岩石组合特征可划分为 5 个岩性段，矿区范围仅包括第一至第三岩性段。

第三岩性段（K_1kz^3）：该组为一套辫状河三角洲前缘亚相沉积建造，岩性主要为灰白色砾岩、灰绿色含砾砂岩、岩屑石英砂岩夹褐红色薄层状粉砂质泥岩，局部为砂砾岩、砾岩。

第二岩性段（K_1kz^2）：该组为一套辫状河三角洲平原亚相沉积建造，包括河道与河漫滩两个微相，依据岩石组合特征可分为两个亚段。上亚段为紫灰色泥岩与暗褐红色泥岩互层；下亚段为紫红色含砾砂岩、粉砂岩，砂岩中发育大型斜层理、板状交错层理和平行层理，底面具冲刷痕迹。

第一岩性段（K_1kz^1）：该组为一套辫状河相沉积建造，岩性主要为褐红色泥岩夹砂岩透镜体、粉砂质泥岩和泥质粉砂岩，自下而上粒度逐渐变粗（图 2-2H）。

（五）第四系

第四系分布于盆地中部地表及河流阶地，主要岩性为冲洪积砂黏土和卵漂石土（图 2-2I）。

二、构造

（一）褶皱

矿区所在的萨热克巴依盆地为叠加于阿克苏群基底之上的相对独立的次级盆地，整体表现为一向斜构造。该向斜总体呈北东-南西向延伸，长约 6km，宽约 2.5km，面积约 $95km^2$，长宽比约为 2.4∶1，具有两翼陡（56°～62°）、核部缓（5°～6°）、东西两端翘起、南北两翼为断层所限的特征。向斜枢纽向东南侧伏，轴向为北东 55°左右，轴面产状近直立。核部地层主要由 K_1kz 组成，北翼地层保存较为完整，倾向南东，倾角为 45°～65°，由 J_1s、J_1k、J_2y、J_2t、J_3k 及 K_1kz 组成，南翼由于后期断层掩盖而出露不全，倾向北西，倾角为 15°～25°，由 J_2t、J_3k、K_1kz 组成。北翼地层中砂岩、粉砂岩等岩层多呈揉皱形态，发生塑性变形或层间滑动，而砾岩、含砾砂岩产生剪切破裂，发生弹性弯曲，核部地层中则多发育次级褶皱。

（二）断裂

矿区断裂构造发育，主要断裂有萨热克巴依盆地南、北边界断裂以及由边界断裂派生的次级断裂。盆地南、北边界断裂早期为正断层，中侏罗世末期受燕山构造运动的影响其性质转变为逆断层，喜马拉雅期构造运动使盆地两侧地层向盆地中心对冲，最终转变为现今的逆冲推覆断裂，同时伴随边界断裂活动在盆地中-新生界中派生了北东向和北西向两组菱形网格状次级断裂，以北西向次级断裂为主。

萨热克巴依北断裂（F1）：该断裂位于萨热克巴依盆地北缘至阔克当格一带，走向延伸整体呈 S 形展布。在盆地北缘其走向 240°、断面北倾，倾角为 50°～70°，至盆地西缘走向转至 190°左右，断面北西倾，倾角 60°～67°，切过苏鲁铁热克隆起区，至阔克当格一带走向为 250°左右，断面北倾，总体延伸达 35km。在矿区该断裂主要表现为 $Chak^6$ 掩压于 J_1s 之上（图 2-3）。

萨热克巴依南断裂（F2）：该断裂位于萨热克巴依盆地南缘，走向 250°左右，断层断

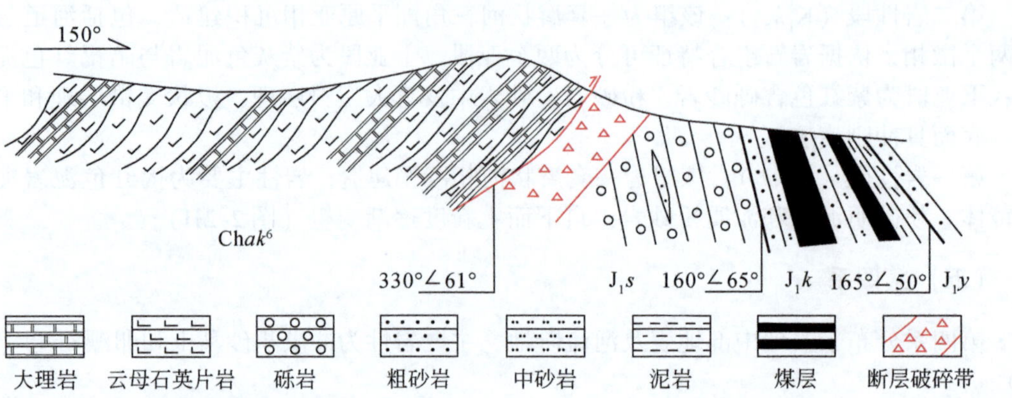

图 2-3　萨热克巴依北断裂示意图（据报告①修编）

面南倾，倾角为50°~70°，总体形迹呈舒缓波状弯曲。断裂在东部与切列克辛断层相交，并被截切，整体延伸25km左右。断层南北两侧地貌差异明显，南侧为高山区，北侧为低山区。在矿区该断裂造成侏罗系大部分缺失，并导致Cha$k$直接压覆于K_1kz之上，仅在局部表现为Chak^6掩压于J_2t之上（图2-4）。

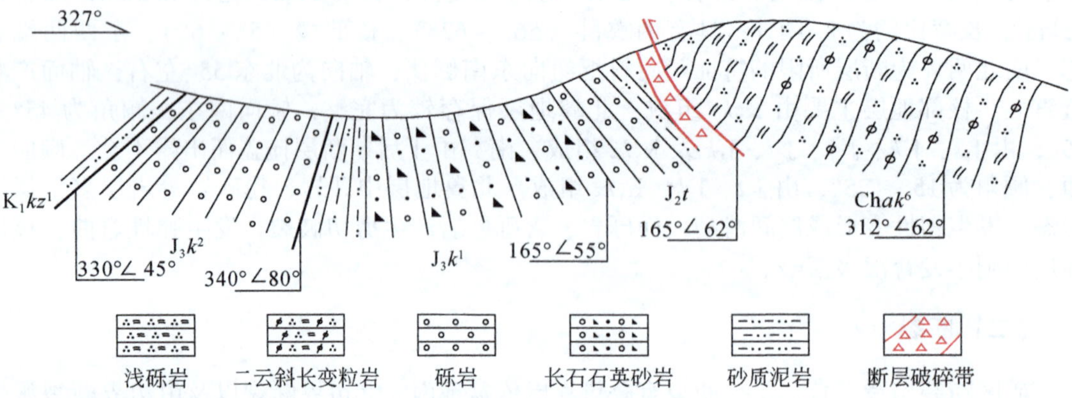

图 2-4　萨热克巴依南断裂示意图

北西向断裂：该断裂位于盆地两侧边界断裂之间，规模较小，多为右旋压扭性逆断层，倾角为60°~75°，切断向斜两翼地层，整体表现为对富矿层位的破坏作用，但在与北东向断裂的叠加部位，矿体具有规模加大且品位变富的趋势。

三、岩浆岩

矿区南部发育大量基性岩侵入体（图2-1），主要呈岩脉状产出，地表仅见其侵位于K_1kz^2紫灰色、暗褐红色粉砂岩与粉砂质泥岩中（图2-5A），岩性主要为辉绿岩、辉长辉绿

① 有色金属矿产地质调查中心，2012. 新疆乌拉根地区铅锌铜矿远景调查报告

岩，呈灰绿色，细–中粒辉绿结构或辉长结构，主要矿物成分为辉石、基性长石、角闪石和少量黑云母，副矿物可见磁铁矿及锆石等。基性斜长石常蚀变为钠长石、黝帘石、绿帘石和高岭石，辉石常蚀变为绿泥石、角闪石及碳酸盐类矿物。

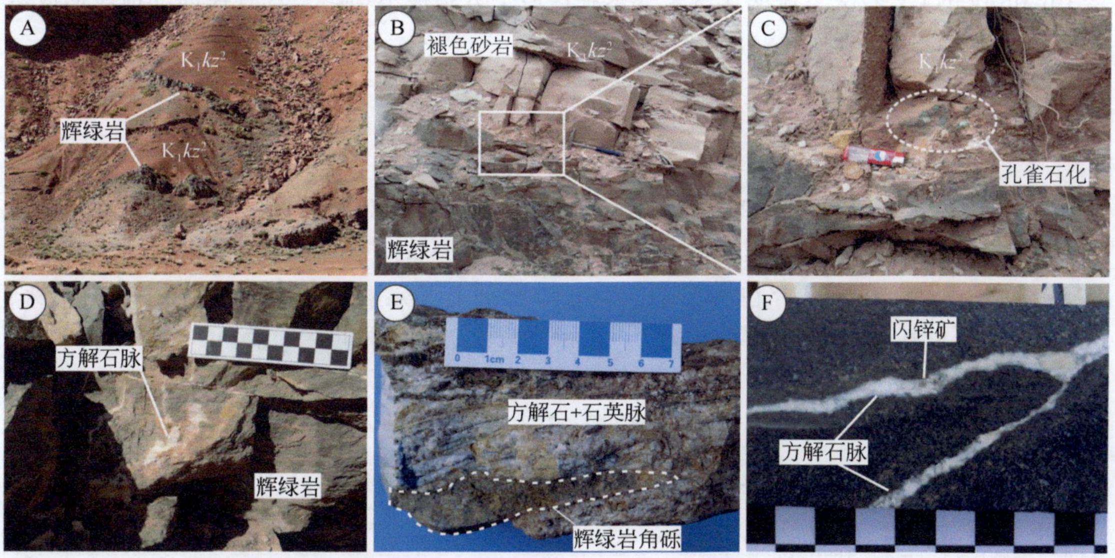

图 2-5　萨热克铜矿区辉绿岩特征

A-辉绿岩脉侵入到克孜勒苏群第二岩性段中；B-辉绿岩脉两侧砂岩发生褪色蚀变；C-辉绿岩脉两侧褪色砂岩中发育孔雀石化；D-方解石+石英脉穿插辉绿岩脉；E-方解石+石英脉穿插辉绿岩并捕获辉绿岩角砾碎屑；F-钻孔中揭露的含闪锌矿方解石脉穿切辉绿岩

岩脉出露宽度一般为 1.0～5.5m、延长 20～950m，延伸方向为北西、北东、近南北和近东西向，多切层产出，少量顺层产出。岩脉两侧 K_1kz 中砂岩、粉砂质泥岩及泥质粉砂岩存在大规模的褪色蚀变现象（图 2-5B），颜色由紫红色逐渐变为灰白色。褪色带展布随着辉绿岩脉产状变化，褪色砂岩带中多可见孔雀石矿化（图 2-5C）。辉绿岩脉中见有大量含矿方解石+石英脉穿插（图 2-5D），并且在方解石+石英脉中还可见捕获的辉绿岩角砾（图 2-5E）。在南矿带深部钻孔，如 ZK3001 中，也见有多层辉绿岩，其中发育于砾岩层顶部的一层辉绿岩厚约 2m，发育有含闪锌矿方解石脉（图 2-5F），与地表情况一致。

第二节　矿区地球化学特征

一、元素特征值

萨热克地区 1∶2.5 万沟系次生晕测量结果显示，该区沟系次生晕沉积物各元素均值与地壳克拉克值（泰勒）相对比，浓度克拉克值（Kk）大于 1 具有相对富集的元素为 Pb、Ag、Ba、As 和 Sb，其 Kk 分别为 1.82、1.25、1.39、3.42 和 427；呈相对贫化的元素为 Cu 和 Zn，其 Kk 分别为 0.58 和 0.78。变异系数（CV）大于 1 的元素主要为 Cu 和 Ag，其 CV 分别为 3.36 和 2.37，属于强分异型元素，其余元素的 CV 均小于 1，属均匀型元素。从上述特征可以看出本区 Pb、Ag、Ba、As、Sb 元素具区域性相对富集特征，而元素 Cu 和 Ag 的 CV 较大，说明这两个元素在区域上分布极不均匀，具有在局部地段形成富集成矿特征。

二、元素组合特征

根据 R-型聚类分析（表 2-1），在相关系数（$F_{0.05}$）为 0.35 的水平上，矿区元素组合主要为 Cu-Ag-Pb-Zn-As-Sb-Ba 组合，说明该区成矿元素与沉积环境指示元素 Ba 关系密切，属沉积类型矿化特征。在相关系数为 0.7 水平上，元素 Sb、Ba 从组合中分解出来，元素 Cu、Ag 间相关程度较高聚合成组，在相关系数 0.8 水平上，元素 Pb、Zn、As 间相关程度较高聚合成组，可能表明矿化具有两种类型，一种为沉积型 Cu、Ag 矿化组合，另一种为后期叠加的热液蚀变活动作用有关的多金属 Pb、Zn（As）矿化组合。

表 2-1　萨热克矿区 R-型聚类分析谱系图表

测区	连接元素	相关系数	谱系图（$F_{0.05}$=0.35）
萨热克矿区 N=1402	Cu—Ag	0.822	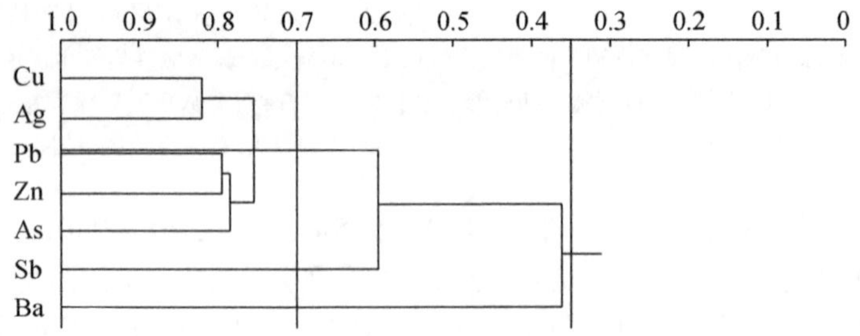
	Pb—Zn	0.795	
	Pb—As	0.786	
	Cu—Pb	0.753	
	Cu—Sb	0.595	
	Cu—Ba	0.361	

三、综合异常特征

根据异常元素组合特征，该区综合异常以 Cu-Ag 元素组合异常为主，伴生 Pb、Zn、As 元素异常，共圈出了 15 个综合异常，主要异常分布于萨热克巴依盆地南北两侧。其中，北综合异常带位于萨热克北矿带一侧并向北东方向延展，断续长达 8km，由 4 处综合异常组成，编号依次为 H-1 ~ H-4；南综合异常带位于萨热克南矿带一侧并向东延展至矿区东部，断续长达 14km，由 8 处综合异常组成，编号依次为 H-5 ~ H-12 号（图 2-6）。

Q-型聚类分析表明，该区综合异常基本上可划分为 3 种组合类型（表 2-2）：第一种类型为 Cu-Pb-Zn-Ag 元素组合，综合异常编号为 H-1、H-3、H-7、H-11；第二种类型为 Cu-Ag-Ba 元素组合，综合异常编号为 H-2、H-5、H-4、H-6 及 H-13；第三种类型为 Cu-Pb-Zn-Ag-As-Sb 元素组合，综合异常编号为 H-8、H-14、H-12、H-15、H-9、H-10。

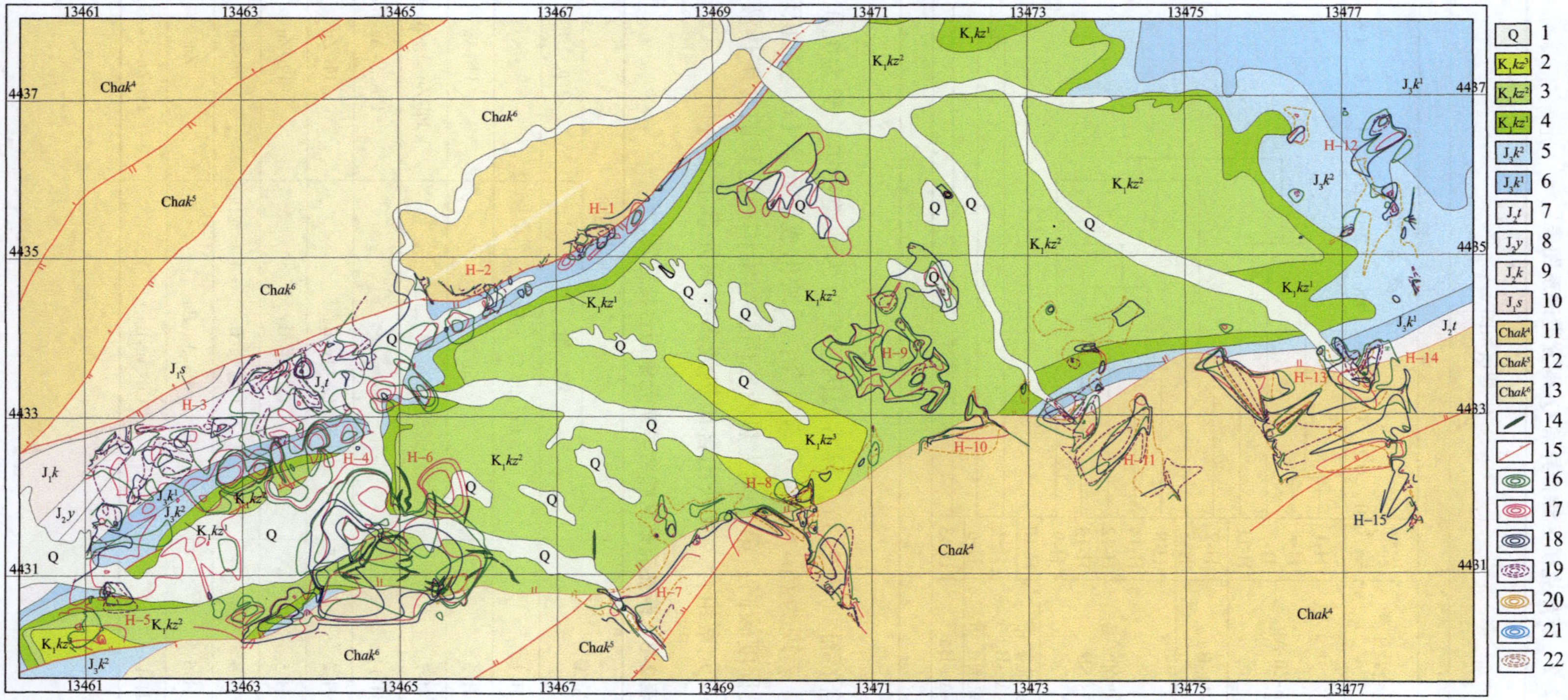

图 2-6　萨热克地区地化综合异常图

1-第四系；2-克孜勒苏群第三岩性段；3-克孜勒苏群第二岩性段；4-克孜勒苏群第一岩性段；5-库孜贡苏组上段；6-库孜贡苏组下段；7-塔尔尕组；8-杨叶组；9-康苏组；10-莎里塔什组；11-阿克苏群第四岩性段；12-阿克苏群第五岩性段；13-阿克苏群第六岩性段；14-辉绿岩脉；15-断层；16-Cu元素异常（35×10^{-6}~70×10^{-6}~150×10^{-6}）；17-Ag元素异常（11×10^{-9}~230×10^{-9}~460×10^{-9}）；18-Pb元素异常（30×10^{-6}~60×10^{-6}~120×10^{-6}）；19-Zn元素异常（85×10^{-6}~100×10^{-6}）；20-As元素异常（10×10^{-6}~15×10^{-6}~20×10^{-6}）；21-Sb元素异常（11×10^{-6}~12×10^{-6}）；22-Ba元素异常（700×10^{-6}~1000×10^{-6}~1300×10^{-6}）

表 2-2　萨热克矿区综合异常 Q-型分类谱系图表

综合异常连接	距离系数	Q-型谱系图
1—3	0.146	
8—14	0.518	
2—5	0.591	
12—15	0.724	
7—11	0.799	
8—12	0.845	
8—9	1.033	
1—7	1.041	
8—10	1.097	
2—8	1.243	
1—2	1.318	
4—6	1.774	
4—13	1.891	
1—4	2.073	

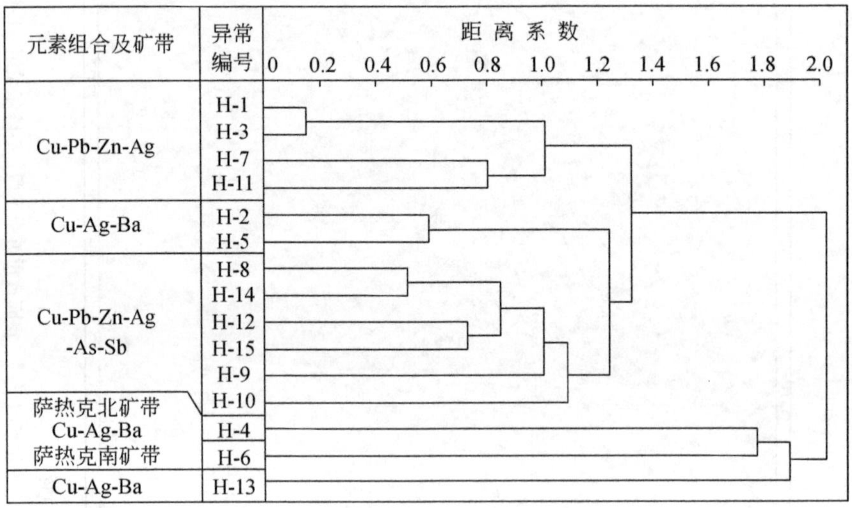

根据综合异常元素组合特征（表 2-3），异常成因主要分为两类：第一类为沉积成因，与沉积成矿成晕作用有关，表现为 Cu-Ag-Ba 元素组合，反映出成矿元素 Cu 与沉积环境指示元素之一的 Ba 元素相关程度较高；第二类为热液成因，与沿构造运移的含矿热液有关，表现为 Cu-Pb-Zn-Ag-As-Sb 元素组合，反映出含矿热液多金属元素组合特征。

表 2-3　萨热克矿区综合异常元素组合特征表

异常分类	异常编号	元素组合	
		第一组	第二组
第一类	H-1	Cu-Zn-Pb（Ag）	
	H-3	Cu-Zn	Pb-Ag
	H-7	Cu-Ba	Pb-Zn-Ag-As-Sb
	H-11	Cu-Ag	Pb-Sb-As-Ba
	H-2	Cu-Ag-Ba	Pb-Zn
	H-5	Cu-Ag-Ba	Pb-Zn
	H-4	Cu-Ag-Ba	Pb-Zn
	H-6	Cu-Pb-Ag-Ba	Zn
	H-13	Cu-Ag-Ba	Pb-Zn-As-Sb

续表

异常分类	异常编号	元素组合	
		第一组	第二组
第二类	H-8	Cu-Pb-Zn-Ag-As-Sb	Ba
	H-14	Cu-Ag-Pb-Zn	As-Sb
	H-12	Cu-Pb-Zn-Ag-As-Sb	Ba
	H-15	Cu-Ag-Pb-Zn-As-Sb	Ba
	H-9	Cu-Pb-Zn-Ag-Ba	Ba-Sb
	H-10	Cu-Pb-Zn-Ag-As	Ba-Sb

H-1 综合异常呈扁圆状北东向延伸，长约 1.4km，宽约 0.3km，面积约 0.8km^2，是以 Cu、Pb、Zn、Ag 异常为主的多金属综合异常。该异常规格化面金属量值（NAP）为 1.05，各元素形成异常中心并具有浓集中心重合特征，Cu 异常峰值为 57.8×10^{-6}、Ag 异常峰值为 343×10^{-9}、Zn 异常峰值为 111×10^{-6}、Ba 异常峰值为 831×10^{-6}。

根据 R-型聚类分析，该异常元素组合主要为 Cu-Zn-Pb（Ag）元素组合。

H-2 综合异常呈北东–南西向带状延展，长约 2km，宽约 0.5km，面积约 1.2km^2，是以 Cu、Pb、Zn、Ag 异常为主的多金属元素综合异常。该异常规格化面金属量值为 1.86，具有三级异常浓度分带特征，Cu 异常峰值为 210×10^{-6}、Pb 异常峰值为 35.9×10^{-6}、Zn 异常峰值为 103×10^{-6}、Ag 异常峰值为 740×10^{-9}、Ba 异常峰值为 1268×10^{-6}。

根据 R-型聚类分析，该异常元素组合主要分为两组，一组为 Cu-Ag-Ba 元素组合，另一组为 Pb-Zn 元素组合。其中 Cu-Ag-Ba 组合反映出与沉积作用有关的沉积型铜矿化类型，Pb-Zn 元素组合可能反映出后期构造热液蚀变叠加作用的影响。

H-3 综合异常呈北东向带状延展，长约 4.5km，宽约 1km，面积约 3.4km^2，是以 Cu、Ag、Pb、Zn 为主的综合异常。该异常规格化面金属量值为 5.33，Cu 异常峰值为 61.6×10^{-6}、Ag 异常峰值为 331×10^{-9}、Zn 异常峰值为 149×10^{-6}、Pb 异常峰值为 139.1×10^{-6}、Ba 异常峰值为 1612×10^{-6}。

根据 R-型聚类分析，该异常元素组合主要分为两组，分别为 Cu-Zn 元素组合及 Pb-Ag 元素组合，反映出次生矿化分散晕特征，元素 Ba 与之相关程度较低，说明矿化过程与沉积作用关系不密切，为后期矿化热液蚀变作用所形成的次生分散晕。

H-4 综合异常呈北东东向带状延展，长约 2.5km，宽 0.8～1.0km，面积约 2.0km^2，是以 Cu、Ag 为主的综合异常。该异常规格化面金属量值为 12.37，异常峰值极高，具有三级异常浓度分带特征，Cu 异常峰值为 2850×10^{-6}、Ag 异常峰值为 2224×10^{-9}、Ba 异常峰值为 1554×10^{-6}。

根据 R-型聚类分析（表 2-4），在相关系数为 0.20 的水平上，该异常元素组合分为两组：第一组为 Cu-Ag-Ba 元素组合，第二组为 Pb-Zn 元素组合。第一组中元素 Cu、Ag 之间相关程度较高，相关系数大于 0.8，与元素 Ba 之间具相关性。该异常与组合特征表明，矿化以 Cu、Ag 矿化为主，与沉积作用相关。

表 2-4　萨热克矿区 H-4 综合异常谱系图表

异常编号	连接元素	相关系数	谱系图（$F_{0.05}=0.20$）
H-4 $N=91$	Cu—Ag Pb—Zn Cu—Ba Cu—Pb	0.827 0.601 0.232 -0.129	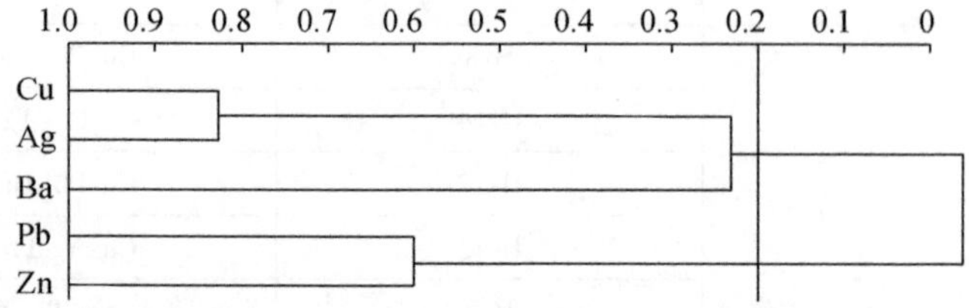

该综合异常为萨热克铜矿北矿带矿化所引起，为典型的矿致异常，属甲类异常。经地质评价，在地表 J_3k^2 灰色、灰绿色砾岩中已控制两条铜矿体，长度为 1000～1350m，经深部大量钻孔验证，矿体沿倾向延深一般为 300～500m，个别近 1000m。在矿体上方获得了宽 50～80m、Cu>2000×10^{-6}、Ag 为 2×10^{-6}～5×10^{-6}的原生晕异常，异常强度高，浓度分带明显，同时前缘元素 Ba 异常也在矿体沿走向延伸带上广泛发育，显示了特定层位和特定岩性含矿的特征。

H-5 综合异常呈北东向浑圆状，长约 1km，宽约 0.6km，面积约 0.78km^2，是以 Cu、Ag、Pb、Zn 为主的综合异常。该异常规格化面金属量值为 1.0，规模较小，Cu 异常峰值为 90×10^{-6}、Ag 异常峰值为 577×10^{-9}、Ba 异常峰值为 1183×10^{-6}、Pb 异常峰值为 42×10^{-6}、Zn 异常峰值为 147×10^{-6}。

根据 R-型聚类分析，该异常元素组合主要为 Cu-Ag-Ba 元素组合及 Pb-Zn 元素组合，反映出与沉积作用有关的 Cu 矿化异常类型。

H-6 综合异常呈北东东向浑圆状，长约 3.2km，宽约 0.8km，面积约 3.4km^2，是以 Cu、Ag、Pb、Zn 为主的综合异常。该异常规格化面金属量值为 22.5，异常峰值较高，具有三级异常浓度分带特征，Cu 异常峰值为 1990×10^{-6}、Ag 异常峰值为 415×10^{-9}、Pb 异常峰值为 537.2×10^{-6}、Zn 异常峰值为 90×10^{-6}、Ba 异常峰值为 993×10^{-6}。

根据 R-型聚类分析（表 2-5），在相关系数为 0.20 水平上，该异常元素组合主要为 Cu-Ba-Pb-Ag 元素组合，元素 Cu、Ba 之间相关程度较高，相关系数大于 0.55，元素 Pb、Ag、Ba 之间相关程度较高，相关系数大于 0.45。该异常与组合特征表明，矿化以 Cu、Pb 矿化为主，与沉积作用相关。

表 2-5　萨热克矿区 H-6 综合异常谱系图表

异常编号	连接元素	相关系数	谱系图（$F_{0.05}=0.20$）
H-6 $N=84$	Cu—Ba Pb—Ag Cu—Pb Cu—Zn	0.565 0.473 0.249 -0.134	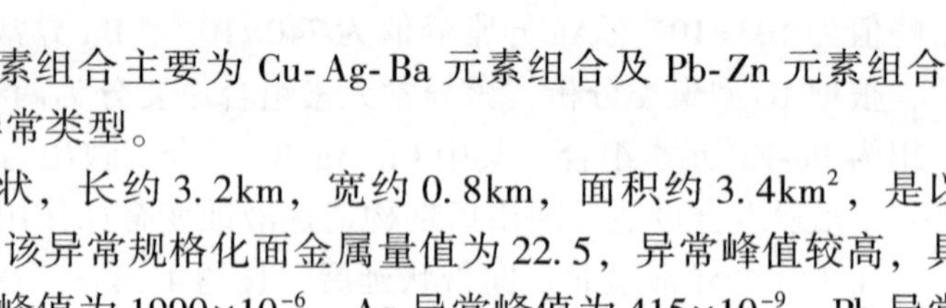

该综合异常为萨热克铜矿南矿带矿化所引起，为典型的矿致异常，属甲类异常。经地质评价，在地表 K_1kz^2 紫红色-灰白色砂岩中已控制长 200～800m、厚 1～7.39m 的铜矿体。矿体上方原生晕中元素组合以 Cu-Ag 为主，单个异常宽达 20～30m，Cu 含量>2000×10^{-6}，Ag 含量为 0.5×10^{-6}～1×10^{-6}。钻孔在 J_3k^2 灰色、灰绿色砾岩中见到了铜铅锌盲矿体和铜盲矿体各一条，其中铜铅锌矿体穿矿厚度为 7.0m，Pb+Zn 的品位为 0.35%～0.84%；铜矿体穿矿厚度为 6.93m、Cu 平均品位为 1.14%；钻孔原生晕中元素组合以 Pb-Ag（Cu）为主，异常宽达 60～80m，Pb 含量一般为 1000×10^{-6}～2000×10^{-6}，Ag 含量一般为 0.5×10^{-6}～1×10^{-6}。该富矿层位虽与北矿带基本一致，但矿化类型却为铜铅锌型，可能与后期热液的叠加改造作用有关。

H-11 综合异常呈不规则状，长约 1.2km，宽约 1.1km，面积约 1.18km^2，是以 Cu、Pb、Ag、Zn 元素为主的综合异常。该异常规格化面金属量值为 1.84，呈现出中外异常浓度带，Cu 异常峰值为 159.3×10^{-6}、Pb 异常峰值为 51.8×10^{-6}、Ag 异常峰值为 154×10^{-9}、Zn 异常峰值为 113×10^{-6}、As 异常峰值为 11.9×10^{-6}。

根据 R-型聚类分析（表 2-6），在相关系数为 0.30 的水平上，该异常元素组合主要分为两组，一组为 Cu-Ag 元素组合，另一组为 Pb-Sb-As-Ba 元素组合。两组元素组合可能反映出多期次矿化叠加成矿成晕特征，一期以 Cu-Ag 矿化为主，另一期以 Pb、Sb、As 热液蚀变作用叠加形成多元素异常晕。

表 2-6　萨热克矿区 H-11 综合异常谱系图表

异常编号	连接元素	相关系数	谱系图（$F_{0.05}=0.30$）
H-11 $N=30$	Cu—Ag Pb—Sb Pb—As Pb—Ba Cu—Ag Cu—Zn	0.661 0.568 0.463 0.350 0.241 0.102	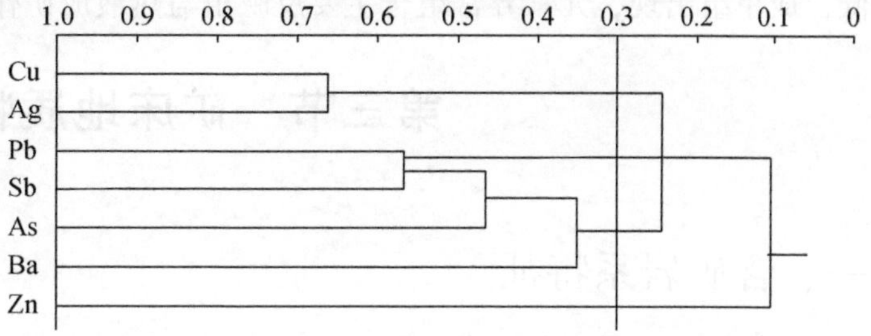

该异常有两个浓集中心，经踏勘检查，在变质砂岩内，孔雀石分布较为普遍，多呈星点状、斑点状以及稀疏浸染状分布，异常浓集中心呈东西向展布，初步可圈出两个铜矿化层：第一铜矿化层长 200～650m，厚 1.5m；第二矿化层长 100～300m，厚 1～1.5m，倾向为 170°∠62°，含 Cu 品位为 0.5%～0.89%，最高达 1.63%，伴生有 Au、Mo，其中 Au 含量为 0.44g/t，Mo 含量为 0.03%，最高达 0.17%。

H-13 综合异常呈北北西向条带状延展，长约 1.8km，宽约 0.3km，面积约 0.89km^2，是以 Cu、Ag 为主的综合异常。该异常规格化面金属量值为 9.28，异常强度较高，具多级浓度分带，Cu 异常峰值较高为 2890×10^{-6}、Ag 异常峰值较高为 9500×10^{-9}、Pb 异常峰值为 61×10^{-6}、Zn 异常峰值为 112×10^{-6}、As 异常峰值为 23.4×10^{-6}、Sb 异常峰值为 1.38×10^{-6}。

根据 R-型聚类分析（表 2-7），在相关系数为 0.45 的水平上，该异常元素组合主要分为两组，第一组为 Cu-Ag-Ba 元素组合，第二组为 As-Sb-Pb-Zn 元素组合。Cu-Ag-Ba 组合反映出与沉积作用有关的沉积型铜银成矿类型，As-Sb-Pb-Zn 组合反映出与构造热液蚀变作用有关的热液元素叠加组合。

表 2-7　萨热克矿区 H-13 综合异常谱系图表

异常编号	连接元素	相关系数	谱系图（$F_{0.05}$=0.45）
H-13 N=40	Cu—Ag	0.951	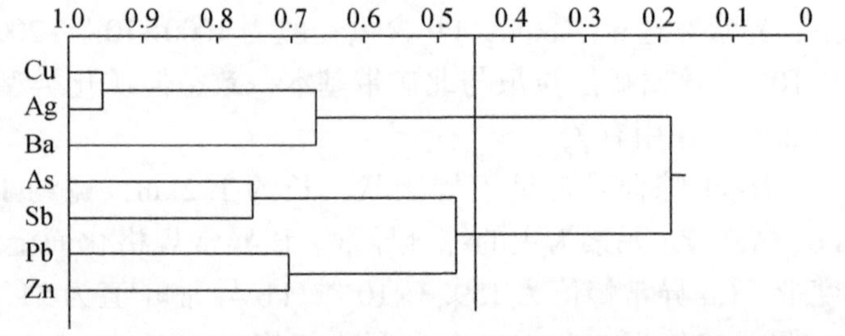
	As—Sb	0.752	
	Pb—Zn	0.705	
	Cu—Ba	0.667	
	Pb—As	0.478	
	Cu—Pb	0.184	

H-14 综合异常呈浑圆状，长约 1.2km，宽约 1km，面积约 0.88km^2，是以 Cu、Pb、Zn、Ag 为主的多元素综合异常。该异常规格化面金属量值为 1.36，异常较弱，具中外浓度分带，Cu 异常峰值为 89.5×10^{-6}、Ag 异常峰值为 154×10^{-9}、Pb 异常峰值为 73.4×10^{-6}、Zn 异常峰值为 112×10^{-6}、As 异常峰值为 14.4×10^{-6}、Sb 异常峰值为 1.19×10^{-6}。

根据 R-型聚类分析，该异常在相关系数为 0.4 水平上，元素组合主要分为两组，第一组为 As-Sb 元素组合，第二组为 Cu-Ag-Pb-Zn 元素组合。元素 Ba 与其他元素相关程度较低，成单组出现，元素异常组合主要反映出与热液成矿作用有关的元素组合特征。

第三节　矿床地质特征

一、含矿岩系特征

萨热克铜矿具有明显的层控特征，铜矿（化）体主要分布于 J_3k^2 砾岩中，该组在北矿带出露较为齐全，厚度为 123.81m，在南矿带由于断裂推覆掩压而出露不全。依据岩性组合不同，J_3k^2 自上而下可划分为 5 层。

（1）紫红色细粒岩屑砂岩夹泥质细砂岩，顶部为灰绿色砾岩，厚 6.26m，与上覆 K_1kz^1 底部粉砂质泥岩呈整合接触；

（2）灰绿色块状砂砾岩、砾岩，砾石成分为灰色石英片岩、浅褐红色大理岩、白色石英岩等，大小为 1～15cm，分选差，多呈次棱角状，颗粒支撑，砂泥质填隙，孔雀石化较为强烈，于填隙物中见团块状辉铜矿和黄铜矿，厚 6.83m；

（3）灰绿色块状砾岩夹砂岩透镜体，本层砾岩的灰绿色是由后期热液褪色蚀变作用形成的，砾岩成分为灰色石英片岩、浅褐红色大理岩、白色石英岩等，大小为 1～8cm，分选差，多呈次棱角-棱角状，颗粒支撑、砂质填隙，砾石最大扁平面排列略具定向性，孔雀石化较为强烈，于胶结物中见有较多的团块状辉铜矿和少量黄铜矿，厚11.67m；

(4) 紫红色-灰绿色巨块状砾岩，砾石成分为灰绿色石英片岩、玫瑰红色、黄灰色大理岩、白色石英岩等，大小为0.2～15cm，分选差，多呈棱角状，颗粒支撑、砂泥质填隙，砾石最大扁平面排列略具定向性，未见铜矿化，本层沿走向有尖灭之趋势，厚56.98m；

(5) 灰绿色巨块状砾岩夹岩屑砂岩透镜体，砾石成分为灰绿色石英片岩、褐灰色钙质片岩、黄灰色大理岩、白色石英岩等，大小为0.2～20cm，分选差，多呈棱角状，颗粒支撑、砂泥质填隙，砾石最大扁平面排列略具定向性，未见铜矿化，厚42.04m，与下伏J_3k^1顶部紫红色薄层状泥质粉砂岩呈整合接触。

J_3k^2主体为一套冲积扇相褐红色-紫红色与灰绿色相间的砾岩夹砂岩透镜体，为多个扇体的叠加。从盆地边缘至中心该段中砾岩的厚度整体逐渐变薄，局部出现相变（由砾岩相变为砂岩或含砾砂岩、砂砾岩）。砾岩成分多为来源于变质基底的石英片岩、云母片岩和大理岩等，砾石大小一般为1～25cm，大小混杂，分选较差，多呈棱角-次棱角状，砾石最大扁平面的排列略具定向性，常见冲刷充填构造，所夹砂岩具有斜层理，上述特征反映出该段沉积相属冲积扇相之扇根-扇中亚相。

二、矿体特征

以萨热克巴依向斜轴部为界，萨热克铜矿可划分出南、北两个矿带，分别位于向斜的南北两翼。铜矿（化）体赋存于J_3k^2砾岩层中，总体形态稳定，呈层状、似层状或透镜状产出，厚度为2～10m，倾向上大体沿砾岩层延伸，矿体Cu的平均品位为0.96%～1.23%，Ag的平均品位为12.90g/t，近地表矿体主要出露于北矿带，产状陡，倾角一般为40°～50°，向深部逐渐变缓，至矿带中部，倾角只有10°左右。

（一）北矿带

该矿带分布于萨热克巴依向斜北翼，矿化类型以Cu为主，长度大于5km，平均宽3～90m，呈北东-南西向展布，倾向南东，目前工程控制主要有Ⅰ号、Ⅱ号和Ⅲ号铜矿体（图2-7）。

Ⅰ号铜矿体：该矿体是矿区内最大的铜矿体，分布于矿区北中部的9～18勘探线之间，赋矿岩性为灰褐色、灰绿色厚层状砾岩，矿体平均真厚度为7.78m，Cu的平均品位为1.06%。

Ⅱ号铜矿体：该矿体为盲矿体，分布于矿区北中部的3～18勘探线之间，沿走向延伸较稳定，长为635～970m，沿倾向具有断续延伸、尖灭再现的特征，矿体平均真厚度为3.03m，Cu的平均品位为0.80%。

Ⅲ号铜矿体：该矿体属中-小型规模铜矿体，分布于矿区北部的2～10勘探线之间，为盲矿体，沿走向上具有断续延伸、尖灭再现的特征，长为167～477m，沿倾向延伸较稳定，宽为230～585m，矿体平均真厚度为8.41m，Cu的平均品位为1.22%。

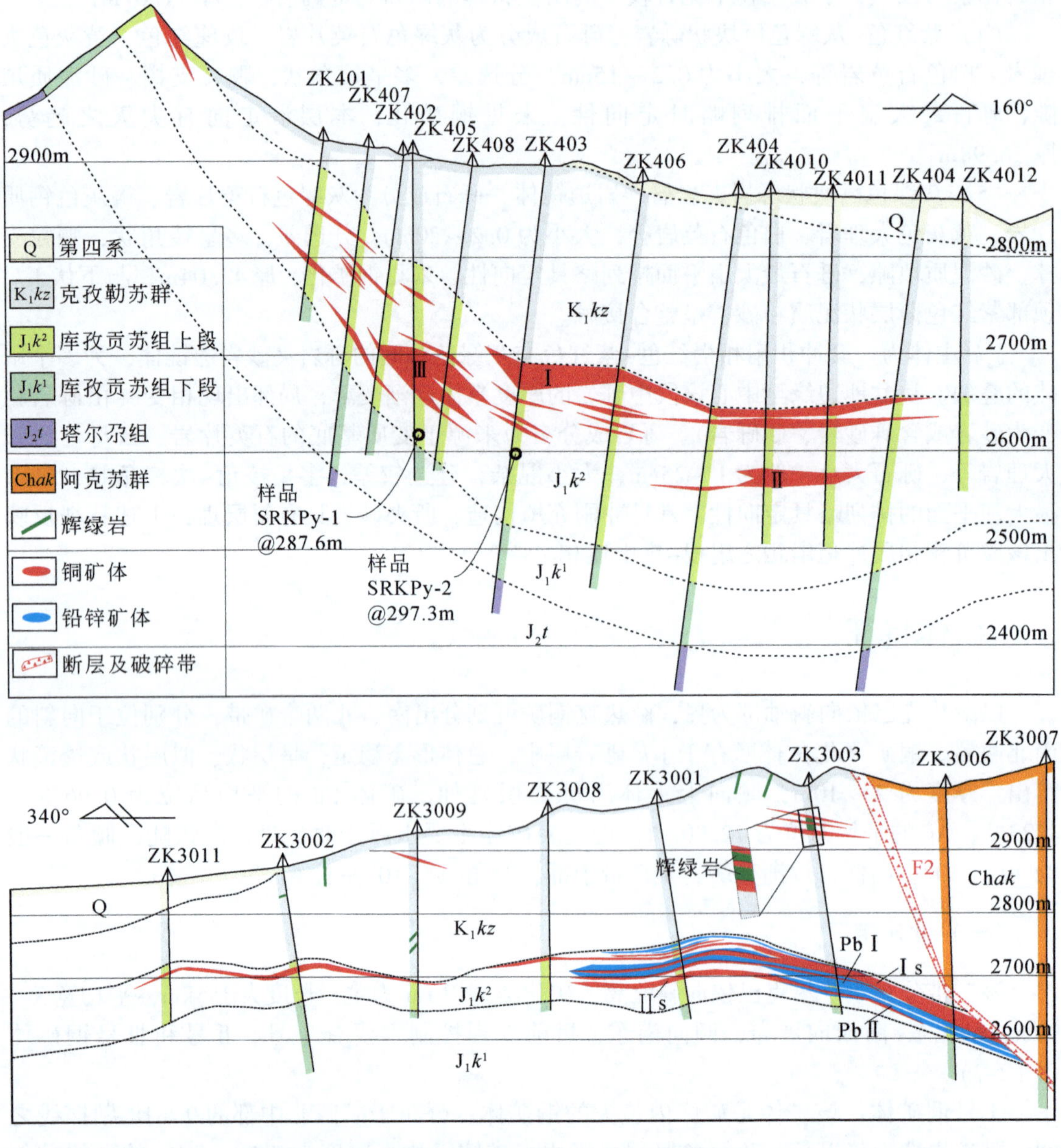

图 2-7　萨热克铜矿北矿带第 4 勘探线（上）及南矿带第 30 勘探线（下）剖面图（据 Zhao et al.，2019 修编）

（二）南矿带

该矿带分布于萨热克巴依向斜南翼，矿化类型为铜和铅锌，地表露头较少，主要为隐伏矿体，目前工程控制主要为Ⅰs 号、Ⅱs 号铜矿体和 PbⅠ号、PbⅡ号铅锌矿体（图 2-7）。

Ⅰs 号铜矿体：该矿体分布于矿区南部的 20～30 勘探线之间，与北矿带Ⅰ号铜矿体断续相连，总体沿 140°～160°方位延伸，长 200～504m，沿倾向具有断续延伸、尖灭再现的特征，矿体平均真厚度为2.77m，Cu的平均品位为1.15%。

Ⅱs号铜矿体：该矿体分布于矿区南部22～30勘探线之间，与北矿带Ⅱ号铜矿体断续相连，总体沿130°～160°方位延伸，沿走向延伸较稳定，长为170～464m，沿倾向上不稳定，宽375～1218m，矿体平均真厚度为5.09m，Cu的平均品位为0.87%。

PbⅠ号铅锌矿体：该矿体分布于矿区南部28～32勘探线之间，总体沿140°～175°方向延伸，沿走向不稳定，长60～222m，沿倾向上延伸较稳定，宽50～500m，矿体平均真厚度为7.89m，Pb的平均品位为0.35%，Zn的平均品位为0.73%。局部伴生有Cu、Ag，其中Cu的品位为0.10%～0.28%，Ag的品位为0.73～7.90g/t。

PbⅡ号铅锌矿体：该矿体分布于矿区南部28～32勘探线之间，为独立的铅锌矿体，目前由6个钻孔控制。总体沿147°～174°方向延伸，沿走向延伸不稳定，长52～100m，沿倾向上延伸较稳定，宽92～128m，矿体平均真厚度为3.30m，Pb、Zn的平均品位分别为0.67%和0.24%。局部伴生有Cu、Ag，其中Cu的品位为0.14%～0.20%，Ag的品位为1.67～18.69g/t。

在南矿带除了J_3k^2砾岩层外，在K_1kz^2粗砂岩中也分布有铜矿化，但仅局限于地表出现，矿化总体也比较弱，钻孔相当层位并未发现铜矿化。矿化体及附近的砂岩均发生褪色蚀变（由紫红色→灰白色），褪色带较宽但延伸不稳定，一般宽为3～5m，断续延长>300m，矿化主要表现为孔雀石化，呈浸染状分布于砂岩中或岩层细小裂隙中。

三、矿石特征

（一）矿石类型

根据金属矿物化学成分的差异可将萨热克铜矿矿石类型分为硫化物型和氧化物型：氧化物型矿石中金属矿物主要为孔雀石（图2-8A）、铜蓝和蓝铜矿（图2-8B），少量为褐铁矿和赤铁矿等；硫化物型矿石中金属矿物主要为辉铜矿、黄铜矿、黄铁矿，其次为斑铜矿、闪锌矿和方铅矿，可见少量磁黄铁矿。萨热克铜矿矿石类型以硫化物型矿石为主，氧化物型矿石仅出现在矿体露头或近地表部位。

硫化物型矿石根据金属矿物组合和含量特征，可分为辉铜矿型矿石（图2-8C）、黄铜矿型矿石（图2-8D）、黄铁矿型矿石（图2-8E）三种类型，南矿带钻孔深部可见少量方铅矿-闪锌矿型矿石（图2-8F）。辉铜矿型矿石分布范围广，延深也大，南、北矿带均有分布，为矿区主要的含铜矿石，黄铜矿型矿石、黄铁矿型矿石和方铅矿-闪锌矿型矿石主要见于南矿带深部。

（二）矿石矿物组合

北矿带金属矿物主要为辉铜矿、斑铜矿，偶见少量黄铜矿及黄铁矿，南矿带钻孔可见较多的黄铜矿及黄铁矿，深部可见少量方铅矿、闪锌矿。由于氧化淋滤作用，地表可见赤铁矿、孔雀石、铜蓝及蓝铜矿等。脉石矿物主要有石英、方解石、含铁方解石、绿泥石和少量石膏。金属硫化物主要以粒状、细脉状分布于砾石空隙或以薄膜状赋存于次生断裂面

图 2-8　萨热克铜矿矿石特征

上，脉石矿物主要以细脉状充填砾石空隙、岩层断裂或以胶结物形式胶结砾石。

辉铜矿：手标本上呈浅灰色，粒度一般为 0.05 ~ 2.0mm，集中分布于 0.1 ~ 0.5mm，多呈细粒状分布在砾石胶结物中，局部呈团斑状、呈脉状、网脉状充填砾石裂隙。辉铜矿多与斑铜矿、黄铜矿、黄铁矿共生，偶见辉铜矿交代黄铁矿。

斑铜矿：手标本上呈暗紫红色，粒度一般为 0.05 ~ 0.5mm，集中分布于 0.5 ~ 0.1mm，多呈不规则粒状集合体分布于砾石胶结物中或裂隙中，或充填受构造作用破碎的黄铁矿裂隙中。斑铜矿多与辉铜矿、黄铜矿伴生，沿早期辉铜矿边缘或裂隙溶蚀交代，形成反应边结构、交代文象结构等。

黄铁矿：手标本上呈黄白色，常呈立方体、五角十二面体和八面体的自形晶，粒度最大可达 12mm，最小粒度 0.1mm，集中分布于 0.1 ~ 0.5mm，多呈细粒浸染状分布于砾石胶结物中或呈网脉状充填砾石裂隙或石英脉晶洞中。黄铁矿多呈破碎状并被后期黄铜矿、斑铜矿或方铅矿交代。

磁黄铁矿：手标本上呈乳黄色微带粉褐色，粒径集中分布于 0.05 ~ 0.1mm，含量较少，多呈半自形或他形细粒状零星分布于砾石胶结物中，仅出现于南矿带。

黄铜矿：手标本上呈铜黄色，粒径集中分布于 0.02 ~ 0.5mm，多呈不规则粒状、斑状集合体分布于砾石胶结物中或呈脉状分布于砾岩裂隙中，少量黄铜矿呈薄膜状分布于断裂面上。黄铜矿多与闪锌矿、辉铜矿及斑铜矿共生，或与斑铜矿、闪锌矿呈固溶体分离结构。

方铅矿：手标本上呈铅灰色，常呈不规则状，粒度集中分布于 0.1 ~ 0.5mm，含量低，多以星点浸染状产于砾石胶结物中或以脉状充填砾石裂隙。方铅矿多与闪锌矿、黄铜矿共生，主要见于南矿带。

闪锌矿：手标本上呈浅褐色-黄褐色，粒度集中分布于 0.1 ~ 0.5mm，多呈粒状或不规则状产于砾石胶结物中或以脉状充填砾石裂隙。闪锌矿与方铅矿、黄铜矿共生，常沿黄铜矿边缘进行溶蚀交代，主要见于南矿带。

（三）矿石结构构造

矿石中金属矿物结构有全自形晶粒状结构、半自形–他形晶粒状结构、胶结结构、假象结构、溶蚀边结构、侵蚀结构、共结边结构、交代残余结构、交代网状结构及固溶体分离结构等。主要结构特征叙述如下（图2-9）。

全自形晶粒状结构：黄铁矿在镜下晶形完好，呈立方体、五角十二面体，并呈浸染状分布于砾石胶结物中（图2-9A）。

半自形–他形晶粒状结构：黄铁矿晶粒晶面部分完整，呈浸染状分布在砾石间隙中（图2-9B）。

胶结结构：辉铜矿、斑铜矿、黄铜矿、黄铁矿呈胶结物状态出现，充填砾石空隙（图2-9C）。

假象结构：多表现为早阶段黄铁矿被后阶段的辉铜矿交代，并保留黄铁矿的晶形（图2-9D）。

溶蚀边结构：黄铜矿沿辉铜矿周边进行交代，在辉铜矿边界形成弯曲的溶蚀边（图2-9E）。

浸蚀结构：后期生成的斑铜矿沿早期生成的黄铜矿边缘、解理、裂隙等部位进行较轻度的溶蚀交代，两种矿物之间形成弯曲、边缘不平坦的边界，多呈港湾状和星状等（图2-9F）。

交代残余结构：早阶段形成的黄铁矿被后期斑铜矿、蓝铜矿交代，形成孤岛状残余（图2-9G）。

交代网状结构：早阶段黄铁矿由于构造作用，形成碎裂结构，后期斑铜矿沿着早期黄铁矿颗粒的解理、裂理或边缘等交代，形成网脉状结构，斑铜矿随后又被后期的黄铜矿交代（图2-9H、I）。

共结边结构：磁黄铁矿与方铅矿共生，分布在砾石间的空隙中，两种矿物具有平直的接触边界（图2-9J）。

固溶体分离结构：黄铜矿在斑铜矿中呈格子状分布，表明两种矿物的同生关系（图2-9K）。

镜下金属矿物之间的交代穿插关系表明萨热克铜矿床的金属矿物共生序列为黄铁矿→辉铜矿→斑铜矿→黄铜矿→闪锌矿→方铅矿。

矿石中金属矿物主要发育浸染状构造、团块状构造、斑点状构造、脉状构造及网脉状构造等，局部可见团斑状、鳊状辉铜矿、黄铁矿及黄铜矿附着在砾石表面。在断裂发育的地带，于裂隙面可见大量黄铜矿呈薄膜状分布，同时还可见大量立方体状黄铁矿呈晶簇状分布于裂隙中。在近地表，由于氧化淋滤作用，孔雀石常以皮壳状构造附着在矿石表面。主要构造特征叙述如下。

浸染状构造：辉铜矿、黄铜矿呈星点状均匀分布于砾石表面及胶结物中，无定向排列，包括稀疏浸染状和稠密浸染状构造，在大多数矿石中浸染状构造往往伴随着其他构造形态产出（图2-10A、B）。

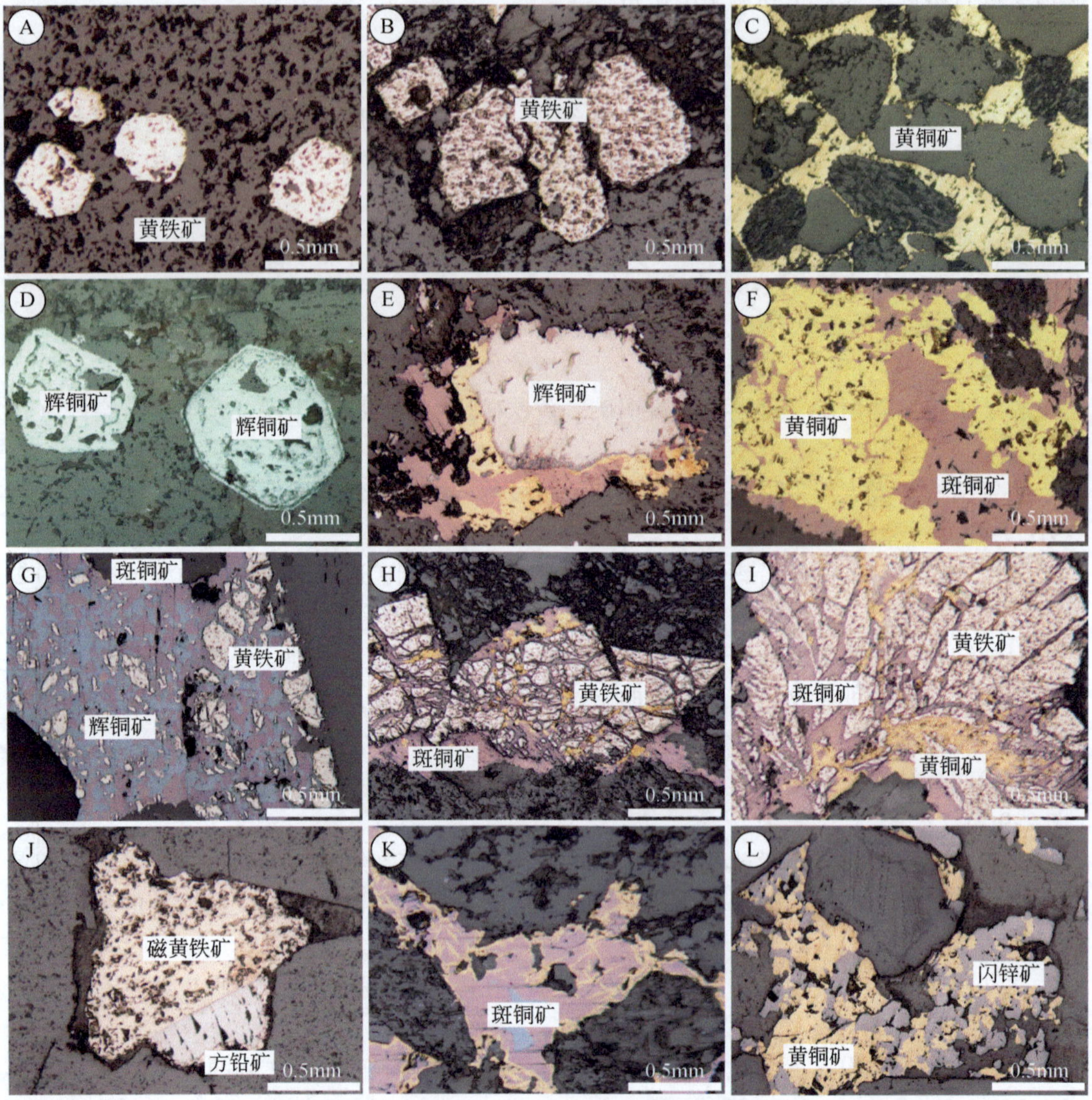

图 2-9　萨热克铜矿矿石结构特征

A-黄铁矿呈自形晶粒状结构；B-黄铁矿呈半自形晶粒状结构；C-黄铜矿充填砾石空隙，形成胶结结构；D-辉铜矿交代早期的黄铁矿形成假象结构；E-黄铜矿交代辉铜矿形成溶蚀边结构；F-斑铜矿沿黄铜矿边界进行交代，形成溶蚀边结构；G-早阶段黄铁矿被斑铜矿、辉铜矿交代，形成交代残余结构；H-斑铜矿沿黄铁矿裂隙交代，形成交代网状结构；I-斑铜矿沿黄铁矿裂隙交代，形成交代网状结构；J-磁黄铁矿与方铅矿构成共结边结构；K-黄铜矿与斑铜矿构成固溶体分离结构；L-闪锌矿、方铅矿交代早期黄铜矿，形成侵蚀结构

薄膜状构造：黄铜矿、辉铜矿等金属硫化物呈薄膜状分布于裂隙面及砾石表面（图 2-9C）。

团块状、斑点状构造：砾石的空隙中常被方解石胶结充填，辉铜矿、黄铜矿常呈团斑状分布于方解石中（图 2-10D）。

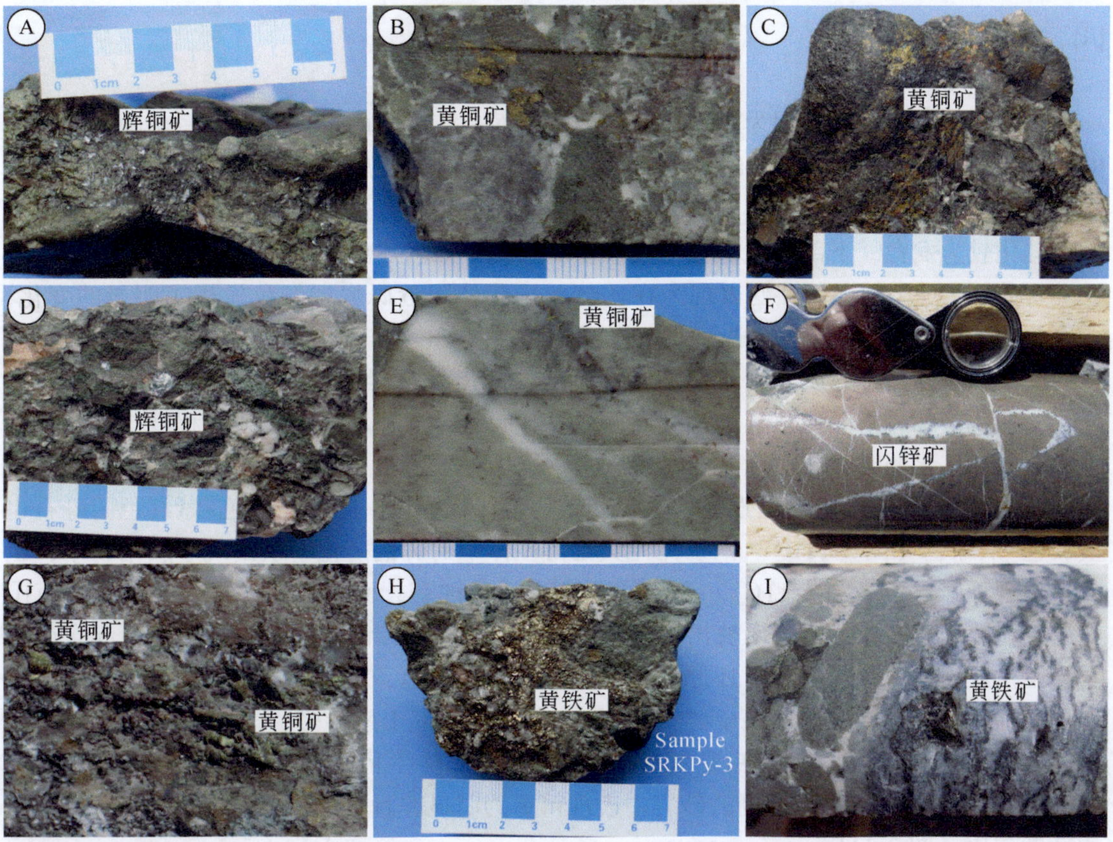

图 2-10　萨热克铜矿矿石构造特征

A-辉铜矿呈浸染状分布；B-黄铜矿呈稠密浸染状分布；C-黄铜矿呈薄膜状分布于岩层裂隙面上；D-辉铜矿呈团斑状分布于砾石空隙中；E-黄铜矿呈浸染状分布于石英+方解石脉两侧；F-闪锌矿呈浸染状分布于石英细网脉中；G-黄铜矿呈薄膜状分布于砾石表面；H-黄铁矿呈晶簇状分布于砾石表面，黄铁矿年代学样品 SRKPy-3 取自该矿石标本；I-自形黄铁矿分布于石英晶洞中

脉状及网脉状构造：在构造裂隙发育较简单地段，金属硫化物呈细脉状沿着岩层裂隙中的石英+方解石脉分布（图 2-10E），脉体与围岩界线一般比较平直，脉宽一般为 0.2 ~ 1cm；在构造裂隙交叉发育的地段，石英+方解石脉交错穿插，形成交错脉状或网脉状构造（图 2-10F），金属硫化物分布在脉壁两侧，成矿方式以充填作用为主。

鲕状、皮壳状构造：以岩屑或晶屑、砂粒、化石碎片或凝胶体质点等为圆心，黄铜矿常围绕它们形成同心环状小圆粒或薄层状，直径为 1 ~ 2mm，形状如鱼子，多分布在砾石表面，在地表露头较为常见（图 2-10G）。

晶洞及晶簇状构造：含矿热液沿围岩或砾石的较大裂隙、空洞或角砾间的空隙充填，但空间并未充满，形成大量的立方体状黄铁矿（图 2-10H），分布于断裂裂隙中的石英脉空洞中（图 2-10I）。

四、围岩蚀变

矿区围岩蚀变主要表现为宏观和微观两个层面：宏观层面主要表现为赋矿围岩的大规模褪色蚀变，包括含矿层 J_3k^2 砾岩中的褪色蚀变和含矿层上盘 K_1kz 砂岩中褪色蚀变；微观层面的围岩蚀变主要分为硅化、碳酸盐化、绿泥石化和沥青化，整体上表现为矿（化）体上部硅化较为发育，下部碳酸盐化发育。主要蚀变特征叙述如下。

含矿层 J_3k^2 中的褪色蚀变表现为在矿体及矿化体附近砾岩层颜色发生了明显的变化，由原始沉积期的紫色–紫红色褪色为灰色–灰绿色，在整个矿区广泛发育。紫色–紫红色砾岩的胶结物主要由细砂质、泥质、钙质物质组成，紫色–紫红色是其中氧化态高价铁质的反映，褪色是砾岩中氧化态高价铁被还原成亚铁所致，且砾岩的褪色蚀变程度与矿化强度正相关。当矿化弱时，褪色蚀变弱，仅胶结物发生一定程度的褪色，紫色–紫红色砾石颜色不变（图 2-11A）；矿化较强时，不仅胶结物呈浅灰绿色，原本呈紫色–紫红色的砾石也呈灰色–灰绿色（图 2-11B）。铜矿体尤其是富矿体中的辉铜矿化不仅出现于胶结物中，也大量出现于砾石中（图 2-11C）。砾石不仅遭受褪色蚀变，而且普遍碎裂化，碎裂化范围与褪色化蚀变范围一致，这反映出构造运动对成矿作用的控制作用，构造运动引起含矿层岩石发生破碎，为成矿流体（还原性）的运移提供了通道，流体的活动进而导致了围岩发生褪色蚀变。含矿层上盘 K_1kz 砂岩中褪色蚀变主要发育于南矿带，表现为砂岩由原始沉积期的紫红色褪色为灰色–灰白色（图 2-11D），局部伴生稀疏浸染状孔雀石矿化（图 2-11E），尤其是在辉绿岩脉两侧的砂岩中表现得更为明显，且在局部矿化富集地段可见明显的黄铁矿化（图 2-11F）。

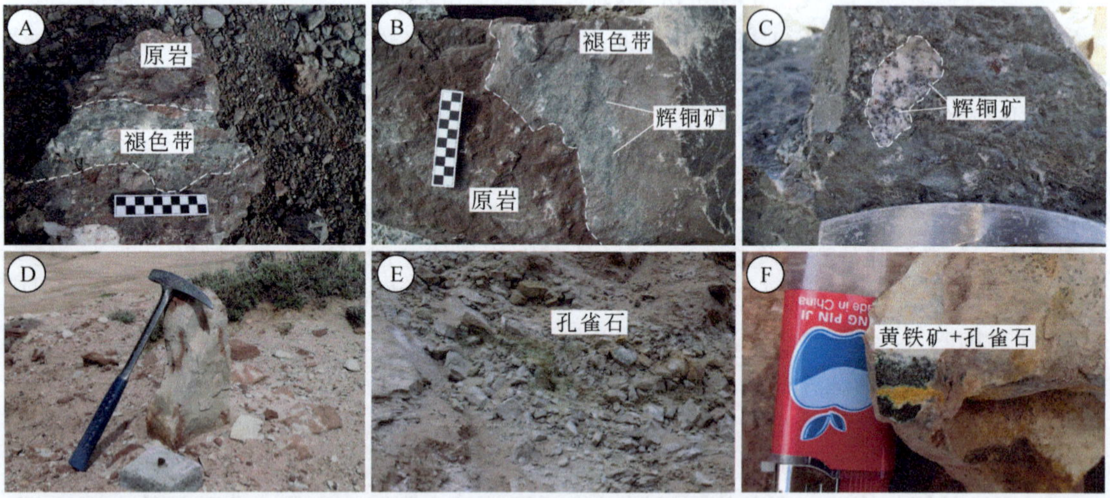

图 2-11 萨热克铜矿区宏观蚀变特征

A-紫红色砾岩发生条带状褪色蚀变（灰绿色），砾石还保持原岩颜色（紫红色）；B-含砾砂岩发生不规则面状褪色蚀变并伴生浸染状辉铜矿化（灰黑色）；C-石英砾石发生碎裂，辉铜矿呈浸染状产于其中；D-克孜勒苏群紫红色砂岩发生不均匀褪色蚀变；E-褪色砂岩中发育浸染状孔雀石矿化；F-褪色砂岩中发育团块状孔雀石+黄铁矿矿化硅化主要发育于南矿带矿（化）体的上部，多呈石英细脉或细网脉分布于砾石裂隙中（图2-12A、B），脉宽一般为0.5～5.0mm，局部可达1cm，多伴生辉铜矿化、黄铁矿化和黄铜矿化（图2-12C），局部发育闪锌矿化。

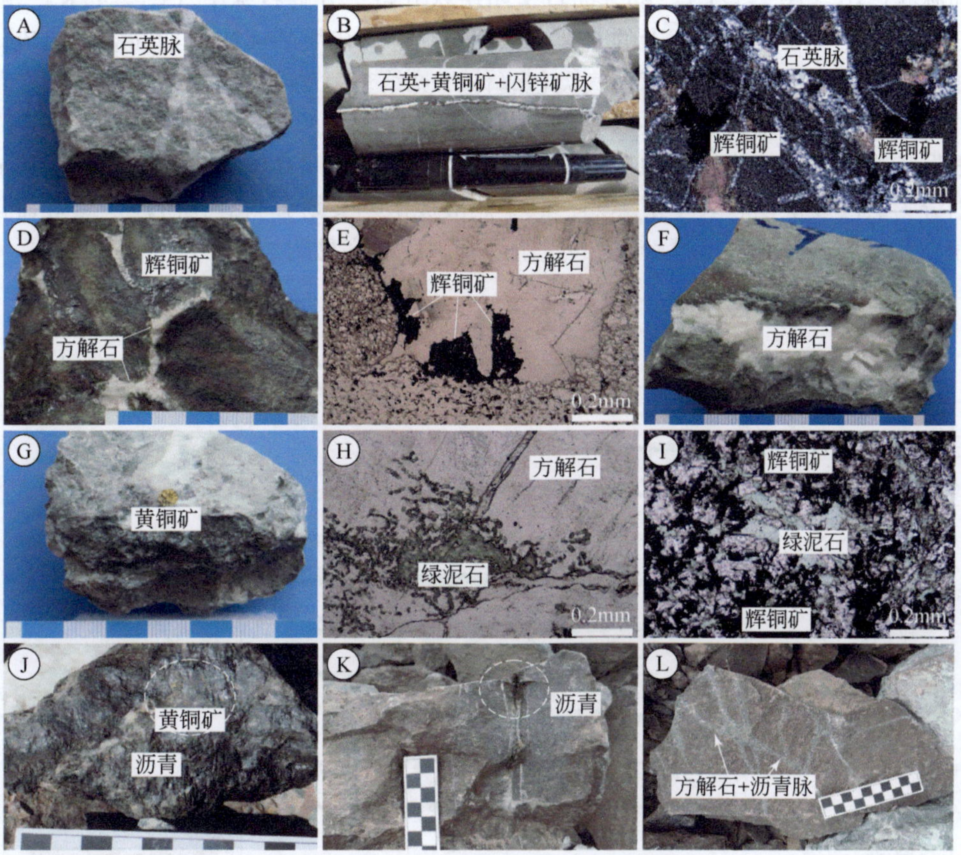

图2-12　萨热克铜矿区微观蚀变特征

A-硅化石英脉；B-含黄铜矿+闪锌矿化的石英脉；C-镜下显示石英网脉被方解石交代穿切并伴生辉铜矿化；D-方解石呈砾石胶结物产出并伴生辉铜矿化；E-镜下显示方解石伴生辉铜矿化；F-矿体下盘砾石全部被巨晶状方解石胶结；G-方解石中发育的自形黄铜矿；H-镜下显示方解石被绿泥石交代；I-绿泥石交代方解石并伴生辉铜矿化；J-断裂面上产出的胶状沥青，断层阶步特征明显，伴生黄铜矿化；K-呈团块状产于方解石脉中的沥青；L-沥青与方解石一起构成网脉状

碳酸盐化在矿区广泛发育，多呈浸染状交代原砾石间的胶结物，粒度一般为0.02～0.5mm，局部呈细脉状和石英共生或切穿早期石英细脉（图2-12D），反映其生成顺序略晚于硅化蚀变。碳酸盐化整体上从矿（化）体的上部至下部逐渐增强，同时碳酸盐矿物（主要为方解石，局部为白云石）粒度也逐渐增大，矿（化）体下部普遍可达厘米级（图2-12F），伴生金属矿物也从以辉铜矿为主转变为以黄铁矿和黄铜矿为主（图2-12G）。

绿泥石化仅在矿区局部发育，且分布不规律，主要呈细脉状、粒状或薄膜状分布于含矿层裂隙中，镜下多可见绿泥石交代碳酸盐矿物（图2-12H），反映其生成顺序晚于碳酸盐化蚀变。矿化特征主要表现为伴生浸染状的辉铜矿化（图2-12I），局部可见微细粒星点状赤铁矿和黄铁矿等矿化。

沥青化是矿区一类比较特殊的蚀变类型，主要沿断层分布，呈薄层状或胶状附着在断层擦痕、阶步和断裂面上，伴生薄膜状黄铜矿和/或黄铁矿（图2-12J），局部与方解石共生呈细脉状产出（图2-12L），部分沥青呈团块状分布于方解石脉中（图2-12K），脉体两侧岩石褪色蚀变发育。伴生沥青的断裂多数属于切穿含矿层的成矿后期断裂，但流体包裹体岩相学表明矿区成矿期也发育油气类包裹体（见第五章第一节），反映出以沥青化为代表的油气可能存在多期次成因，以成矿后期为主。

根据矿物组合、矿物结构构造、围岩蚀变类型及相互间穿插关系，萨热克铜矿成矿过程可划分为热液成矿期和表生富集期，其中热液成矿期又划分为硅化阶段、碳酸盐化阶段和绿泥石化阶段，各期次/阶段矿物共生组合及生成顺序见图2-13。

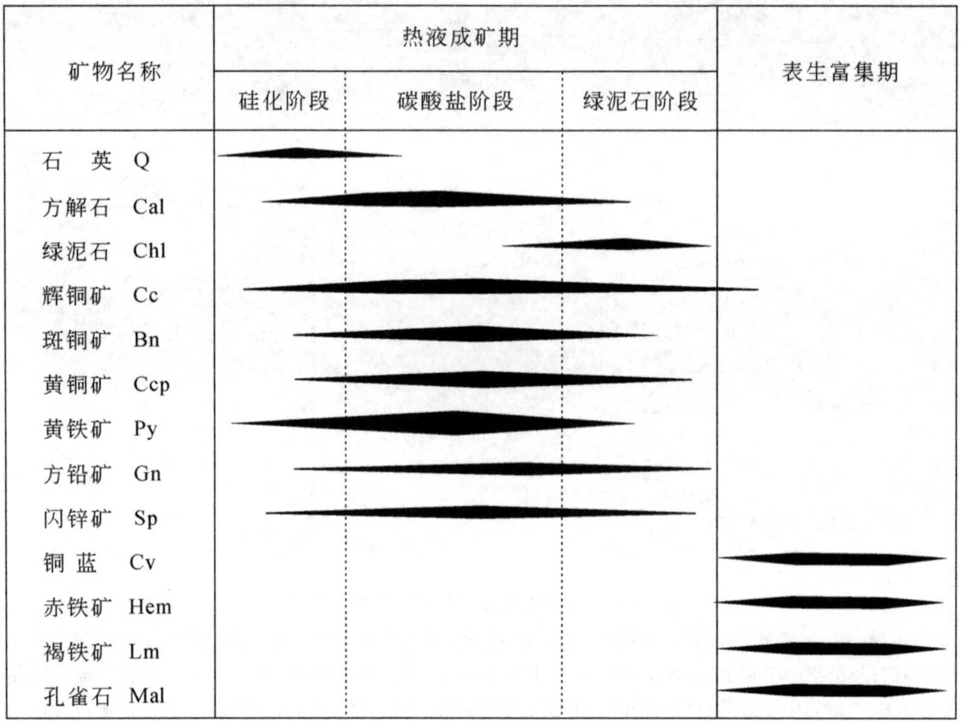

图2-13　萨热克式铜矿成矿期次划分及矿物生成顺序

五、矿化分带

本次研究选取了萨热克铜矿北矿带第2、4、8勘探线以及南矿带第30勘探线的典型钻孔进行了系统的编录工作，编录结果表明矿区赋矿层位从上到下整体具有Fe^{3+}（赤铁矿）→Cu（含铜硫化物）→（Pb、Zn）→Fe^{2+}（黄铁矿）的矿化元素分带特征，但南、北两个矿带矿化组合有较大差别。

（一）北矿带

以ZK804为例，从上到下为顶板围岩、辉铜矿带、辉铜矿（斑铜矿-黄铜矿）带、黄铁矿带、无矿带（图2-14），具体分述如下。

图2-14　萨热克铜矿ZK804矿化分带图

（1）顶板围岩：岩性为紫红色粉砂质泥岩与泥质粉砂岩互层，孔隙度低，渗透率低，具有较好的密闭性，为赋矿层顶板围岩（图2-14A）。

（2）辉铜矿带：岩性为灰绿色、灰黑色砾岩，金属矿物主要为辉铜矿，少量斑铜矿，呈稀疏浸染状（局部呈稠密浸染状）充填砾石空隙或呈脉状充填层间断裂（图2-14B）。

（3）辉铜矿（斑铜矿-黄铜矿）带：岩性为灰绿色砾岩，金属矿物主要为辉铜矿、斑铜矿、黄铜矿及少量黄铁矿，呈稀疏浸染状均匀分布于砾石胶结物中（图2-14C、D）。

（4）黄铁矿带：岩性为灰绿色砾岩，金属矿物主要为黄铁矿，少量黄铜矿，多呈稀疏浸染状分布于砾石胶结物中（图2-14E）。

（5）无矿带：岩性为灰绿色砾岩，发育强碳酸盐化，原砾石间胶结物几乎全部被方解石（少量白云石）交代，偶可见自形星点状黄铁矿（图2-14F）。

整体上，北矿带金属矿物整体呈现出“辉铜矿-斑铜矿-黄铜矿-黄铁矿”分带特征。

（二）南矿带

以 ZK3001 为例，从上至下依次为顶板围岩、辉铜矿带、斑铜矿-黄铜矿带、黄铜矿-闪锌矿带、黄铁矿带、无矿带（图 2-15），具体分述如下。

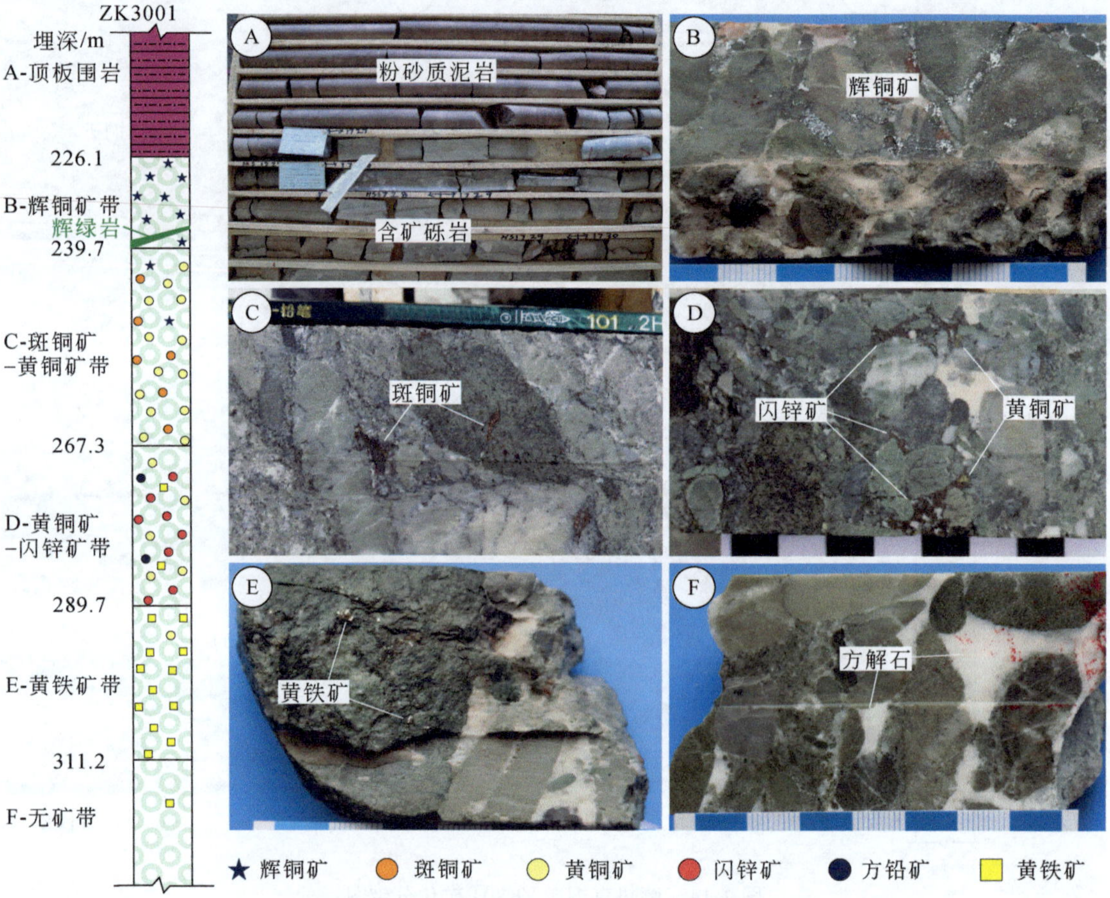

图 2-15　萨热克铜矿 ZK3001 矿化分带图

（1）顶板围岩：岩性为紫红色泥质粉砂岩夹紫色泥岩，孔隙度低，渗透率低，具有较好的密闭性，为赋矿层顶板围岩（图 2-15A）。

（2）辉铜矿带：岩性为灰绿色砾岩，金属矿物主要为辉铜矿，少量斑铜矿，呈稀疏浸染状分布于砾石胶结物中或呈细脉状充填砾石裂隙（图 2-15B）。该带中亦可见辉绿岩脉穿插赋矿层，岩脉两侧围岩形成局部褪色蚀变，但未见金属矿化。

（3）斑铜矿-黄铜矿带：岩性为灰绿色砾岩，金属矿物主要为斑铜矿和黄铜矿，少量辉铜矿，多呈细粒集合体状充填砾石空隙（图 2-15C）。

（4）黄铜矿-闪锌矿带：岩性为灰绿色砾岩，金属矿物主要为闪锌矿，少量黄铜矿和方铅矿，多呈细粒集合体状分布于砾石胶结物中或呈细脉状充填砾石裂隙（图 2-15D）。

（5）黄铁矿带：岩性为灰绿色、灰黑色砾岩，金属矿物主要为黄铁矿，晶形较好，粒度粗，常呈五角十二面体、立方体以晶簇状产于石英晶洞或砾石胶结物中（图 2-15E）。

（6）无矿带：岩性为灰绿色砾岩，发育强碳酸盐化，原砾石间胶结物几乎全部被方解石（少量白云石）交代，偶可见自形星点状黄铁矿（图 2-15F）。

整体上，南矿带具有“辉铜矿-斑铜矿-黄铜矿-闪锌矿-黄铁矿”分带特征。

（三）南、北矿带对比

南、北矿带金属矿物分带特征整体相似但又各有不同，主要表现在以下方面：

（1）北矿带中辉铜矿带规模较大，辉铜矿分布广泛，整个赋矿层位均有分布，整体含量高于南矿带；

（2）北矿带中斑铜矿-黄铜矿带发育不明显，且以黄铜矿为主，而南矿带斑铜矿-黄铜矿带发育明显，且以斑铜矿为主；

（3）铅锌矿带仅在南矿带发育，且分布范围较为有限，推测可能由于赋矿层位在南矿带受到断层逆冲作用导致该带大部分已被破坏；

（4）相对于南矿带，北矿带中黄铁矿带较为厚大，但黄铁矿普遍呈细粒-微细粒半自形-自形立方体状，而南矿带黄铁矿普遍呈中-中细粒自形立方体状，局部还可见巨晶状；

（5）北矿带中无矿带厚大，且碳酸盐化强烈，岩石中的砾石几乎完全被方解石胶结，而南矿带相对较薄，且碳酸盐化也相对较弱，岩石中可见较多的原始砾石胶结物残留。

整体上看，从西北至东南，矿区金属矿化表现出由辉铜矿→斑铜矿→黄铜矿→黄铁矿→闪锌矿-铅锌矿的变化趋势，与典型沉积岩型铜矿“（赤）→辉→斑→黄→黄→（铅锌）”的分带特征相一致。

第三章　乌拉根式砂岩型铅锌矿床成矿特征

乌拉根式砂岩型铅锌矿床以乌拉根超大型铅锌矿为代表，近年来先后勘查评价了托帕、加斯和江格结尔等小型铅锌矿。研究表明，该类型矿床从成矿金属元素组合方面可进一步分为铅锌和铅锌铜两个系列，其中铅锌系列矿床包括乌拉根铅锌矿和加斯铅锌矿，成矿以富锌贫铅为特征，铅锌铜系列矿床包括江格结尔铅锌铜矿和托帕铅锌铜矿，以发育铜矿化为特征。本次主要针对乌拉根铅锌矿、加斯铅锌矿和托帕铅锌铜矿展开了研究，各矿区地质特征叙述如下。

第一节　矿区地质特征

一、地层

（一）乌拉根铅锌矿区

乌拉根铅锌矿区位于库什维克复式向斜次级向斜–乌拉根向斜，出露的地层主要为基底中元古界和盖层中–新生界（图3-1），各地层单元由老到新其特征叙述如下。

1. 中元古界

中元古界长城系阿克苏群分布于矿区南部，呈北东向展布，属乌拉根隆起的主要组成部分，在乌拉根隆起南部与上覆下侏罗统康苏组之间呈角度不整合接触，又被下白垩统克孜勒苏群超覆不整合盖压。主要岩性为浅灰色绢云母石英片岩、绢云母片岩、灰色条带状云母石英片岩、浅灰色二云母石英片岩夹灰色大理岩、灰黑色黑云母石英片岩和浅绿灰色石英片岩。

2. 侏罗系

侏罗系主要分布于矿区东北部和东南部，依据岩性组合特征可划分出下侏罗统康苏组、中侏罗统杨叶组和塔尔尕组、上侏罗统库孜贡苏组4个地层单元，各地层单元之间呈整合接触，与上覆下白垩统克孜勒苏群之间整体呈整合接触，局部呈平行不整合接触，各组岩性特征分述如下。

康苏组：该组为一套湖沼相煤系沉积建造，依据岩性组合可划分出3个岩性段。下部为灰绿色、黄灰色及褐灰色岩屑砂岩、粉砂岩夹细砾岩；中部为灰绿色、灰黄色及褐红色细粒石英砂岩、细砂岩、粉砂岩与深灰色泥岩夹砾岩及煤线；上部为浅灰色、灰白色、灰黄色岩屑砂岩、长石砂岩、石英砂岩、粉砂岩夹灰绿色、深灰色泥岩及煤线。

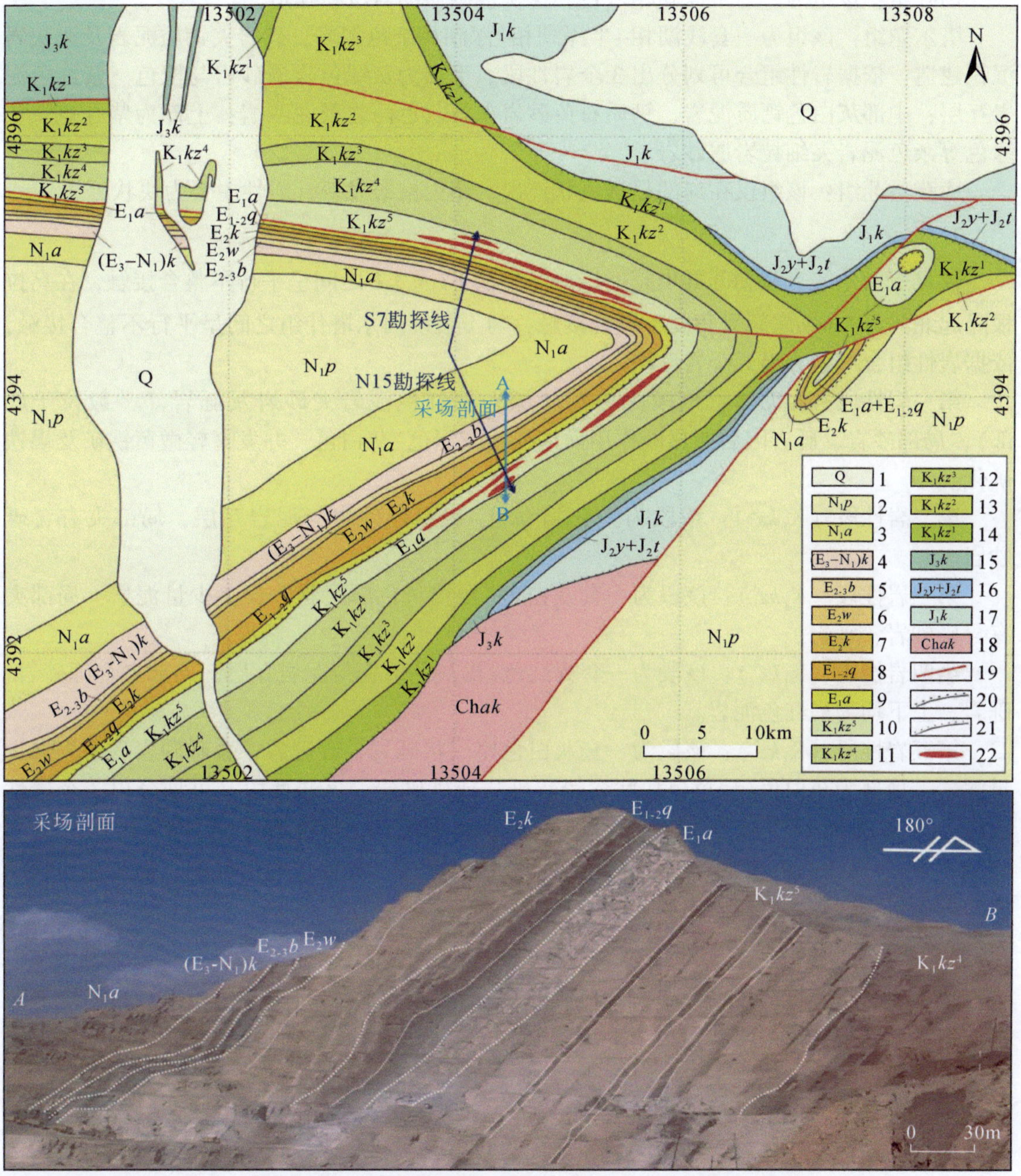

图 3-1　乌拉根铅锌矿矿区地质图及露天采场剖面

（地质图据刘增仁等，2011 修编，采场剖面照片引自高荣臻，2018）

1-第四系；2-帕卡布拉克组；3-安居安组；4-克孜洛依组；5-巴什布拉克组；6-乌拉根组；7-卡拉塔尔组；8-齐姆根组；9-阿尔塔什组；10-克孜勒苏群第五岩性段；11-克孜勒苏群第四岩性段；12-克孜勒苏群第三岩性段；13-克孜勒苏群第二岩性段；14-克孜勒苏群第一岩性段；15-库孜贡苏组；16-杨叶组和塔尔尕组；17-康苏组；18-长城系阿克苏群；19-断层；20-平行不整合界线；21-角度不整合界线；22-矿体

杨叶组：该组为一套半深湖相灰色、深灰色碳质泥岩沉积建造。

塔尔尕组：该组为一套浅湖相-半深湖相-深湖相杂色泥岩、砂岩夹钙质泥岩及泥灰岩沉积建造，依据岩性组合可划分出3个岩性段。下部为灰绿色岩屑砂岩与橙色、紫红色泥岩互层；中部灰白色钙质泥岩、钙质石英砂岩夹深灰色泥岩及泥灰岩；上部为紫红色、灰绿色等杂色泥岩夹细粒岩屑砂岩。

库孜贡苏组：该组仅在局部呈透镜状产出，组内褶皱发育，岩性主要为块状砾岩。

3. 白垩系

仅见下白垩统克孜勒苏群出露，该群与下伏 J_2t 及 J_3k 之间呈平行不整合接触，在乌拉根隆起北翼与 Chak 之间呈角度不整合接触，与上覆统阿尔塔什组之间呈平行不整合接触，依据岩性组合可划分出5个岩性段。

第一岩性段（K_1kz^1）：该段为一套（深）褐红色泥岩夹砂岩及砾岩（一般位于底部），局部砂岩、砾岩因后期热液作用而蚀变为灰绿色-灰白色，并发育轻微黄铁矿及褐铁矿化。

第二岩性段（K_1kz^2）：该段为一套褐红色-褐灰色砂岩与泥岩互层，局部夹有含砾砂岩。

第三岩性段（K_1kz^3）：该段为一套灰白色-浅褐灰色厚层状砂岩夹少量泥岩，局部夹有含砾砂岩、砾岩。

第四岩性段（K_1kz^4）：该段为一套褐红色-褐灰色砂岩与泥岩互层，局部夹含砾砂岩、砾岩，上下均为褐红色泥岩。

第五岩性段（K_1kz^5）：该段为一套灰白色厚层状砾岩、砂砾岩、含砾砂岩、砂岩夹少量泥岩，顶部为灰白色-褐黄色块状含铅锌砾岩或砂砾岩。该岩性段又可划分出3个岩性亚段，下部（$K_1kz^{5\text{-}1}$）为褐红色、褐黄色、褐灰色块状岩屑砂岩、砂砾岩；中部（$K_1kz^{5\text{-}2}$）为褐红色块状泥岩；上部（$K_1kz^{5\text{-}3}$）为灰白色-灰黄色夹褐红色、褐灰色块状砾岩、砂砾岩、含砾砂岩、岩屑砂岩。

4. 古近系

依据岩石组合特征可划分出古新统阿尔塔什组、古新-始新统齐姆根组、始新统卡拉塔尔组、始新统乌拉根组和始新-渐新统巴什布拉克组，各组之间均呈整合接触，各组岩性特征分述如下。

阿尔塔什组：该组为一套膏质海湾相灰色-黄灰色块状坍塌角砾灰岩-灰岩沉积建造，主体岩性为灰白色块状石膏夹白云岩，顶部为灰岩。

齐姆根组：该组为一套膏质海湾相-浅海相钙质泥岩、膏质泥岩夹泥灰岩沉积建造，依据岩性组合可分为“上红下绿”的两段。下段为灰绿色块状钙质泥岩夹灰岩，含小牡蛎化石；上段为褐红色块状膏质泥岩夹少量石膏，有些地段中间夹有中层状钙质、膏质泥岩，含大牡蛎化石。

卡拉塔尔组：该组为一套膏质海湾-浅海介壳滩相灰岩沉积建造，主要岩性为灰色-灰白色中厚层状及块状生物灰岩、介壳灰岩、白云质灰岩、内碎屑灰岩夹钙质泥岩，局部地段见有白色块状石膏透镜体分布。

乌拉根组：该组为一套稳定展布的清水潮坪相灰绿色钙质泥岩夹介壳灰岩沉积建造。

巴什布拉克组：该组为一套浅海-封闭的膏质海湾相紫红色膏质泥岩夹灰绿色介壳灰岩沉积建造，其中底部灰白色块状石膏稳定产出，其上为暗紫红色泥岩。

5. 新近系

依据岩石组合特征可划分出渐新-中新统克孜洛依组、中新统安居安组和帕卡布拉克组，各组之间均呈整合接触，各组岩性特征分述如下。

克孜洛依组：该组为一套浅湖相褐红色、褐灰色砂岩、泥岩沉积建造，依据岩性组合可分为上下2段，下段[$(E_3-N_1)k^1$]为褐红色-褐灰色砂岩夹泥岩；上段[$(E_3-N_1)k^2$]为褐红色-褐灰色泥岩夹砂岩。

安居安组：该组为一套浅湖相褐红色、灰绿色岩屑砂岩、岩屑石英砂岩、泥岩沉积建造，依据岩性组合可分为上下两段，上段（N_1a^2）为褐灰色砂岩、泥岩互层；下段（N_1a^1）为灰绿色块状含铜砂岩与褐灰色砂岩泥岩互层，本段为矿区铜矿化层位，该岩性段又可划分出3个岩性亚段。N_1a^{1-1}为灰绿色块状岩屑石英砂岩夹褐红色块状泥岩，上部岩屑石英砂岩中发育灰绿色块状孔雀石化；N_1a^{1-2}为褐红色块状泥岩夹灰绿色岩屑砂岩，局部岩屑石英砂岩中见灰绿色块状孔雀石化；N_1a^{1-3}为灰绿色块状岩屑石英砂岩夹褐红色薄层状泥岩，局部岩屑石英砂岩见灰绿色块状孔雀石化。

帕卡布拉克组：该组为一套浅湖相粉砂质、钙质泥岩与浅棕灰色细粒砂岩互层夹灰绿色粉砂岩沉积建造，依据岩性组合可分为4段。N_1p^1为褐红色-褐灰色砾岩、砂砾岩；N_1p^2为褐红色-褐灰色砂岩、泥岩互层；N_1p^3为褐红色-褐灰色砾岩、砂砾岩；N_1p^4为褐红色-褐灰色砂岩、泥岩互层。

6. 第四系

第四系分布于康苏河谷及矿区东北部，岩性主要为灰色-暗灰色巨厚块状砾岩夹灰色、黄灰色含砾砂岩透镜体。

（二）托帕铅锌铜矿区

托帕铅锌铜矿区位于托帕-塔什普什复背斜区西段的塔什皮萨克背斜，出露的地层主要为背斜核部的上古生界及两翼的中-新生界（图3-2），其中北翼地层因受断裂切割出露不全，各地层单元由老到新其特征叙述如下。

1. 上古生界

上古生界主要为下二叠统比尤列提群，主要分布于矿区东北部，呈近东西向不规整带状分布，岩层出露较好，上覆地层为下白垩统克孜勒苏群，两者呈角度不整合接触。矿区主要出露该群上段（P_1by^2），岩性主要为褐红色、暗紫色（猪肝色）块状粉砂质泥岩、泥岩夹少量中薄层状灰色-灰绿色生物碎屑灰岩、砂质灰岩、砂岩，底部有一层分布较稳定的底砾岩，厚度为1.30～1.50m。

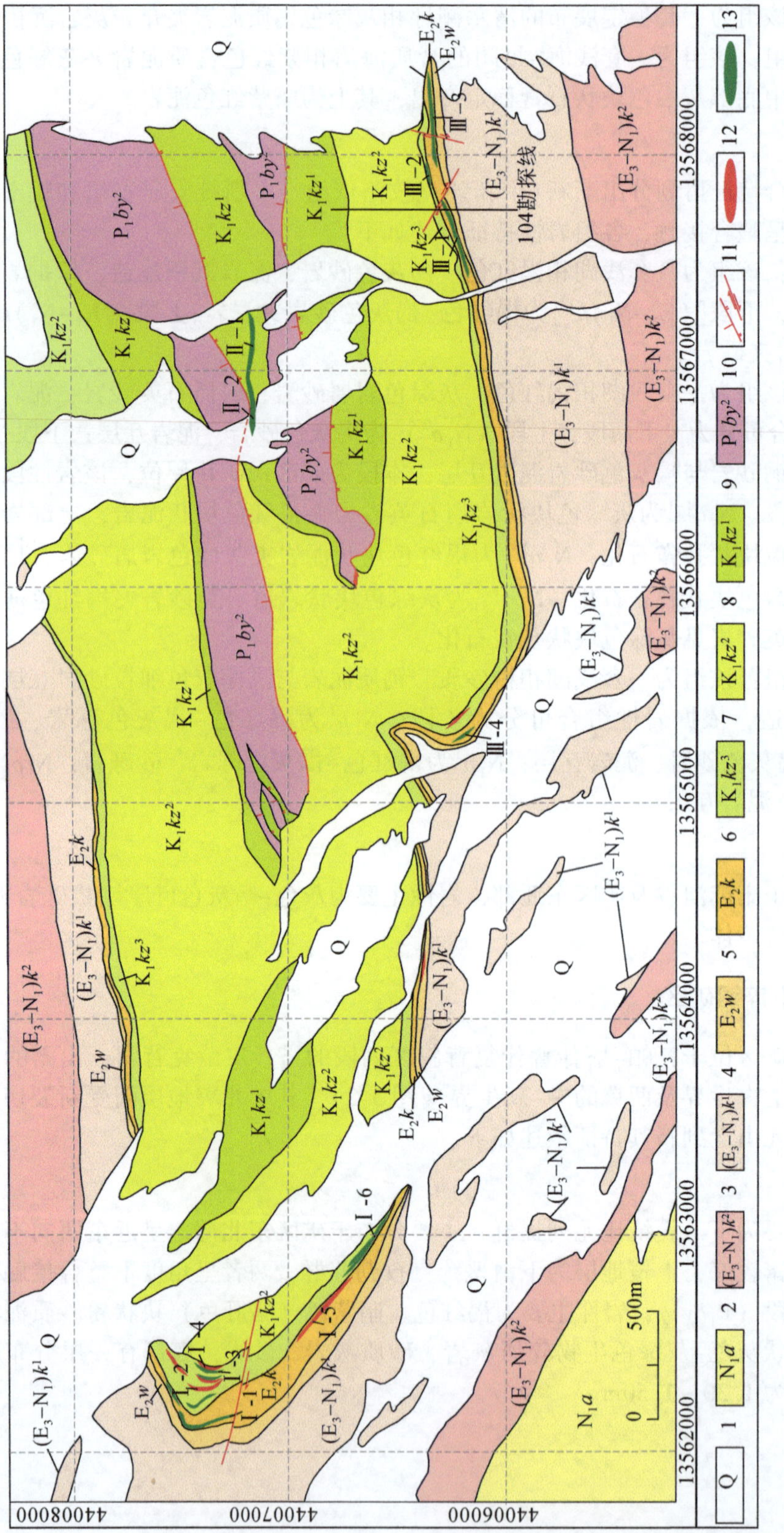

图3-2　托帕铅锌铜矿矿区地质图（据赵路通等，2021修编）

1-第四系；2-安居安组；3-克孜洛依组上段；4-克孜洛依组下段；5-乌拉根组；6-卡拉塔尔组；7-克孜勒苏群第三岩性段；8-克孜勒苏群第二岩性段；9-克孜勒苏群第一岩性段；10-比尤列提群上段；11-逆断层/平移断层；12-铅锌矿体；13-铜矿体

2. 白垩系

白垩系主要为下白垩统克孜勒苏群，分布于塔什皮萨克背斜两翼，上覆地层为始新统卡拉塔尔组，两者为平行不整合接触。该群依据岩石组合特征划分为3个岩性段。

第一岩性段（K_1kz^1）：该段底部见一层厚约1m的灰色底砾岩，其上岩性为褐红色块状泥岩夹灰绿色、灰白色中薄层砂岩，其中灰白色砂岩为矿区主要含Cu层位，此层位向矿区东、西两侧逐渐变窄，至东部转折端出露仅宽约10m。

第二岩性段（K_1kz^2）：该段岩性主要为褐红色–灰白色块状砂岩、岩屑砂岩夹少量褐红色泥岩，局部夹有透镜状褐黄色砂砾岩。其顶部为一层透镜状褐红色块状泥岩，矿区中、西部靠上部砂岩局部因后期蚀变而成褐黄色、灰黄色、灰黑色，该层砂岩节理面充填大量的黄铁矿，表面褐铁矿化强烈，局部还可见黑色沥青质物质。

第三岩性段（K_1kz^3）：该段岩性主要为灰黄色–褐黄色–灰黑色块状砂砾岩、砾岩、含砾砂岩，顶部为一层透镜状泥岩。该段在走向上厚度变化较大，西部转折端处较厚，向东逐渐变薄，至东部转折端时呈褐红色、浅褐红色，砾石粒度变细，砾石含量变少，且厚度小于1m，本岩性段为矿区Cu、Pb、Zn主要富矿层位。

3. 古近系

古近系包括始新统乌拉根组和卡拉塔尔组两个地层单元，呈近东西、北西向似环带状分布于塔什皮萨克背斜两翼，与上覆克孜洛依组下段［（E_3–N_1）k^1］呈角度不整合接触，与下伏K_1kz^3呈平行不整合接触，两组地层单元呈整合接触，各组岩性特征分述如下。

卡拉塔尔组：该组下部为透镜状坍塌角砾岩，上部为灰色、灰白色灰岩夹灰绿色泥岩，局部含生物碎屑及牡蛎化石。该组在矿区东部仅见有灰色、灰白色灰岩夹透镜状石膏、膏泥岩，未见下部坍塌角砾岩，且在地表逐渐消失，核部及北翼转折端亦未见该组分布。

乌拉根组：该组下部为灰绿色、灰黄色含牡蛎钙质泥岩，上部为灰黄色含介壳钙质泥岩，顶部见有透镜状生物碎屑灰岩、砂岩。

4. 新近系

新近系包括渐新–中新统克孜洛依组和中新统安居安组两个地层单元，各组岩性特征分述如下。

克孜洛依组：该组分布于塔什皮萨克背斜两翼、矿区的大范围地段，主要岩性为褐灰色砂岩、块状砾岩和褐灰色、褐红色、灰绿色泥岩，依据岩性组合特征，可分为上、下两段。上段［（E_3–N_1）k^2］岩性为褐灰色、褐红色、灰绿色泥岩夹砂岩，整体以泥岩居多；下段［（E_3–N_1）k^1］底部为灰色、浅褐红色砾岩，砾岩在西部转折端处稳定，向东逐渐变薄直至消失，其上为褐灰色砂岩夹泥岩，整体以砂岩居多。

安居安组：该组分布于塔什皮萨克背斜两翼外侧带，在矿区西南部和西北部分别呈北西、北东向带状分布。主要岩性为灰绿色块状砂岩、岩屑石英砂岩夹浅褐红色泥岩、砂岩，整体以砂岩为主。

5. 第四系

第四系分布于矿区西北和东南的低山、丘陵等山前较为平坦的地段，岩性主要为冲洪积砾石、砂、亚砂土等。

（三）加斯铅锌矿区

加斯铅锌矿区位于巴什布拉克向斜东段，向斜核部地层为渐新-中新统克孜洛依组，北翼地层由中-新生界组成并被中元古界长城系阿克苏群推覆其上，南翼地层主要为新生界（图3-3），各地层单元由老到新其特征叙述如下。

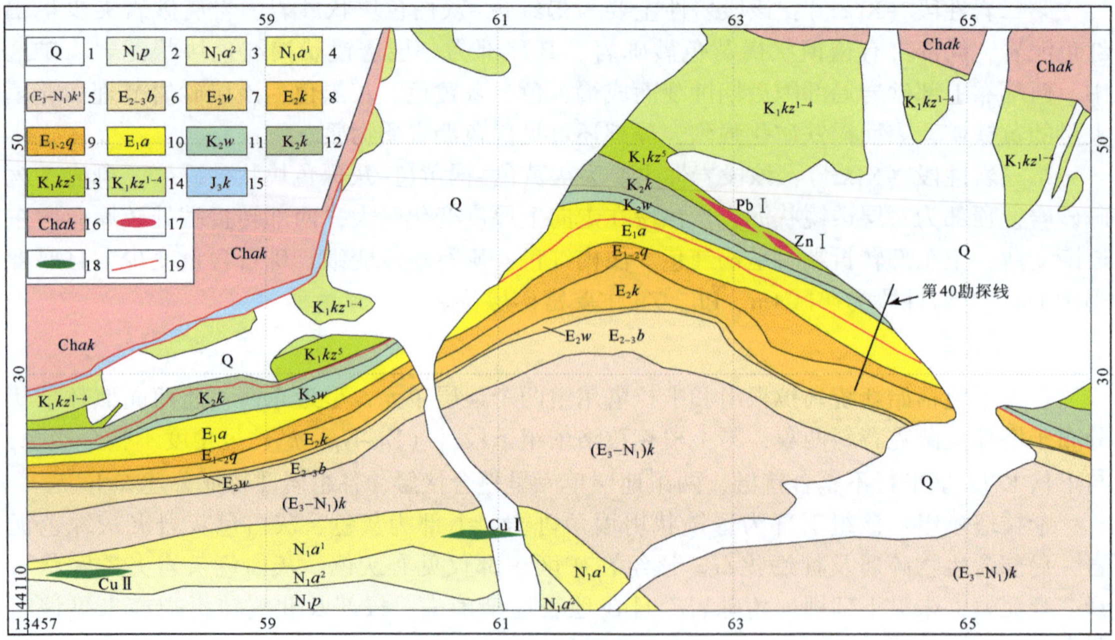

图3-3　加斯铅锌矿矿区地质图

1-第四系；2-帕卡布拉克组；3-安居安组上段；4-安居安组下段；5-克孜洛依组；6-巴什布拉克组；7-乌拉根组；8-卡拉塔尔组；9-齐姆根组；10-阿尔塔什组；11-乌依塔克组；12-库克拜组；13-克孜勒苏群第五岩性段；14-克孜勒苏群第一至第四岩性段；15-库孜贡苏组；16-阿克苏群；17-铅锌矿体；18-铜矿体；19-断层

1. 中元古界

中元古界长城系阿克苏群分布于矿区北部，整体可划分出6个岩性段，矿区范围仅见第三岩性段（Chak^3），主要岩性为浅灰色绢云母石英片岩、深灰色云母石英片岩夹灰黄色大理岩及深灰色二云母石英片岩、灰色条带状石英片岩，真厚度>200m，上部与上侏罗统库孜贡苏组呈断层接触，下部未见底。

2. 侏罗系

侏罗系主要为上侏罗统库孜贡苏组，分布于矿区西北部，呈北西-近南北向延伸。西侧与Chak^3、东侧与下白垩统克孜勒苏群第四岩性段（K_1kz^4）均呈断层接触，岩性主要为灰绿色-紫红色砾岩夹紫红色砂岩、泥岩，真厚度为28.87m。

3. 白垩系

白垩系依据岩性组合、化石特征可划分出下白垩统克孜勒苏群与上白垩统库克拜组、乌依塔克组，各地层单元之间呈整合接触，与下伏 Cha*k* 之间呈角度不整合接触，与下伏 J_3k 之间呈断层接触。

第一至第四岩性段（K_1kz^{1-4}）：该段为一套辫状河河道相-河漫滩相褐红色岩屑砂岩与粉砂质泥岩互层夹含砾砂岩、砾岩。主要岩性为灰色-灰白色、灰黄色含砾砂岩、石英砂岩、长石岩屑砂岩、紫红色粉砂质泥岩、泥岩夹砾岩，真厚度为224.72～402.95m。

第五岩性段（K_1kz^5）：该段为一套辫状河相-三角洲相灰白色厚层状砾岩、砂砾岩、含砾砂岩、砂岩夹少量泥岩，顶部为褐红色泥岩与砂岩互层。根据其岩性组合，又可以分为4个亚段，其中 K_1kz^{5-1} 和 K_1kz^{5-3} 岩性为灰白色、灰褐色、褐黄色砾岩、砂砾岩、含砾砂岩、石英砂岩、岩屑石英砂岩夹紫红色-褐红色泥岩，为主要含矿岩性，真厚度为80.81～133.80m；K_1kz^{5-2} 岩性为紫红色泥岩，厚度约2m，延伸不稳定；K_1kz^{5-4} 岩性为紫红色泥岩与紫红色砂岩互层，真厚度为48.73～181.08m。

库克拜组：该组仅见于矿区中部，与下伏 K_1kz 之间呈整合接触，依据其岩石组合特征可划分出两个岩性段。下段（K_2k^1）为一套灰泥质海湾相棕褐色泥岩夹石膏，主要岩性为暗褐色泥岩、膏质泥岩夹石膏，底部为灰白色石英砂岩，真厚度为27.04～36.54m；上段（K_2k^2）为一套浑水潮坪相灰绿色钙质泥岩夹介壳灰岩，主要岩性为灰褐色含牡蛎灰岩、暗灰绿色钙质泥岩夹介壳灰岩，底部为稳定延伸的灰色含牡蛎化石灰岩，真厚度为69.94～140.14m。

乌依塔克组：该组伴随 K_2k 出露并与之呈整合接触，为一套浑水潮坪相褐红色膏质泥岩，底部为灰白色石膏，真厚度为57.45～67.94m。

4. *古近系*

古近系大面积分布于矿区中南部，依据岩性组合、化石特征可划分出古新统阿尔塔什组、古新-始新统齐姆根组、始新统卡拉塔尔组、始新统乌拉根组和始新-渐新统巴什布拉克组5个地层单元，各地层单元之间呈整合接触，与下伏上白垩统之间呈平行不整合接触。

阿尔塔什组：该组在大部分地区与下伏 K_2w 之间呈平行不整合接触，以膏质海湾相-清水潮坪相灰白色块状石膏夹白云岩为主体、顶部为不厚的含生物灰岩。根据其岩性组合，又可以分为两个岩性段，下段（E_1a^1）主要岩性为灰白色石膏夹灰色泥质白云岩，真厚度为75.63～215.61m；上段（E_1a^2）岩性为灰色、灰黄色生物碎屑灰岩，真厚度为2.09～12m。

齐姆根组：该组伴随 E_1a 出露，依据其岩石组合特征可划分出两个岩性段，下段（$E_{1-2}q^1$）为一套灰泥质海湾相灰绿色钙质泥岩夹介壳灰岩，顶部为灰绿色钙质砂岩、白云岩、泥灰岩，含牡蛎化石，真厚度为51.93～82.15m；上段（$E_{1-2}q^2$）为一套浑水潮坪相暗褐红色泥岩夹砂岩及石膏，真厚度为15.55～55.86m。

卡拉塔尔组：该组伴随 $E_{1-2}q$ 出露，依据其岩石组合特征可划分出两个岩性段，下段（E_2k^1）为一套浑水潮坪相灰黄色、灰绿色、灰白色、褐红色砂岩、泥岩、石膏夹灰岩，真厚度为17.46～65.12m；上段（E_2k^2）为稳定延伸及标志性的清水潮坪相牡蛎灰岩、介壳灰岩，真厚度为39.58～88.48m。

乌拉根组：该组伴随 E_2k 出露，为一套稳定展布的清水潮坪相灰绿色钙质泥岩夹介壳灰岩，真厚度为 26.01～69.361m。

巴什布拉克组：该组依据其岩石组合特征可划分出两个岩性段，下段（$E_{2-3}b^1$）为灰白色块状石膏，稳定产出，真厚度为 2.76～21.47m；上段（$E_{2-3}b^2$）为紫红色泥岩夹灰绿色钙质泥岩及介壳灰岩，其上为紫红色泥岩夹砂岩，属于灰泥质海湾–浑水潮坪相沉积，真厚度为 138.76～347.85m。

5. 新近系

新近系大面积分布于矿区的中南部，依据岩性组合可划分出渐新–中新统克孜洛依组、中新统安居安组和中新统帕卡布拉克组 3 个地层单元，各地层单元之间呈整合接触，与下伏古近系之间呈整合接触。

克孜洛依组：该组与下伏 $E_{2-3}b$ 之间呈整合接触，依据其岩石组合特征可划分出两个岩性段，下段［（E_3–N_1）k^1］为一套膏质海湾相–滨浅湖相褐灰色砂岩与泥岩互层、底部为石膏或砾岩，真厚度为 117.46～706.10m；上段［（E_3–N_1）k^2］为一套浅湖相褐红色泥岩夹砂岩，真厚度为 156.09～465.096m。

安居安组：该组与下伏（E_3–N_1）k 之间呈整合接触，依据其岩石组合特征可划分出两个岩性段，下段（N_1a^1）为一套滨浅湖相灰绿色、褐红色砂岩夹泥岩，根据其岩性组合又可分为 3 个亚段，其中 N_1a^{1-1} 岩性主要为灰绿色块状岩屑砂岩、砂岩夹褐灰色–褐红色薄层状、块状泥岩，真厚度为 99.55～159.32m；N_1a^{1-2} 岩性主要为灰绿色块状岩屑砂岩、砂岩与褐灰色–褐红色薄层状、块状泥岩互层，真厚度为 123.92～190.10m；N_1a^{1-3} 岩性主要为褐红色–紫红色块状泥岩夹灰白–灰绿色薄层状砂岩，真厚度为 73.23～79.67m，其中 N_1a^{1-1} 为主要的含矿层位，富矿岩石为灰绿色块状岩屑砂岩；上段（N_1a^2）为一套浅–半深湖相夹滨湖相褐红色、灰绿色等杂色泥岩，夹砾岩、砂岩。

帕卡布拉克组：该组与下伏 N_1a 之间呈整合接触，依据其岩石组合特征可划分出 4 个岩性段，工作区内仅见第一和第二岩性段（N_1p^1、N_1p^2）出露，整体为一套冲积扇相–滨浅湖相–浅湖相暗褐红色砾岩夹砂岩、泥岩，但相变较大，真厚度为 200～300m。

6. 第四系

第四系主要分布于矿区中部、中东部季节性河流、河沟处，主要为冲洪积砾石、砂、亚砂土，湿地和沙土地常见。

二、构造

（一）乌拉根铅锌矿区

1. 褶皱

乌拉根向斜：矿区整体位于乌拉根向斜的东部，该向斜为库什维克复式向斜东段的组成部分，其轴向近东西向，向东扬起，向西变宽缓慢散开，东西长约 100km，南北宽 15～

30km。向斜核部地层为 N_1p，南、北翼对应出现 N_1a、（E_3–N_1）k、$E_{2-3}b$、E_2w、E_2k、$E_{1-2}q$、E_1a、K_1kz。向斜南翼地层北倾，倾角为50°～60°，北翼地层南倾，倾角为65°～80°，局部倒转。向斜内发育有小的次级背斜或倒转背斜，北翼地层多褶曲形成箱状构造。

乌拉根隆起：该隆起位于矿区西南侧，与西部的卡巴加特共同组成乌拉根-卡巴加特隆起，其出露面积约54km²，隆起核部为Chak变质岩系，南、北两翼出露的地层为J_1s、J_1k、J_2y、J_2t、J_3k、K_1kz、E_1a、$E_{1-2}q$、E_2k、E_2w、$E_{2-3}b$、（E_3–N_1）k、N_1a、N_1p和N_2a。南翼地层产状由于断裂作用变化较大，倾角为25°～85°。该隆起总体呈向南突出的弧形，北部则呈北西向与苏鲁铁列克隆起相连。

康苏背斜：该背斜位于矿区西北侧，该背斜轴线走向北东东，长约3.5km、宽0.5～1km。背斜核部为Chak变质岩系，其两翼以及披覆其上的地层为J_2t、J_3k及K_1kz，在康苏河河谷尚可见J_2t组成较紧密的褶曲。背斜南陡北缓极不对称，在康苏河东岸北翼倾角几度至十几度，而南翼达69°，往南达80°以上。康苏河以西，由于吾合沙鲁断裂向南逆冲的结果，其南陡北缓的特征更加明显，南翼地层整体近乎直立且局部发生倒转。

2. 断裂

该矿区范围内主要有两条断裂，分别位于乌拉根向斜的南北两翼，其中南翼为乌拉根断裂，北翼为吾合沙鲁断裂。

乌拉根断裂：该断裂呈北东–南西向延伸约15km，断面北倾，倾角为45°～85°，为犁式断裂。在矿区西部，造成E_2k直接掩压于（E_3–N_1）k^2之上，缺失了E_2w、$E_{2-3}b$、（E_3–N_1）k^1；而向东至中部康苏河明显观察到K_1kz^3推压在（E_3–N_1）k之上，中间缺失K_1kz^4、K_1kz^5、E_1a、$E_{1-2}q$、E_2k、E_2w、$E_{2-3}b$；再至东Chak直接推覆到（E_3–N_1）k之上，K-E全部缺失。

吾合沙鲁断裂：该断裂西起吾合沙鲁、向东穿越矿区北矿带至矿区东部，呈近东西向延伸，长度约28km，并于北矿带断层破碎带中形成较富的透镜状铅锌矿体。该断裂断面北倾，倾角为65°～85°，在康苏河河谷有着较为明显的表现（丢失大部分E_1a，导致K_1kz掩压于E_1a顶部层位之上），在吾东一带于断裂上盘形成牵引褶皱。

（二）托帕铅锌铜矿区

1. 褶皱

塔什普什背斜：该矿区整体位于塔什普什背斜，东西长约17km，南北宽3～4km，其核部分布于矿区中北部—北东部，地表显示背斜轴起伏不平。北翼地层总体倾向为340°～20°，倾角为35°～63°，逆冲推覆特征明显，南翼地层总体倾向为160°～230°，倾角为60°～80°。两翼地层均形成多个次级褶皱，具复式背斜特征，其中北翼东部转折端发育一近东西向向西倾伏的北陡南缓的倒转紧闭向斜，向斜轴较为平直。

2. 断裂

乌恰大断裂从矿区北侧通过，属于断面北倾的逆冲推覆断裂，受该断裂的影响，矿区断裂主要为逆冲推覆断裂，其次为平移断裂。

逆冲推覆断裂：该断裂主要分布于矿区中北部—北东部，较大规模的有两条，走向均呈近东西向，长度分别大于2.1km、3.3km，断面北倾，倾角为70°~85°。断裂构造北侧（上盘）均为P_1by，南侧（下盘）为K_1kz。

平移断裂：矿区西部、南西部发育数条北西、北东向平移断裂，主要分布于K_1kz、E_2w、E_2k及（E_3-N_1）k中，断裂延伸长度不大，一般为0.3~0.8km，对岩层及矿（化）体错断特征较为明显。矿区南部（E_3-N_1）k^1底部砾岩、砂泥岩及E_2w局部倒转，且在E_2k生屑灰岩及灰绿色钙质泥岩、泥灰岩中见有断层擦痕、镜面，推测在E_2k中存在一断面南倾的正断层，倾角为70°~80°。

（三）加斯铅锌矿区

1. 褶皱

该矿区褶皱主要见于（E_3-N_1）k^2中，整体由一个背斜和一个向斜组成，东西延伸约1km，造成了局部地层的重复出现，使得（E_3-N_1）k出露宽度明显增大。

2. 断裂

阿克托断裂：该断裂分布于矿区中部，为一条较大规模的断面北倾的高角度逆冲推覆断裂，宏观上呈向北突出的弧形，区内延伸长约24km。该断裂造成K_2-E_1的重复与缺失，西北部Chak与J_3k、J_3k与K_1kz^4之间均呈断层接触，同时断层使得两侧岩层出现局部倒转。

平移断层：该断层主要分布于$E_{1-2}q$中，规模不大，仅造成了局部地层的错动。

三、岩浆岩

托帕铅锌铜矿区、加斯铅锌矿区和乌拉根铅锌矿区范围内均无岩浆岩出露，仅在乌拉根铅锌矿区外围西南侧见到多条辉绿岩脉呈小角度斜切侵入到乌拉根隆起Chak中，地表仅见其侵位于克孜勒苏河北岸乌拉根隆起区东侧，出露宽度一般为5~10m、呈近南东-南向延伸1.6km，向北止于白垩系，向南插入第四系沟谷内部，主要矿物成分为辉石、长石和角闪石。辉绿岩脉与围岩界线较平直，具辉绿结构或辉长辉绿结构，形成于中元古代早-中期，在经历区域变质作用后多已蚀变为灰绿色绿泥斜长片岩。

第二节　矿区地球化学特征

一、元素特征值

（一）乌拉根铅锌矿区

乌拉根地区1∶5万水系沉积物测量结果显示，该区全域水系沉积物各元素均值与地壳克拉克值（泰勒）相对比，浓度克拉克值大于1，具有相对富集的元素为Pb、Zn、Ba、As、Sb和Bi，其Kk分别为2.86、1.04、1.59、4.66、3.28和1.35，呈全区背景值特征分布的元素为Cu和Mo，其Kk分别为0.57和0.66，而相对贫乏的元素为Au，其Kk为0.29。本区呈相对富集状态的主要为Pb、Zn，成矿元素及前缘元素为As、Sb、Ba，其余元素的丰度值均较低。CV大于1的元素为Cu、Pb、Ag、Zn、Au、Cd，其CV分别为2.75、2.15、1.47、1.53、1.61、2.54，属于强分异型元素；CV在1左右波动的元素主要为Sr，属弱分异型元素；CV小于1的元素为Mo、Ba、As、Sb、Bi，其CV分别为0.73、0.45、0.49、0.3、0.32，属均匀型元素。从上述特征可以看出本区Pb、Zn、Ba、As、Sb、Bi、Sr、Cd元素背景值与地壳克拉克值（泰勒）相比，Kk大于1，具区域性相对富集特征；Cu、Pb、Zn、Ba、Sr、Cd的CV较大，说明其元素在区域上分布极不均匀，具有在局部地段形成富集与分散特征。

（二）托帕铅锌铜矿区

托帕地区1：2.5万水系沉积物测量结果显示，该区全域水系沉积物各元素均值与地壳克拉克值（泰勒）相对比，浓度克拉克值大于1，具有相对富集的元素为As、Sb、Ba、Pb、Sr、Ag和Bi，其Kk分别为3.7、3.18、1.68、1.33、1.2、1.18和1.04，呈全区背景值特征分布的元素为Zn、Mo、Cd，其Kk分别为0.57~0.64，而相对贫乏的元素为Cu、Au等，其Kk小于0.33，说明本区相对地壳克拉克值比较呈区域性富集状态的元素主要为Pb，反映沉积环境的元素Ba、Sr也呈区域性富集状态出现，其余元素的丰度值相对地壳克拉克值相对较低。CV大于1的元素为Cd，其CV为1.21，属于强分异型元素；除元素Cd外，其余元素的CV均小于1，属均匀型元素。从上述特征可以看出本区As、Sb、Ba、Pb、Sr、Ag、Bi等元素背景值与地壳克拉克值（泰勒）相比，Kk大于1，具区域性相对富集特征；元素Cd的CV较大，说明该元素在区域上分布极不均匀，具有在局部地段形成富集与分散特征。

（三）加斯铅锌矿区

加斯地区1：2.5万水系沉积物测量结果显示，该区全域水系沉积物各元素均值与地壳克拉克值（泰勒）相对比，浓度克拉克值大于1，具有相对富集的元素为Pb、As和Sb，其Kk分别为2.49、5.29和4.31，呈全区背景值特征分布的元素为Ag，其Kk为1.08，而呈相对贫化的元素为Cu和Zn，其Kk分别为0.68和0.76。CV大于1的元素主要为Cu、Pb、Ag，其CV分别为3.02、1.44、2.01，属于强分异型元素；其余元素的CV均小于1，属均匀型元素。从上述特征可以看出本区Pb、As、Sb等元素背景值与地壳克拉克值（泰勒）相比，Kk大于1，具区域性相对富集特征；元素Cu、Pb、Ag的CV较大，说明元素在区域上分布极不均匀，具有在局部地段形成富集与分散特征。

二、元素组合特征

（一）乌拉根铅锌矿区

根据R-型聚类分析（表3-1），在相关系数为0.20的水平上，乌拉根地区元素组合可分为4组，第一组为As-Sb-Bi-Au元素组合，第二组为Sr-Cd元素组合，第三组为Pb-Zn元素组合，第四组为Mo-Ba-Cu-Ag元素组合。在第一组内元素As、Sb、Bi之间相关程度较高，相关系数大于0.69；在第四组内，元素Mo、Ba之间相关程度较高，相关系数大于0.60。

表3-1　乌拉根矿区R-型聚类分析谱系图表

测区	连接元素	相关系数	谱系图（$F_{0.05}=0.20$）
乌拉根矿区 $N=1541$	As—Sb	0.853	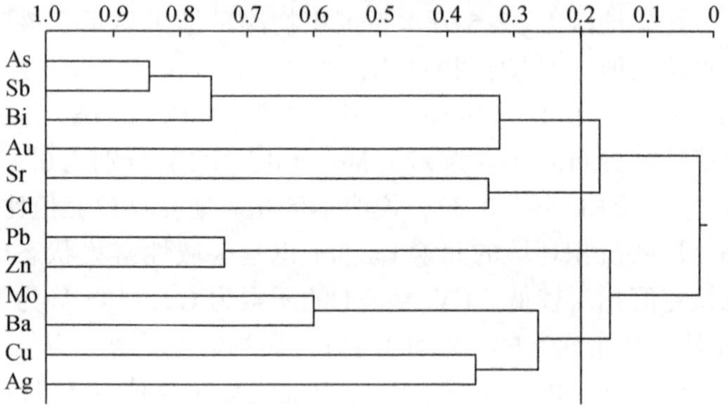
	As—Bi	0.768	
	Pb—Zn	0.744	
	Mo—Ba	0.608	
	Cu—Ag	0.369	
	Sr—Cd	0.342	
	As—Au	0.327	
	Cu—Mo	0.266	
	As—Sr	0.171	
	Cu—Pb	0.166	
	Cu—As	0.002	

（二）托帕铅锌铜矿区

根据R-型聚类分析（表3-2），在相关系数为0.25的水平上，全区元素组合可分为两组，第一组为As-Sb-Mo-Cu-Zn-Bi-Pb-Au元素组合，第二组为Ba-Sr-Ag-Cd元素组合。在第一组内As、Sb、Mo之间相关程度较高，相关系数大于0.58以上，元素Cu、Zn、Bi、Pb之间相关程度较高，相关系数大于0.5；在第二组内，元素Ba、Sr、Ag、Cd之间相关程度较高。

（三）加斯铅锌矿区

根据R-型聚类分析（表3-3），在相关系数为0.25的水平上，全区元素组合主要分为两组，第一组为Cu-Ag元素组合，第二组为Pb-Zn-As-Sb元素组合。在第一组中元素Cu、Ag之间相关程度较高，相关系数为0.68；在第二组中元素Pb、Zn之间相关程度较高，相关系数为0.62。

表 3-2　托帕矿区 R-型聚类分析谱系图表

测区	连接元素	相关系数	谱系图（$F_{0.05}=0.25$）
托帕矿区 $N=3265$	As—Sb	0.705	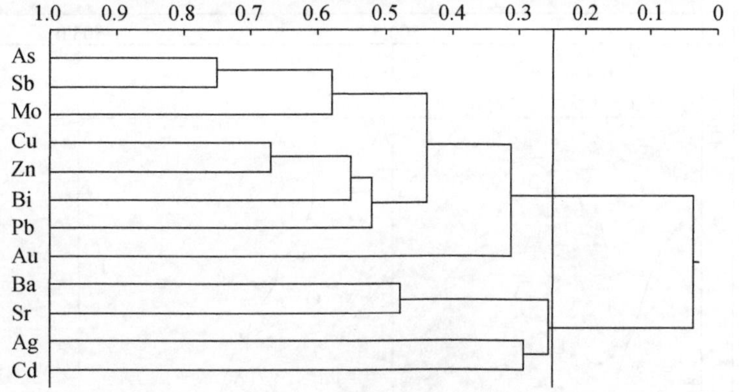
	Cu—Zn	0.679	
	Mo—As	0.589	
	Cu—Bi	0.549	
	Cu—Pb	0.522	
	Ba—Sr	0.481	
	Cu—Mo	0.437	
	Cu—Au	0.313	
	Ag—Cd	0.295	
	Ag—Ba	0.256	
	Cu—Ag	0.037	

表 3-3　加斯矿区 R-型聚类分析谱系图表

测区	连接元素	相关系数	谱系图（$F_{0.05}=0.25$）
加斯矿区 $N=1351$	Cu—Ag	0.680	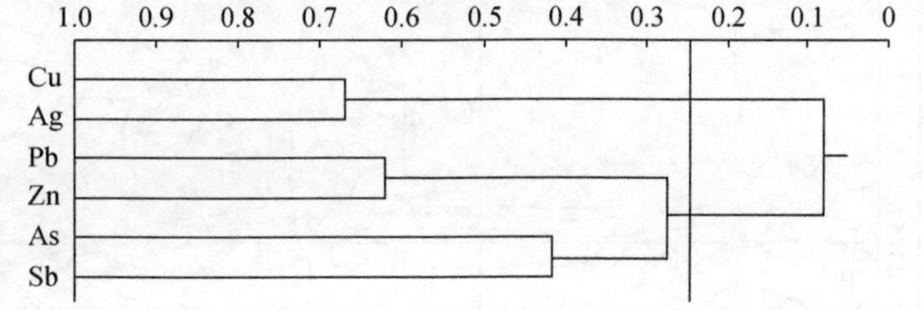
	Pb—Zn	0.621	
	As—Sb	0.411	
	Pb—As	0.275	
	Cu—Pb	0.086	

在相关系数为0.4的水平上，全区元素组合又可分为3组，第一组仍为Cu-Ag元素组合，第二组为Pb-Zn元素组合，第三组为As-Sb元素组合。

从R-型聚类分析分析可以认为，该区成矿成晕过程可能有多期次特征：Cu-Ag元素组合可能表明以Cu为主的矿化类型，Pb-Zn元素组合可能表明以Pb、Zn为主的多金属矿化类型，As-Sb元素组合可能表明与后期叠加的热液蚀变活动作用有关。

三、综合异常特征

（一）乌拉根铅锌矿区

1∶5万水系沉积物测量在乌拉根地区获得了以Pb、Zn、Sr为主的综合异常，其中北异常带呈北西向展布，长约5km，宽约2.5km，南异常带呈近东西向，长约5km，宽约2.0km。南北两异常带在乌拉根向斜东部转折端相交在一起，面积达25km^2，形成围绕矿区分布、规模较大的环带状异常区，充分反映出乌拉根矿带的空间分布形态、规模及延展方向（图3-4）。异常具浓度分带特征，浓集中心重合，异常峰值高，Pb异常峰值>2000×10^{-6}、Zn异常峰值>1100×10^{-6}、Sr异常峰值>2000×10^{-6}。其他元素，如Ag、Cu、Sb、Ba、

Gd、Mo、As、Bi 也形成了规模不等的异常，但其异常形态、强度不及 Pb、Zn、Sr 异常明显，大都分布在向斜轴部，呈近东西向展布。

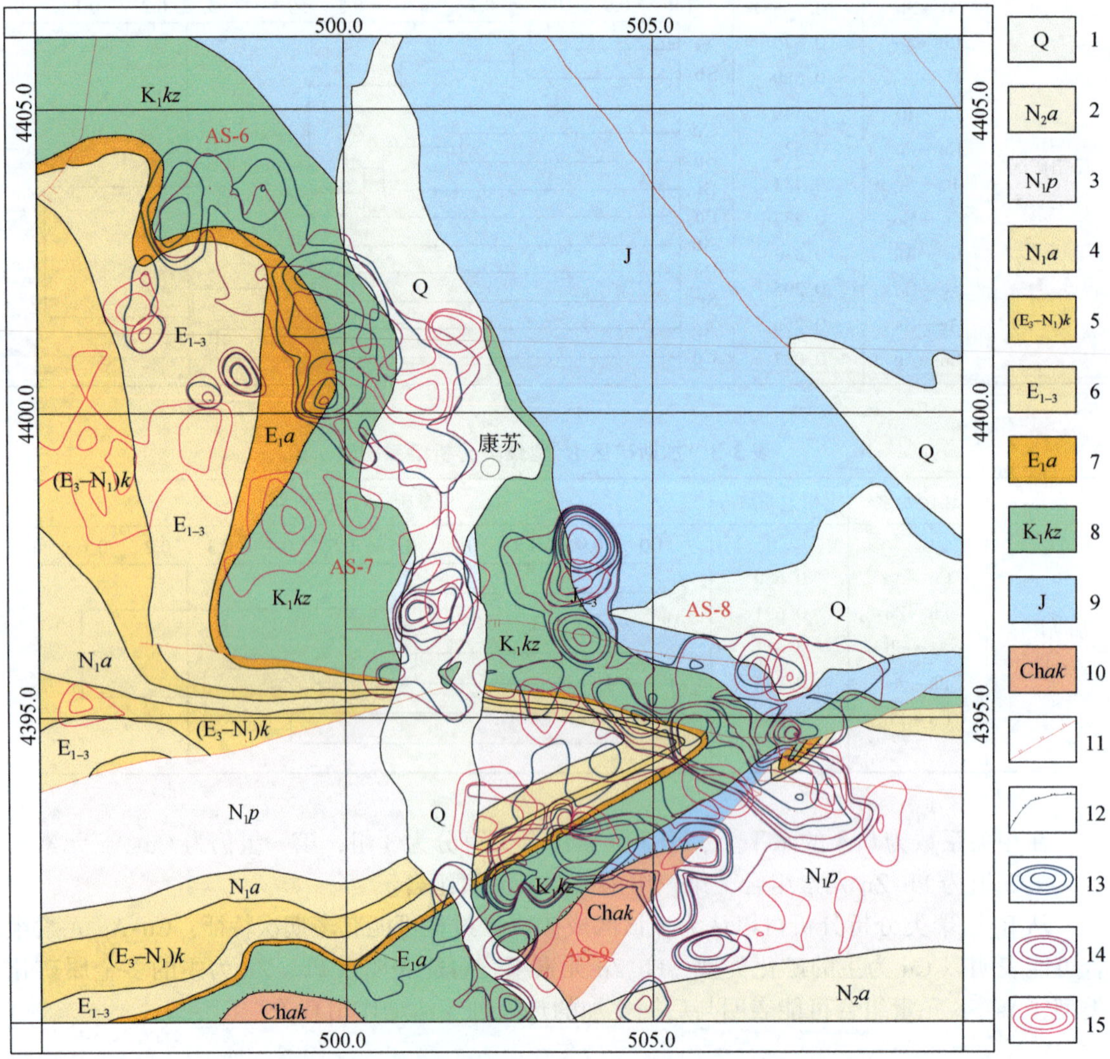

图 3-4　乌拉根地区地球化学综合异常图（据报告①修编）

1-第四系；2-阿图什组；3-帕尔布拉克组；4-安居安组；5-克孜洛依组；6-巴什布拉克组+乌拉根组+卡拉塔尔组+齐姆根组；7-阿尔塔什组；8-克孜勒苏群；9-侏罗系；10-阿克苏群；11-断层；12-不整合界线；13-Pb 元素异常（$40\times10^{-6}\sim80\times10^{-6}\sim160\times10^{-6}$）；14-Zn 元素异常（$75\times10^{-6}\sim150\times10^{-6}\sim300\times10^{-6}$）；15-Sr 元素异常（$600\times10^{-6}\sim1200\times10^{-6}\sim2400\times10^{-6}$）

根据综合异常元素组合特征（表 3-4）可知，该区异常成因主要分为 3 组，第一组元

① 有色金属矿产地质调查中心，2008. 新疆乌恰—阿图什地区铅锌铜矿调查评价康苏区 1∶5 万地球化学测量工作报告

素组合以 As-Sb-Bi 为主；第二组元素组合以 Cu-Ag 和 Pb-Zn 为主，但具有不同的成矿期，一期以 Pb、Zn 成矿作用为主，另一期则以 Cu 成矿作用为主；第三组元素组合以 Mo-Ba 为主。

表 3-4　乌拉根矿区综合异常元素组合特征表

异常编号	样数	临界检验值	相关水平	元素组合			
				第一组	第二组	第三组	第四组
AS-6	34	0.30	0.30	As-Sb-Bi-Au-Ba	Cu-Ag	Pb-Mo-Zn	
AS-7	9	0.66	0.70	As-Sb	Pb-Zn		Cu、Ag、Mo、Bi、Au、Ba
AS-8	36	0.33	0.50	As-Sb-Bi	Pb-Zn	Mo-Ba	Cu、Ag、Au
AS-9	31	0.35	0.40	As-Sb-Bi	Pb-Zn	Cu-Mo	Ag、Au、Ba

Q-型聚类分析表明（表 3-5），在相似系数为 0.95 水平上，该区综合异常基本上可划分为两种类型，其中 AS-6、AS-7、AS-8、AS-9 综合异常反映了以铅锌成矿为主的异常元素组合。

表 3-5　乌拉根矿区综合异常 Q-型分类谱系图表

综合异常连接	相似系数	Q-型谱系图
AS-4—AS-6	0.999	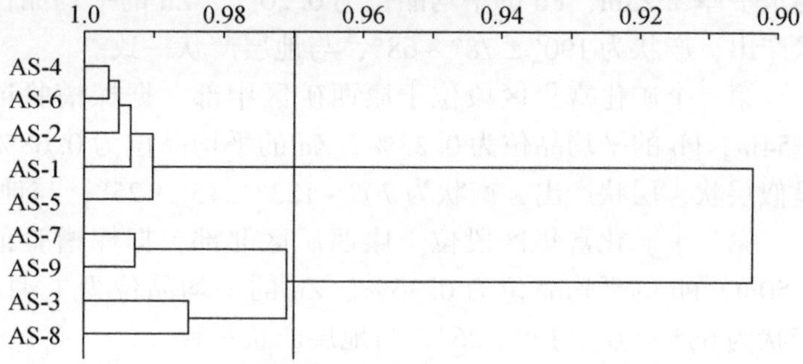
AS-2—AS-4	0.998	
AS-1—AS-2	0.997	
AS-7—AS-9	0.996	
AS-1—AS-5	0.990	
AS-3—AS-8	0.986	
AS-3—AS-7	0.970	
AS-1—AS-3	0.904	

AS-6 综合异常呈北西向带状展布，长约 5km，宽约 2km，面积约 15km²，是以 Pb、Zn、Mo、Ba、Ag 为主，伴有 As、Sb、Bi 弱异常的综合异常。该异常规格化面金属量值为 88.9，Pb 异常峰值为 270×10^{-6}、Zn 异常峰值为 678×10^{-6}、Ag 异常峰值为 601×10^{-9}、Ba 异常峰值为 2000×10^{-6}、Mo 异常峰值为 5.4×10^{-6}。异常出现分带，Mo、Ba、Ag 异常主要出现在 Pb、Zn 异常南西侧。

根据 R-型聚类分析（表 3-6），在相关系数为 0.30 的水平上，该异常元素组合主要分为 3 组，第一组为 As-Sb-Bi-Au 元素组合，第二组为 Mo-Ba 元素组合，第三组为 Pb-Zn-Ag 元素组合，元素 Au、Cu 则呈单组出现。第一组反映了含矿热液矿床前缘晕元素组合特征，第二组反映了沉积环境元素组合，第三组则反映出成矿元素组合特征。该区 Pb、Zn 异常浓集中心主要沿 K_1kz 呈北西向带状分布，形成环绕康西矿区分布的规模较大的异常高值区，延展约 8km，充分反映出乌拉根北矿带延展到康西矿区的空间分布、形态、规模及延展方向。

表 3-6　乌拉根矿区 AS-6 综合异常谱系图表

异常编号	连接元素	相关系数	谱系图（$F_{0.05}=0.30$）
AS-6 $N=51$	As—Sb	0.846	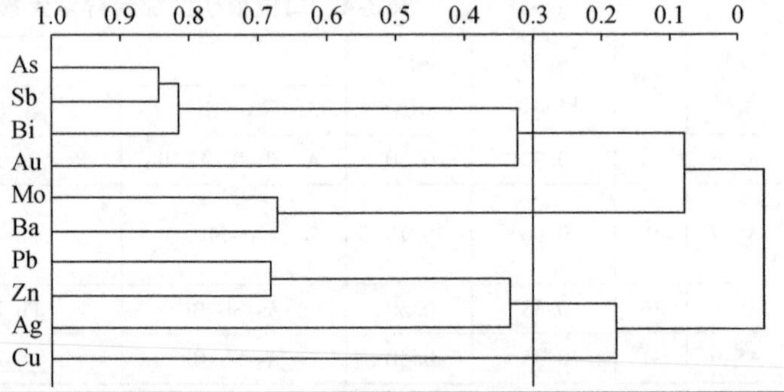
	As—Bi	0.820	
	Pb—Zn	0.692	
	Mo—Ba	0.682	
	Pb—Ag	0.335	
	Bi—Au	0.332	
	Cu—Pb	0.186	
	Mo—As	0.089	
	Cu—Mo	−0.062	

该综合异常为已知乌拉根铅锌矿北矿带西延带——康西矿化带所引起，为典型的矿致异常，属甲类异常。经地质评价，地表控制矿化带长 8.5km，平均宽 60m，矿体水平厚度达 4.89 ~ 17.34m，Pb 的品位为 0.58%、Zn 的品位为 0.56% ~ 2.75%。该异常区共圈出三个矿化富集区段，如下所示。

第一个矿化富集区段位于康西矿区南部，据探槽和深部钻探验证，矿体长 1600m，平均水平厚 5.23m，Pb 的平均品位为 0.20%，Zn 的平均品位为 0.57%，矿体呈似层状、层状产出，产状为 190°∠78° ~ 68°，与地层产状一致。

第二个矿化富集区段位于康西矿区中部，据探槽验证，矿体长 2200m，平均水平厚 8.54m，Pb 的平均品位为 0.23%，Zn 的平均品位为 0.68%，Pb+Zn 含量为 0.91%，矿体呈似层状、层状产出，产状为 70° ~ 123°∠15° ~ 25°，与地层产状一致。

第三个矿化富集区段位于康西矿区北部，据探槽验证，矿体长 1200m，平均水平厚 4.50m，Pb 的平均品位为 0.36%，Zn 的平均品位为 1.41%，矿体呈似层状、层状产出，产状为 68° ~ 96°∠17° ~ 26°，与地层产状一致。

AS-7 综合异常呈浑圆状南北向延展，长约 2.5km，宽约 1.2km，面积约 $5km^2$，是以 Pb、Zn、Cu 为主，伴有 Ba、Bi 的异常。该异常规格化面金属量值为 19.6，Pb、Zn 异常具浓度分带，Pb 异常峰值为 500×10^{-6}、Zn 异常峰值为 1100×10^{-6}、Cu 异常峰值为 254×10^{-6}。

根据 R-型聚类分析（表 3-7），在相关系数为 0.70 的水平上，该异常元素组合主要分为两组：第一组为 As-Sb 元素组合，第二组为 Pb-Zn 元素组合，其他元素由于相关系数值小于相关系数检验临界值 $F_{0.05}=0.666$，认为不具相关性。

AS-8、AS-9 综合异常主要沿乌拉根铅锌矿南、北矿带分布并向北西方向延展至 AS-6 综合异常区（康西区），形成环绕乌拉根矿区分布的规模较大的异常高值区，延展约 16km，为典型的矿致异常，属甲类异常。

表 3-7　乌拉根矿区 AS-7 综合异常谱系图表

异常编号	连接元素	相关系数	谱系图（$F_{0.05}=0.70$）
AS-7 $N=9$	As—Sb	0.975	
	Pb—Zn	0.833	
	Mo—Bi	0.651	
	Mo—Au	0.634	
	Cu—Ag	0.459	
	Pb—Ba	0.378	
	Pb—Mo	0.326	
	Cu—As	0.127	
	Cu—Pb	-0.012	

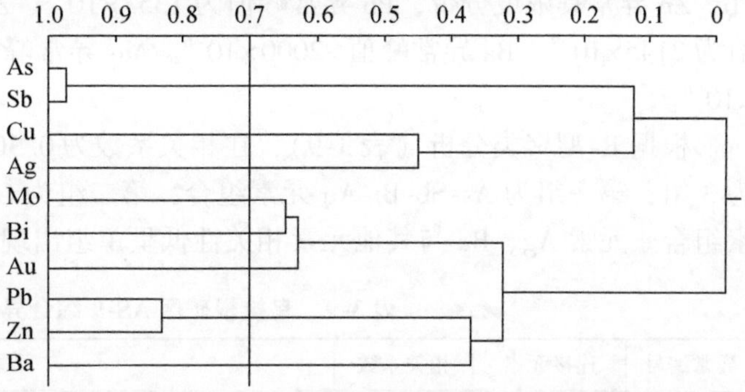

AS-8 综合异常呈北西向带状展布，长约 5km，宽约 2.5km，是以 Pb、Zn 为主，伴有 Cu、Ag、Mo、Ba、As、Sb、Bi 弱异常的综合异常。该异常规格化面金属量值为 86.0，Pb、Zn 异常具浓度分带，Pb 异常峰值为 587×10^{-6}、Zn 异常峰值为$>1100\times10^{-6}$、Ag 异常峰值为 537×10^{-9}、Ba 异常峰值$>2000\times10^{-6}$、Mo 异常峰值为 2.7×10^{-6}。

根据 R-型聚类分析（表 3-8），在相关系数为 0.30 的水平上，该异常元素组合主要分为 3 组：第一组为 As-Sb-Bi 元素组合，第二组为 Pb-Zn 元素组合，第三组为 Mo-Ba 元素组合，元素 Cu、Ag、Au 与其他元素相关性低，呈单组出现。

表 3-8　乌拉根矿区 AS-8 综合异常谱系图表

异常编号	连接元素	相关系数	谱系图（$F_{0.05}=0.30$）
AS-8 $N=36$	As—Sb	0.878	
	Pb—Zn	0.863	
	As—Bi	0.833	
	Mo—Ba	0.547	
	Mo—Ag	0.319	
	Cu—Mo	0.200	
	As—Au	0.192	
	Cu—Pb	-0.059	

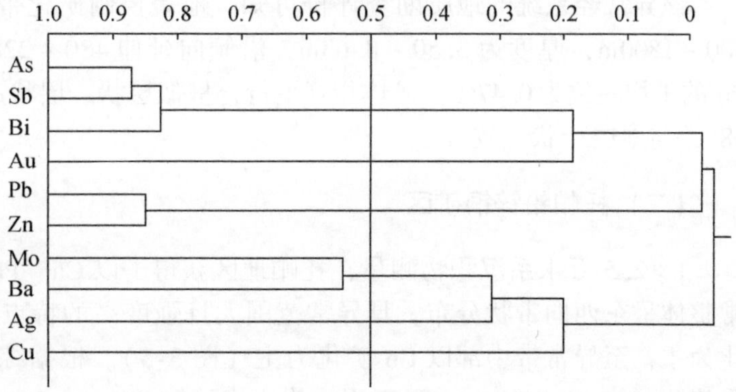

该异常经系统的地质勘查评价可知，地表控制矿化带长 3.5km，平均宽 100m，矿体长 700 ~ 2870m，厚度为 5.31 ~ 15.06m，沿倾向延伸 560 ~ 2480m，Zn 的平均品位为 2.74%，Pb 的平均品位为 0.45%。矿体呈层状、似层状，产状为 200° ~ 220°∠60° ~ 75°，与地层产状一致。

AS-9 综合异常呈北东东向带状，长约 5km，宽约 2.5km，是以 Pb、Zn 为主，伴有 Cu、Ag、Mo、Ba、As、Sb、Bi 弱异常的综合异常。该异常规格化面金属量值为 106.3，Pb、Zn 异常具浓度分带，Pb 异常峰值为 1353×10^{-6}、Zn 异常峰值$>1100\times10^{-6}$、Ag 异常峰值为 2145×10^{-9}、Ba 异常峰值$>2000\times10^{-6}$、Mo 异常峰值为 4.8×10^{-6}、Cu 异常峰值为 238×10^{-6}。

根据 R-型聚类分析（表 3-9），在相关系数为 0.30 的水平上，该异常元素组合主要分为 3 组，第一组为 As-Sb-Bi-Au 元素组合，第二组为 Cu-Mo 元素组合，第三组为 Pb-Zn 元素组合。元素 Ag、Ba 与其他元素相关性低呈单组出现。

表 3-9　乌拉根矿区 AS-9 综合异常谱系图表

异常编号	连接元素	相关系数	谱系图（$F_{0.05}=0.30$）
AS-9 $N=31$	As—Sb	0.918	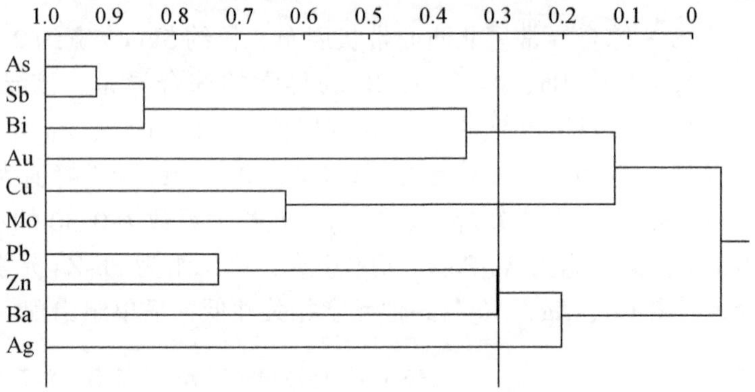
	As—Bi	0.850	
	Pb—Zn	0.736	
	Cu—Mo	0.631	
	As—Au	0.356	
	Pb—Ba	0.305	
	Pb—Ag	0.200	
	Cu—As	0.121	
	Cu—Pb	−0.150	

该异常经系统的地质勘查评价可知，地表控制矿化带长 4km，平均宽 150m，矿体长 600～1800m，厚度为 3.50～8.63m，沿倾向延伸 480～2280m，Zn 的平均品位为 2.07%，Pb 的平均品位为 0.47%。矿体相互平行，呈似层状、层状产出，产状为 320°～333°∠48°～68°，与地层产状一致。

（二）托帕铅锌铜矿区

1∶2.5 万水系沉积物测量在托帕地区获得了以 Cu、Pb、Zn、Ag 为主的综合异常，异常整体呈东西向带状分布，具异常范围大且强度高的特点，其中异常带西段以 Pb、Zn 矿化为主，至异常带中部以 Cu 矿化为主（图 3-5）。根据综合异常 Ba、Sr、As、Sb 元素累乘值与 Cu、Pb、Zn、Ag 元素累乘值比值可知，H-1～H-6 的综合异常其比值是由小变大的，反映了该区风化剥蚀程度从西至东具有由深变浅的趋势。

根据综合异常元素组合特征（表 3-10）可知，该异常元素组合主要分为两组，第一组为 Cu-Ag-Pb-Zn（Sb-As）元素组合，反映出与热液成因作用关系密切，该组综合异常为 H-1、H-2、H-4、H-5、H-6；第二组为 Cu-Ba-Sr-Ag 元素组合，反映出与沉积成因作用关系密切，该组综合异常为 H-3、H-7 等。综合异常特征分述如下。

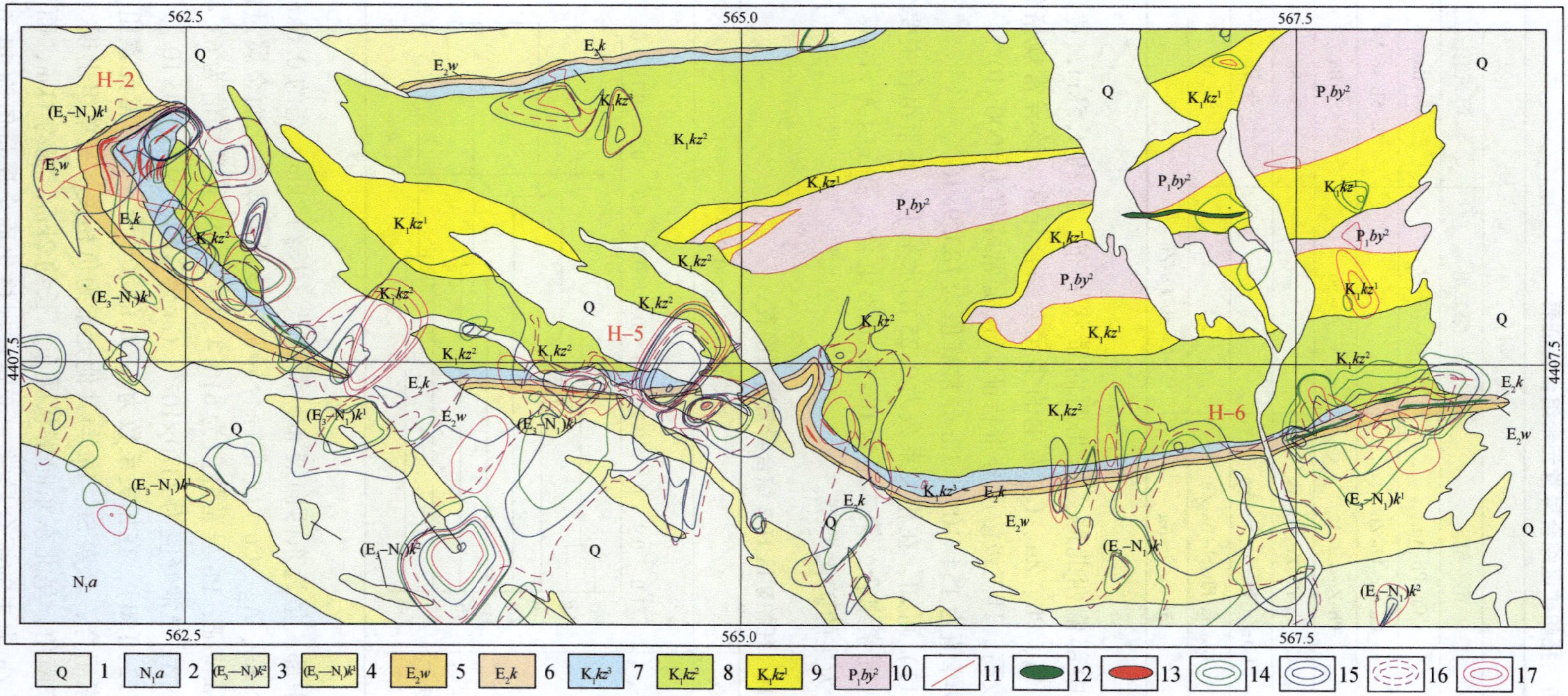

图3-5　托帕地区地化综合异常图（据报告①修编）

1-第四系；2-安居安组；3-克孜洛依组上段；4-克孜洛依组下段；5-乌拉根组；6-卡拉塔尔组；7-克孜勒苏群第三岩性段；8-克孜勒苏群第二岩性段；9-克孜勒苏群第一岩性段；10-比尤列提群上段；11-断裂；12-铜矿体；13-铅锌矿体；14-Cu元素异常（33×10^{-6}~66×10^{-6}~126×10^{-6}）；15-Pb元素异常（35×10^{-6}~70×10^{-6}~140×10^{-6}）；16-Zn元素异常（55×10^{-6}~110×10^{-6}~220×10^{-6}）；17-Ag元素异常（150×10^{-9}~300×10^{-9}~600×10^{-9}）

① 新疆鑫汇地质矿业有限责任公司，2016. 新疆乌恰县托帕地区铅锌矿普查报告

表 3-10　托帕矿区综合异常元素组合特征表

异常分类	综合异常编号	元素组合		
		第一组	第二组	第三组
热液成因	H-1	Cu-Pb-Ag	As-Sb-Zn	Sr-Ba
	H-2	Cu-Ag-Pb-Zn		Ba-Sb-sr-As
	H-4	Pb-Zn-Cu-Ag	As-Sb	Sr-Ba
	H-5	Cu-Ag-Pb-Zn-Sb-As		Sr-Ba
	H-6	Cu-Zn-Pb-As-Sb-Ag		Sr-Ba
沉积成因	H-3	Cu-Ba-Pb-Sb-As-Zn		Sr-Ag
	H-7	Cu-Ba-Sr-Ag	As-Sb-Pb-Zn	

H-2 综合异常分布于矿区中部偏西北侧，呈北西向带状展布，长约 1.5km，宽约 0.7km，面积约 0.94km²，是以 Ag、Pb、Zn、Cu 为主的多元素综合异常。该异常规格化面金属量值为 6.07，异常峰值较高，具三级浓度分带特征，Ag 异常峰值为 5000×10^{-9}、Pb 异常峰值为 1500×10^{-6}、Zn 异常峰值为 154×10^{-6}、Cu 异常峰值为 183.9×10^{-6}。

根据 R-型聚类分析（表 3-11）可知，在相关系数为 0.25 的水平上，元素组合主要分为 3 组，第一组为 Pb-Ag-Cu-Zn 元素组合，第二组为 Ba-Sb 元素组合，第三组为 Sr-As 元素组合，反映出以 Pb、Zn、Ag 为主的矿化类型。

表 3-11　托帕矿区 H-2 综合异常谱系图表

异常编号	连接元素	相关系数	谱系图（$F_{0.05}=0.25$）
H-2 $N=44$	Pb—Ag	0.917	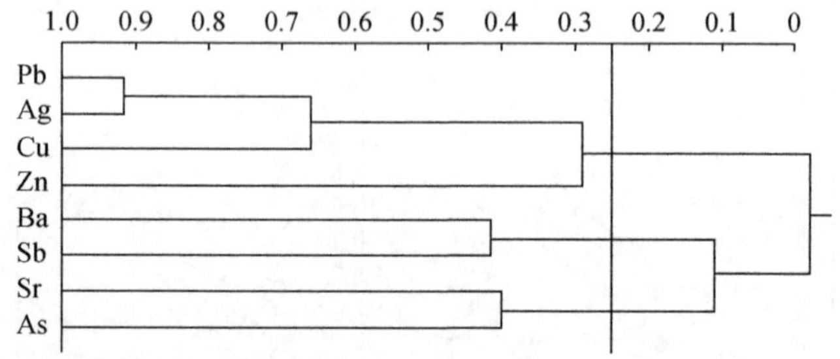
	Cu—Pb	0.652	
	Ba—Sb	0.415	
	Sr—As	0.403	
	Cu—Zn	0.290	
	Sr—Ba	0.111	
	Cu—Sr	-0.049	

H-5 综合异常分布于矿区中部，呈近东西向展布，浑圆状，长约 2km，宽约 0.6km，面积约 1.43km²，是以 Pb、As、Zn、Ag、Cu 为主的综合异常。该异常规格化面金属量值为 8.61，具有三级异常浓度分带特征，Pb 异常峰值为 610.4×10^{-6}、As 异常峰值为 63.4×10^{-6}、Zn 异常峰值为 388×10^{-6}、Ag 异常峰值为 2370×10^{-9}、Cu 异常峰值为 119.4×10^{-6}。

根据 R-型聚类分析（表 3-12 可知），在相关系数为 0.20 的水平上，该异常元素组合主要为 Cu-Ag-Pb-Zn-Sb-As 元素组合，元素 Sr、Ba 与其他元素为负相关，呈单组出现。

H-6 综合异常分布于矿区东南角，呈北东东向带状展布，长约 2km，宽约 1km，面积约 1.5km²，是以 Cu、Ag、Pb、Zn 为主的综合异常。该异常规格化面金属量值为 14.65，具有三级异常浓度分带特征，异常峰值较高且浓集中心重合，Cu 异常峰值达2000×10^{-6}、Ag 异常峰值为4950×10^{-9}、Zn 异常峰值为113×10^{-6}、Pb 异常峰值为98.7×10^{-6}，元素 Ba 异常峰值达69536×10^{-6}。

表 3-12 托帕矿区 H-5 综合异常谱系图表

异常编号	连接元素	相关系数	谱系图（$F_{0.05}=0.20$）
H-5 $N=75$	Cu—Ag	0.540	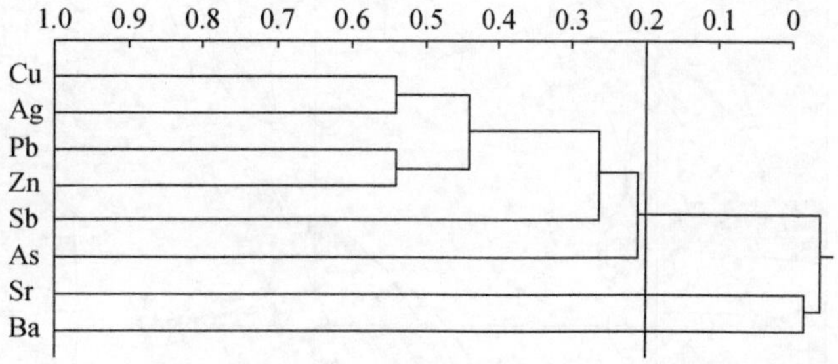
	Pb—Zn	0.539	
	Cu—Pb	0.441	
	Cu—Sb	0.265	
	Cu—As	0.217	
	Sr—Ba	-0.019	
	Cu—Sr	-0.079	

根据 R-型聚类分析（表 3-13）可知，在相关系数为 0.35 的水平上，元素组合分为两组，第一组为 Pb-Zn-Cu-As-Sb 元素组合，第二组为 Sr-Ba 元素组合，元素 Ag 与其他元素为负相关，呈单组出现。

表 3-13 托帕矿区 H-6 综合异常谱系图表

异常编号	连接元素	相关系数	谱系图（$F_{0.05}=0.35$）
H-6 $N=77$	Pb—Zn	0.851	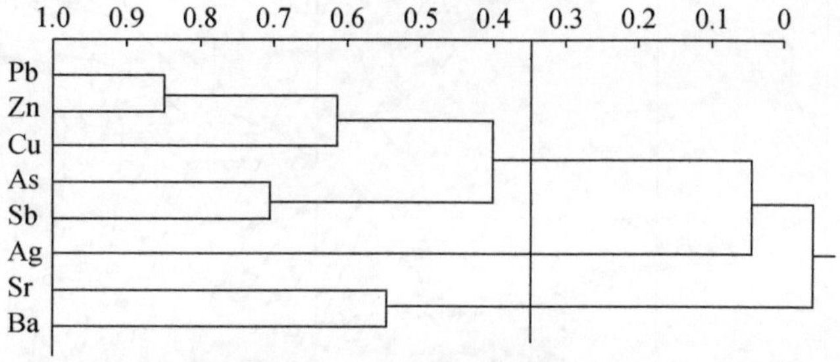
	As—Sb	0.705	
	Cu—Pb	0.614	
	Sr—Ba	0.546	
	Cu—As	0.403	
	Cu—Ag	0.042	
	Cu—Sr	-0.154	

（三）加斯铅锌矿区

1∶2.5 万水系沉积物测量在乌拉根加斯地区获得了以 Pb、Zn、Ag、Cu 为主的综合异常（图 3-6），主要分为两组，第一组为 Pb-Zn-Ag-(Cu) 多金属元素组合，综合异常编号依次为 H-1、H-2；第二组为 Cu-Ag 元素组合，综合异常编号依次为 H-3、H-4。

H-1 综合异常位于矿区北偏东处，呈浑圆状，北西-南东向展布，长约 0.8km，宽约 0.5km，面积约 0.4km^2，是以 Pb、Zn、Ag 异常为主的多金属综合异常。该异常规格化面

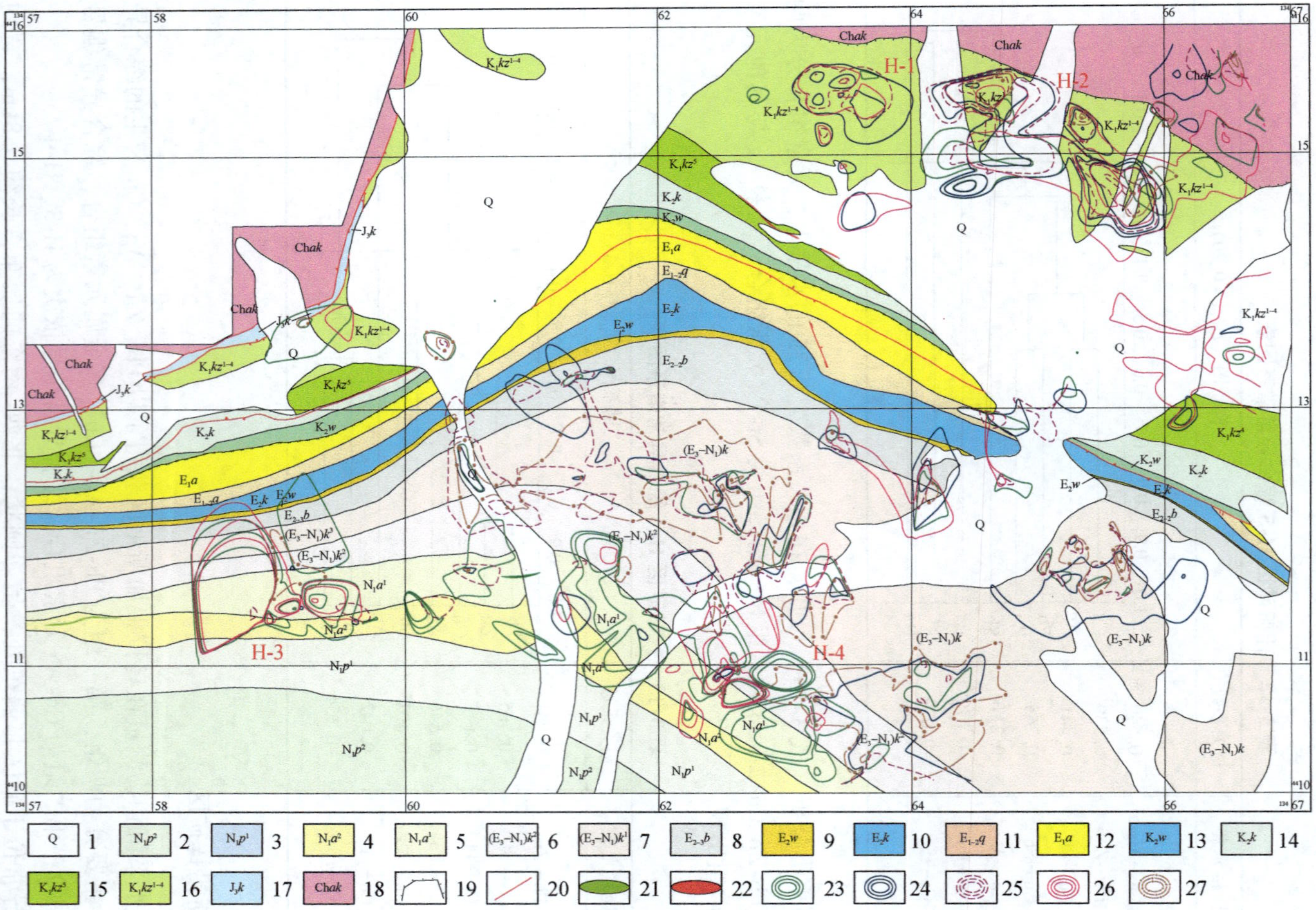

图3-6　加斯地区地球化学综合异常图

1-第四系；2-帕尔布拉克组第二岩性段；3-帕尔布拉克组第一岩性段；4-安居安组上段；5-安居安组下段；6-克孜洛依组上段；7-克孜洛依组下段；8-巴什布拉克组；9-乌拉根组；10-卡拉塔尔组；11-齐姆根组；12-阿尔塔什组；13-乌依塔格组；14-库克拜组；15-克孜勒苏群第五岩性段；16-克孜勒苏群第一至第四岩性段；17-库孜贡苏组；18-阿克苏群；19-不整合界线；20-断层；21-铜矿体；22-铅锌矿体；23-Cu元素异常（40×10^{-6}~80×10^{-6}~160×10^{-6}）；24-Pb元素异常（40×10^{-6}~80×10^{-6}~160×10^{-6}）；25-Zn元素异常（70×10^{-6}~140×10^{-6}~280×10^{-6}）；26-Ag元素异常（150×10^{-9}~300×10^{-9}~600×10^{-9}）；27-As元素异常（15×10^{-6}~20×10^{-6}~25×10^{-6}）

金属量值为1.42，各元素异常形成浓集中心并具有浓集中心重合特征，Pb异常峰值为 153.5×10^{-6}、Ag异常峰值为 347×10^{-9}、Zn异常峰值为 167×10^{-6}。

根据R-型聚类分析（表3-14）可知，在相关系数为0.60的水平上，元素组合分为两个组，第一组为Pb-Zn-Ag元素组合，第二组为As-Sb元素组合，元素Cu呈单组出现。由元素组合可见，该异常反映出以多金属Pb、Zn、Ag为主的矿化类型，As、Sb元素组合反映出后期热液蚀变叠加作用的影响。

表3-14　加斯矿区H-1综合异常谱系图表

异常编号	连接元素	相关系数	谱系图（$F_{0.05}=0.60$）
H-1号 $N=21$	Pb—Zn	0.902	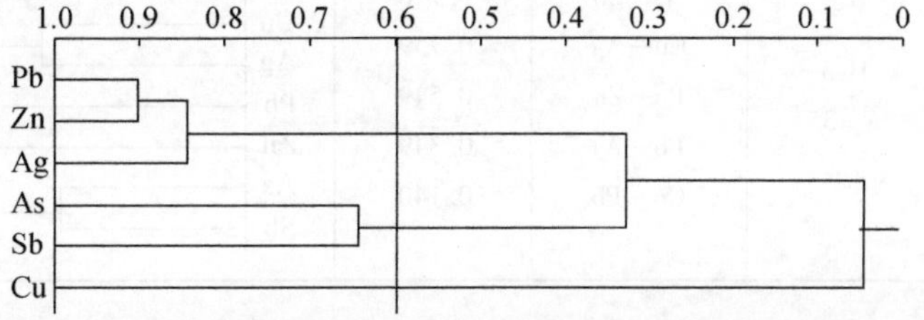
	Pb—Ag	0.842	
	As—Sb	0.645	
	Pb—As	0.327	
	Cu—Pb	0.043	

H-2综合异常位于矿区北偏东处，呈北西-南东向延展，长约2km，宽为0.5～0.8km，面积约 $1.48km^2$，是以Pb、Zn、Ag异常为主的多金属元素综合异常。该异常规格化面金属量值为11.71，异常峰值高，具有三级异常浓度分带特征，Pb异常峰值为 1044.8×10^{-6}、Zn异常峰值为 402×10^{-6}、Ag异常峰值为 1274×10^{-9}、Cu异常峰值为 255.9×10^{-6}、As异常峰值为 22×10^{-6}、Sb异常峰值为 13.1×10^{-6}。元素Pb CV较高（>1），为强分异型元素，具局部富集特征。

根据R-型聚类分析（表3-15）可知，在相关系数为0.40的水平上，元素组合主要为Pb-Ag-Zn-As组合，元素Cu、Sb与其他元素相关程度低，呈单组出现。该元素组合特征与其西侧H-1综合异常相似，均反映出以多金属Pb、Zn、Ag为主的矿化类型。

表3-15　加斯矿区H-2综合异常谱系图表

异常编号	连接元素	相关系数	谱系图（$F_{0.05}=0.40$）
H-2 $N=62$	Pb—Ag	0.693	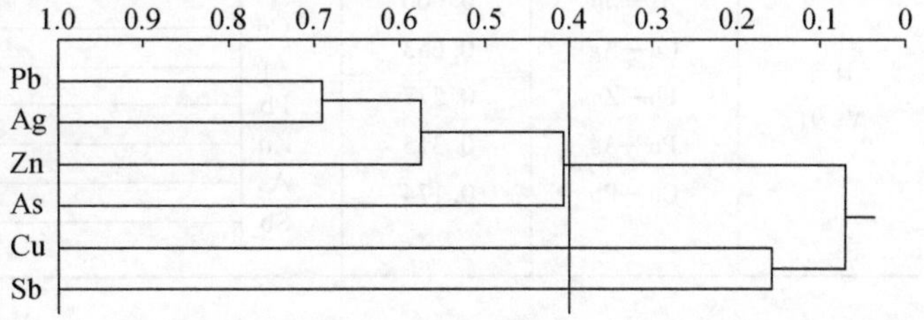
	Pb—Zn	0.577	
	Pb—As	0.409	
	Cu—Sb	0.160	
	Cu—Pb	0.071	

H-3综合异常位于矿区西南处，呈面积状分布，长和宽约0.8km，异常面积约 $1km^2$，是以Cu、Ag为主的综合异常。该异常规格化面金属量值为12.55，异常峰值极高，具有三级异常浓度分带特征，Cu异常峰值 $>2000\times10^{-6}$、Ag异常峰值 $>5000\times10^{-9}$、Zn异常峰值

为 105×10^{-6}。元素 Cu、Ag 的 CV 较高（>1），为强分异型元素，具局部富集特征。

根据 R-型聚类分析（表 3-16）可知，在相关系数为 0.50 的水平上，元素组合分为 3 组，第一组为 Cu-Ag 元素组合，第二组为 Pb-Zn 元素组合，第三组为 As-Sb 元素组合。元素组合与综合异常特征均反映出以 Cu、Ag 为主的矿化类型，异常带的延展方向反映出铜矿富矿层位的走向。

表 3-16　加斯矿区 H-3 综合异常谱系图表

异常编号	连接元素	相关系数	谱系图（$F_{0.05}=0.50$）
H-3 $N=35$	As—Sb	0.778	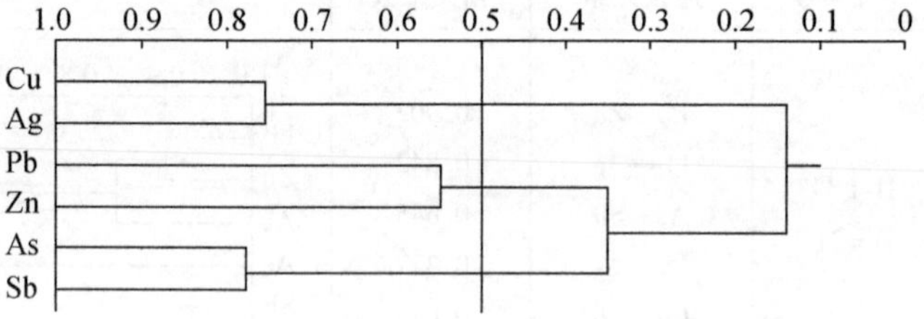
	Cu—Ag	0.759	
	Pn—Zn	0.549	
	Pb—As	0.349	
	Cu—Pb	0.140	

H-4 综合异常位于矿区中南部，呈北西–南东向带状延伸，长约 2.5km，宽为 0.5 ~ 0.8km，异常面积约 $1.82km^2$，是以 Cu、Ag 为主的综合异常。该异常规格化面金属量值为 11.78，异常峰值极高，具有三级异常浓度分带特征，Cu 异常峰值 $>2000\times10^{-6}$、Ag 异常峰值 $>5000\times10^{-9}$、As 异常峰值为 20.6×10^{-6}。元素 Cu、Ag 的 CV 较高（>1），为强分异型元素，具局部富集特征。

根据 R-型聚类分析（表 3-17）可知，在相关系数为 0.30 的水平上，元素组合分为两组，第一组为 Cu-Ag 元素组合，第二组为 Pb-Zn-As-Sb 元素组合。元素组合与综合异常特征与其西侧的 H-3 综合异常相似，均反映出以 Cu、Ag 为主的矿化类型，异常带的延展方向反映出铜矿富矿层位的走向。

表 3-17　加斯矿区 H-4 综合异常谱系图表

异常编号	连接元素	相关系数	谱系图（$F_{0.05}=0.30$）
H-4 $N=91$	As—Sb	0.660	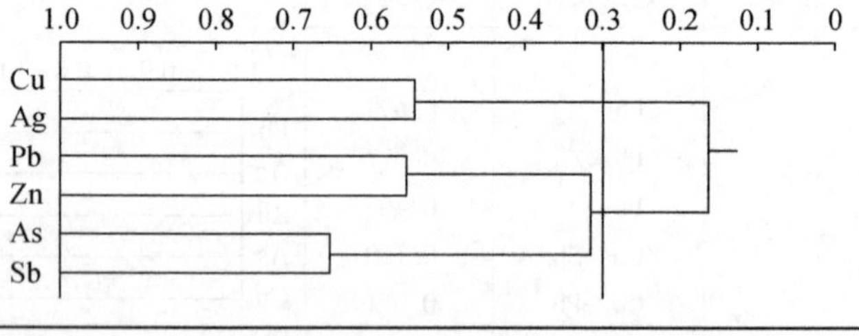
	Cu—Ag	0.653	
	Pb—Zn	0.577	
	Pb—As	0.315	
	Cu—Pb	0.174	

第三节　矿床地质特征

一、含矿岩系特征

乌拉根铅锌矿和加斯铅锌矿赋矿层位由 K_1kz^5 透水性良好的砂砾岩、砾岩和砂岩与上覆 E_1a 底部坍塌角砾岩及下伏 K_1kz^4 顶部不透水的泥岩共同组成，矿化最强烈地段是 K_1kz^5 含砾砂岩层顶部紧靠白云质灰岩或白云岩附近，或者直接产于角砾状白云质灰岩中。赋矿岩性组合从上到下叙述如下。

（1）E_1a 岩性为灰白色含膏质泥岩及顶部含生屑灰岩。

（2）E_1a 底部为灰色角砾状灰岩/白云岩。

（3）K_1kz^5 上部为灰白色块状砂砾岩夹砾岩透镜体及灰色、灰绿色块状砂砾岩、砾岩，其中砂砾岩具高角度斜层理、楔状交错层理及板状交错层理，总体含量为50%～55%，成分以硅质岩、石英为主，所夹砾岩（砾石含量>70%）呈透镜状产出，具斜层理，砾石成分以硅质岩为主。下部为浅黄褐色-褐灰色块状砂砾岩与灰褐色含砾长石岩屑砂岩及含砾长石岩屑砂岩互层，其中砂砾岩具槽状交错层理。砾石集中部位为层系界面，砾石成分以石英、硅质岩为主，分选较差。含砾长石砂岩具高角度斜层理及板状交错层理，所含砾石在层系界面呈透镜状产出，总体含量为15%～20%。

（4）K_1kz^4 岩性为暗褐色-暗褐红色泥质粉砂岩-粉砂质泥岩。

沉积相研究表明 K_1kz^5 发育一套完整近物源的、快速堆积的靠山型扇三角洲沉积序列。扇三角洲可进一步划分为水上扇三角洲平原的分流河道、分流河道间相和水下扇三角洲前缘水下分流河道、河口坝、远砂坝、分流间湾和前扇三角洲相。其中，扇三角洲平原相和扇三角洲前缘过渡地带的（水下）分流河道相是铅锌矿体富集有利微相，其中的细砂砾岩、中-细粒砂岩是铅锌富集的有利岩性。

托帕铅锌铜矿赋矿层位由 K_1kz^1、K_1kz^3 及上覆的 E_2k 底部的坍塌角砾岩及中上部角砾状灰岩共同构成。其中 K_1kz^1 中灰白色砂岩为主要含铜赋矿层位，该层与下伏 P_1by 呈角度不整合接触，与 K_1kz^2 呈整合接触。K_1kz^3 中灰黄色-褐黄色-灰黑色块状砂砾岩、砾岩层为西矿带铅（锌）铜矿体主要赋矿层位，与上覆 E_2k 呈平行不整合接触，与下伏 K_1kz^2 呈整合接触。E_2k 底部的坍塌角砾岩及中上部角砾状灰岩为主要含铜赋矿层位，该层位与上覆 $(E_3-N_1)k$ 呈微角度不整合接触。

二、矿体特征

（一）乌拉根铅锌矿区

乌拉根铅锌矿受控于乌拉根向斜构造，铅锌矿体在向斜的南北两翼对称产出，以向斜轴线为界，将其划分为南、北两个矿带，矿体呈层状、似层状产出，总体产状与地层产状一致（图3-1），各矿带的特征如下。

1. *北矿带*

北矿带位于乌拉根向斜北翼，地表控制含矿带长3.5km，平均宽100m，可分为东、西两个富矿段，另外吾合沙鲁断裂通过该矿带，在其构造破碎带产有呈透镜状产出的铅锌富矿体。

北矿带西段：共圈出4个矿体，其中Ⅰ号矿体长600m，平均水平厚度为3.41m，Pb的平均品位为0.25%、Zn的平均品位为3.41%；Ⅱ号矿体长800m，平均水平厚度为6.41m，Pb的平均品位为0.47%、Zn的平均品位为2.61%；Ⅲ号矿体长600m，Pb的平均品位为0.36%、Zn的平均品位为2.84%；Ⅳ号矿体长400m，Pb的平均品位为0.27%、Zn的平均品位为2.76%。

北矿带东段：共圈出3个矿体，其中Ⅰ号矿体长800m，平均水平厚度为9.69m，Pb的平均品位为0.16%，Zn的平均品位为2.73%；Ⅱ号矿体长200m，平均水平厚度为2.53m，Pb的平均品位为0.12%，Zn的平均品位为3.16%；Ⅲ号矿体长600m，平均水平厚度为2.03m，Pb的平均品位为0.03%，Zn的平均品位为2.24%。

2. *南矿带*

南矿带位于乌拉根向斜南翼，地表控制含矿带长4km，平均宽150m，可分为东、西两个富矿段。

南矿带西段：包括两个矿体，其中Ⅰ号矿体长1800m，平均水平厚度为8.23m，Pb平均品位为0.70%，Zn的平均品位为3.06%；Ⅱ号矿体沿走向连续延伸，长1200m，平均水平厚度为6.54m，Pb的平均品位为0.23%，Zn的平均品位为3.24%。

南矿带东段：可圈出3个矿体，Ⅰ号矿体沿走向断续延伸，其中Ⅰ-1号矿体长200m，平均厚3.50m，Pb的平均品位为0.36%，Zn的平均品位为2.41%；Ⅰ-2号矿体长400m，平均厚度为3.84m，Pb的平均品位为0.20%，Zn的平均品位为3.64%；Ⅱ号矿体长800m，平均厚度为5.26m，Pb的平均品位为0.89%，Zn的平均品位为1.69%。

钻孔揭露显示，南、北矿带沿地层走向和倾向是连续的，局部可构成连续的矿体（图3-7）

（二）托帕铅锌铜矿区

根据铅锌铜矿（化）体分布位置及地段，托帕矿区分为西矿带、中矿带、南矿带三个矿化分布区。

1. *西矿带铜铅矿（化）体*

Ⅰ-1号铜矿体：该矿体位于塔什皮萨克背斜西部转折端E_2k下部的褐黄色灰岩中，矿体围绕背斜呈弧状展布。根据单个见矿工程推断矿体长约220m，控制延深小于48m，推测延深24m，矿体真厚度为1.50m。矿体单样Cu的品位为0.77%，伴生Pb的品位为0.20%，矿体倾向为245°~323°，平均约289°，倾角为34°，呈似层状产出。

Ⅰ-2含铜铅矿体：该矿体分布于塔什皮萨克背斜西部转折端K_1kz^3中部砾岩、砂砾岩中，矿体围绕背斜呈弧状展布。根据单个见矿工程推断矿体长约90m，延深小于190m，

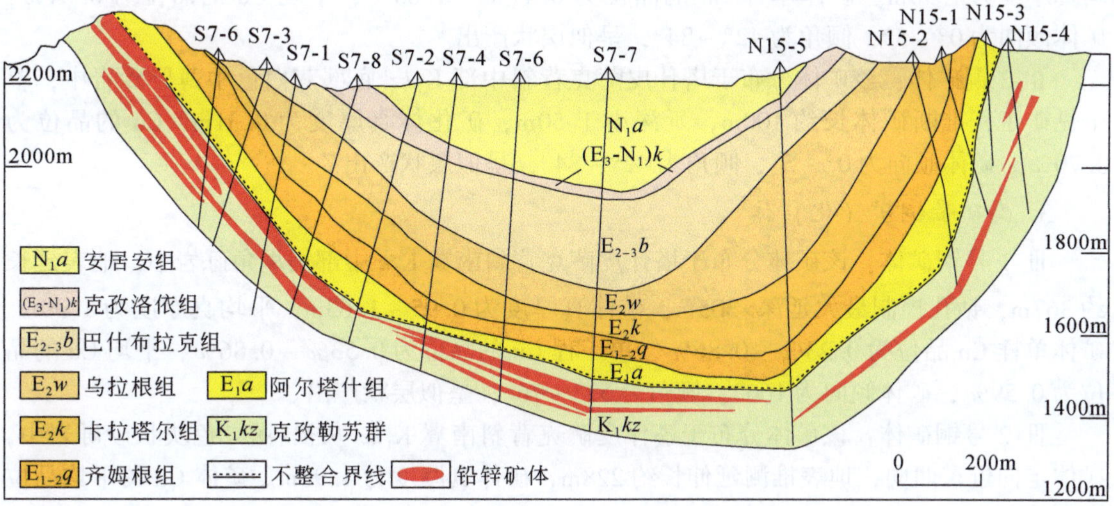

图 3-7　乌拉根铅锌矿 S7 和 N15 勘探线联合剖面图（据 Xue et al.，2014）

推测延深 95m，矿体真厚度为 4.98m。矿体单样 Pb 的品位为 0.57%～3.65%，平均 Pb 的品位为 1.71%，伴生 Cu 的品位为 0.03%～0.46%，平均 Cu 的品位为 0.16%。矿体倾向为 251°～287°，平均约为 275°，倾角为 34°，呈透镜体状、似层状产出。

Ⅰ-3 号铜矿体：该矿体分布于塔什皮萨克背斜西部转折端 K_1kz^3 中部砾岩、砂砾岩中，矿体围绕背斜呈弧状展布，位于Ⅰ-2 含铜铅矿体东侧，形态与之基本一致。根据单个见矿工程推断矿体长约 90m，延深小于 250m，推测延深 125m，矿体真厚度为 1.30m。矿体单样 Cu 的品位为 0.88%，伴生 Pb 的品位为 0.13%，矿体倾向为 251°～287°，平均约为 275°，倾角为 34°，呈透镜体状、似层状产出。

Ⅰ-4 号铅矿体：该矿体分布于塔什皮萨克背斜西部转折端 K_1kz^3 中部的砾岩、砂砾岩中，矿体围绕背斜呈弧状展布，位于Ⅰ-3 铜矿体东侧，形态与之基本一致。根据单个见矿工程推断矿体长约 90m，延深小于 256m，推测延深 128m，矿体真厚度为 0.91m。矿体 Pb 的品位为 1.26%，伴生 Cu 的品位为 0.14%，矿体倾向为 251°～287°，平均约为 275°，倾角为 34°，呈透镜体状、似层状产出。

Ⅰ-5 号含铜铅矿体：该矿体分布于塔什皮萨克背斜西部转折端 E_2k 上部的角砾状灰岩（坍塌角砾岩）中，根据单个见矿工程推断矿体长约 203m，延深小于 105m，推测延深 57.5m，矿体真厚度为 1.12m。矿体 Pb 的品位为 0.79%，伴生 Cu 的品位为 0.21%。矿体倾向为 215°，倾角为 23°，呈似层状产出。

Ⅰ-6 号铜矿体：该矿体分布于塔什皮萨克背斜西部转折端 K_1kz^3 砾岩、砂砾岩中，根据单个见矿工程推断矿体长约 205m，延深小于 150m，推测延深 75m，矿体真厚度为 2.21m。矿体 Cu 的品位为 0.59%，矿体倾向为 212°，倾角为 57°，呈似层状产出。

2. 中矿带铜矿（化）体

Ⅱ-1 铜矿体：该矿体分布于塔什皮萨克背斜中部 K_1kz^1 底部灰白色中薄层砂岩中，矿体长约 508m，控制延深小于 25m，推测延深 12.5～50m，矿体真厚度为 0.96～3.89m，平均真厚度为1.90m。矿体单样Cu的品位为0.47%～1.03%，平均Cu的品位为0.64%，矿体倾向为0°～5°，倾角为42°～84°，呈似层状产出。

Ⅱ-2铜矿体：该矿体分布于塔什皮萨克背斜中部K_1kz^1底部灰白色中薄层砂岩中，单个见矿工程推断矿体长约100m，延深小于50m，矿化体真厚度为0.31m，Cu的品位为0.70%。矿体倾向为0°～5°，倾角为42°～84°，呈似层状产出。

3. 南矿带铜矿（化）体

Ⅲ-1号铜矿体：该矿体分布于塔什皮萨克背斜南翼E_2k中部坍塌角砾岩中，地表延长约367m，钻孔控制最大延深>305m，矿体真厚度为0.95～1.63m，平均真厚度为1.39m。矿体单样Cu品位为0.23%～0.86%，单工程Cu的品位为0.53%～0.86%，平均Cu的品位为0.59%，矿体倾向为166°，倾角为52°～76°，呈似层状产出。

Ⅲ-2号铜矿体：该矿体分布于塔什皮萨克背斜南翼K_1kz^3灰褐-褐红色块状砂砾岩中，矿体走向近东西向，地表推测延伸长约228m，矿体真厚度为1.96m。矿体Cu的平均品位为0.91%，倾向为175°，倾角为52°，呈似层状产出。

Ⅲ-3号铜矿体：该矿体分布于塔什皮萨克背斜南翼E_2k中部的块状灰岩中，矿体地表走向近东西向，单工程推测矿体延伸长约224m，钻孔控制最大延深大于162m（图3-8），矿体真厚度为0.76m。矿体单样Cu的品位为1.61%（也是单工程和矿体平均品位），矿体倾向为175°，倾角为52°，呈似层状产出。

Ⅲ-4号铜矿体：该矿体分布于塔什皮萨克背斜南翼E_2k中部的块状灰岩中，属于Ⅲ-1号铜矿体的西延带上。矿体地表北东–南西走向，单工程推测矿体延伸长度约224m，钻孔控制延深大于162m，矿体真厚度为1.15m。矿体单样Cu的品位为0.86%～1.35%，平均Cu的品位为1.01%。矿体产状多变，倾向为217°～273°，平均为245°，倾角为50°左右，呈透镜体状产出。

（三）加斯铅锌矿区

根据矿区铅锌铜矿（化）体分布地段，可分为北段铅锌矿（化）体分布区、西南段铜矿（化）体分布区。

1. 北段铅锌矿（化）体

矿区北段铅锌矿赋矿层位为$K_1kz^{5\text{-}3}$灰白色–灰黄色块状砂岩、砂砾岩。目前由探槽控制Pb、Zn矿化体各1条，地表未圈出Pb、Zn矿体。其中Pb-Ⅰ矿化体位于矿区北段西部，水平厚度为6.20m、Pb的平均品位为0.133%，推测长度为332m。Zn-Ⅰ矿化体位于北段东部，厚度为2.53m、Zn的平均品位为0.275%，推测长度为166m。钻孔圈定了4条Zn矿体，其中Ⅰ-1、Ⅰ-2、Ⅰ-3号矿体近平行产出，属于Ⅰ号Zn-Ⅰ矿体群，分布于20～40线间。Ⅱ号锌矿体位于Ⅰ号Zn矿体西侧19勘探线。主要矿体特征如下。

Ⅰ号锌矿体：矿体赋存于$K_1kz^{5\text{-}3}$灰白色–灰黄色块状砂岩、砂砾岩中，呈北西西–南东东向展布，上、下围岩均为砂岩、泥岩。所圈出Ⅰ-1、Ⅰ-2、Ⅰ-3号矿体近平行产出，矿体产状为170°～255°∠45°～52°，呈板状产出（图3-9）。地表至浅部80m以锌氧化物为主，深部以菱锌矿、闪锌矿为主。矿体Zn的品位沿走向变化小（1.59%～2.27%），沿倾

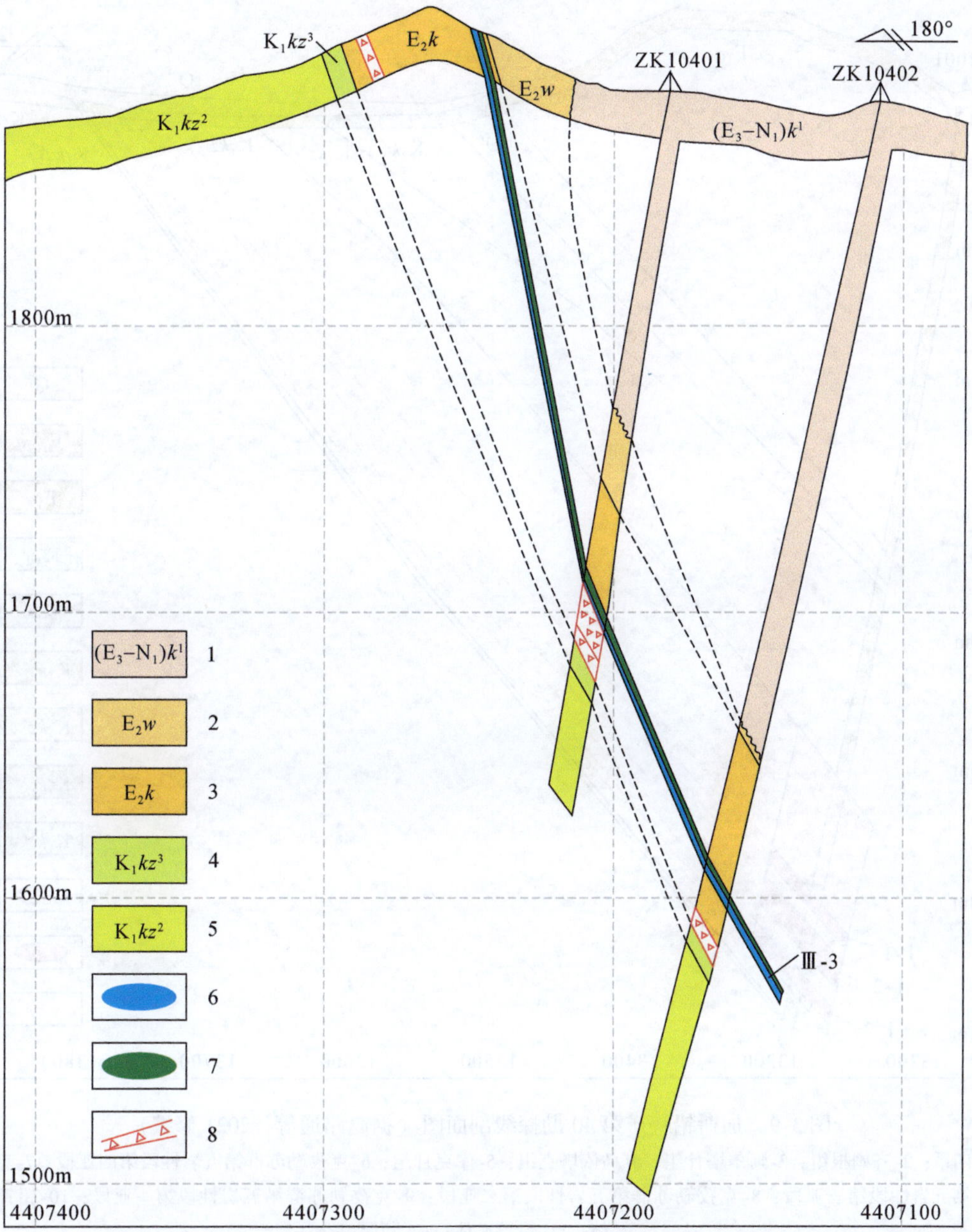

图 3-8　托帕铅锌铜矿第 104 勘探线剖面图（据赵路通等，2021 修编）

1-克孜洛依组下段；2-乌拉根组；3-卡拉塔尔组；4-克孜勒苏群第三岩性段；5-克孜勒苏群第二岩性段；6-铜矿化体；7-铜矿体；8-断层破碎带

向变化大，近地表仅表现为矿化（品位为 0.06%～0.15%），深部多为矿体（品位为 0.62%～3.93%）。厚度沿走向变化小，一般为 1.74～7.53m，倾向上变化较大，由浅到深有变厚趋势（地表为 0m，深部为 1.80～14.42m）。

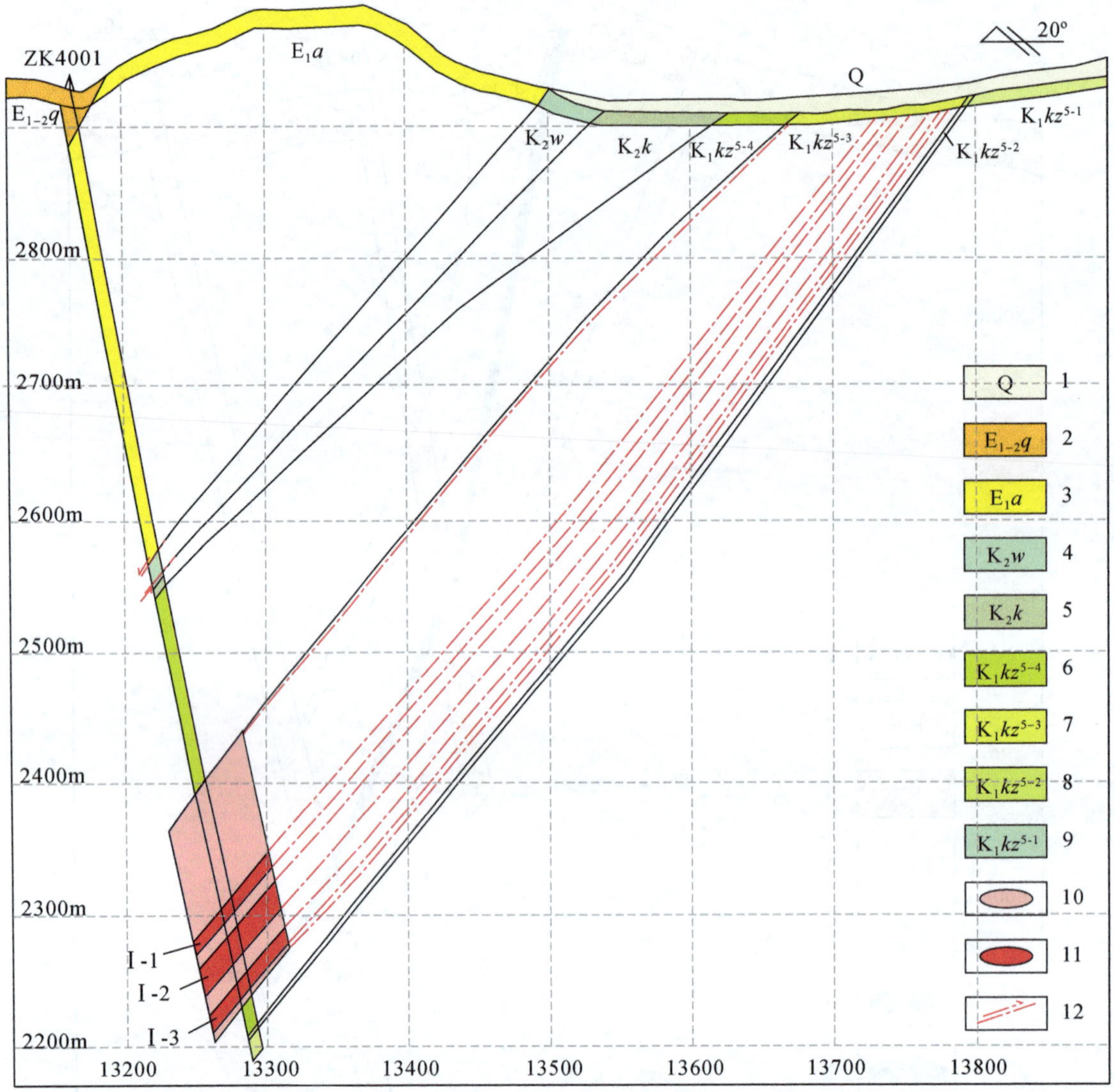

图3-9　加斯铅锌矿第40勘探线剖面图（据赵路通等，2021修编）

1-第四系；2-齐姆根组；3-阿尔塔什组；4-乌依塔克组；5-库克拜组；6-克孜勒苏群第五岩性段第四亚段；7-克孜勒苏群第五岩性段第三亚段；8-克孜勒苏群第五岩性段第二亚段；9-克孜勒苏群第五岩性段第一亚段；10-铅锌矿化体；11-铅锌矿体；12-断层

Ⅰ-1号锌矿体：矿体长度为605m，水平宽度为582m，平均厚5.11m，单样Zn的品位为0.55%～3.04%，最高Zn的品位为3.04%，平均品位为1.93%，Pb的矿化品位为0.16%～0.27%。

Ⅰ-2号锌矿体：矿体长度为100m，水平宽度为100m，单样Zn的品位为0.54%～1.72%，最高Zn的品位为1.72%，平均品位为0.86%，Pb的矿化品位为0.11%～0.27%。

Ⅰ-3号锌矿体：矿体长度为100m，水平宽度为100m，单样Zn的品位为0.62%～3.93%，最高Zn的品位为3.93%，平均品位为1.53%，Pb的矿化品位为0.10%～0.44%。

Ⅱ号锌矿体：矿体产于 K_1kz^{5-3} 灰白色、黄灰色块状砾岩、砂砾岩、含砾砂岩及砂岩中，上下部围岩均为砂岩、泥岩，矿体走向上呈似脉状产出，由浅到深有变富变厚趋势。矿体产状为170°~255°∠45°~52°，总体呈北西西-南东东向展布。矿体长度为100m，平均厚3.99m，平均品位为0.88%。地表铅以氧化物为主，平均Pb品位为0.133%，Zn的品位为0.1%~0.2%，仅表现为矿化。

2. 西南段铜矿（化）体

CuⅠ矿体：矿体地表呈东西向延伸长约225m，水平厚度为1.90m，Cu的平均品位为1.4%。矿体主要呈似层状、透镜状产于 N_1a^{1-1} 中部灰绿色厚层块状岩屑石英砂岩中，上下盘均为褐红色粉砂质泥岩。矿体产状与地层产状基本一致，倾向为160°~170°，倾角为55°~65°，局部倒转北倾。该矿体南侧施工钻孔（202.3m）未见矿体向深部有明显延伸，仅有少量岩心样品具有Cu 0.01%~0.03%微弱矿化。铜矿化主要表现为浸染状孔雀石化，局部可见团块状辉铜矿，铜矿化与植物碎片的含量呈正相关性，围岩蚀变较弱。

CuⅡ矿化体：矿化体地表呈东西向延伸长约405m，水平厚度为0.86m，Cu的平均品位为0.26%。铜矿化体呈似层状产于 N_1a^2 褐红色、灰绿色杂色泥岩夹砾岩、砂岩层中，上下盘均为褐红色粉砂质泥岩。矿体产状与地层产状基本一致，倾向为160°~170°，倾角为55°~70°，局部倒转北倾。铜矿化主要表现为浸染状孔雀石化，局部可见团块状辉铜矿，围岩蚀变较弱。

三、矿石特征

（一）矿石类型

根据金属矿物化学成分的差异，乌拉根和加斯矿区铅锌矿石类型分为氧化物型和硫化物型，其中氧化物型矿石是矿区近地表的重要矿石类型，矿床氧化深度一般可达50~100m，并通过较大范围的半氧化带逐渐过渡为硫化物型矿石。

根据赋矿围岩岩性乌拉根和加斯矿区矿石分为砂砾岩型和碳酸盐型两种，其中乌拉根矿区砂砾岩型矿石产于 K_1kz^5 灰白色砂砾岩中，碳酸盐型矿石主要位于 E_1a 底部的角砾灰岩中，以砂砾岩型矿石为主。碳酸盐型矿石在乌拉根北矿带分布范围要远远大于南矿带的分布。

托帕矿区铅锌矿石也分为砂砾岩型和碳酸盐型两种，其中砂砾岩型矿石产于 K_1kz^1 和 K_1kz^3 灰白色砂砾岩中，碳酸盐型矿石主要位于 E_2k 底部的角砾灰岩中，矿区矿石类型也以砂砾岩型矿石为主。托帕和加斯矿区铜矿石均主要为砂砾岩型，其中加斯矿区铜矿石特征与吾合沙鲁铜矿区矿石特征一致（见第四章第三节），此处不再详细叙述。

（二）矿石矿物组合

乌拉根铅锌矿区矿石中矿物组合比较简单，金属矿物主要为闪锌矿和方铅矿，氧化物型矿石中可见菱锌矿、白铅矿和少量褐铁矿和黄钾铁矾，硫化物型矿石中局部可见少量的白铁矿和黄铁矿。脉石矿物以方解石为主，还可见少量的白云石、伊利石、石膏和天青石等。

托帕铅锌铜矿区和加斯铅锌矿区铅锌矿石主要金属矿物成分为方铅矿，其次为闪锌矿、白铁矿和黄铁矿，偶见孔雀石、辉铜矿和黄铜矿。托帕铅锌铜矿区铜矿石主要金属矿物为孔雀石、赤铁矿和褐铁矿，钻孔中可见少量辉铜矿、黄铜矿和斑铜矿。脉石矿物以方解石为主，还可见少量的白云石、伊利石、石膏等。

菱锌矿：该矿是氧化矿石中最主要的锌金属矿物，在矿石中分布不均匀，局部较富集。主要以不规则粒状、脉状、皮壳状等形式嵌布于脉石矿物粒间或裂隙，粒度一般为0.005～1.2mm，常与褐铁矿、闪锌矿、白铅矿共生或伴生，在粗粒菱锌矿中时常可见微细粒褐铁矿和闪锌矿等矿物的交代残余体或包裹体。

白铅矿：该矿是氧化矿石中较重要的铅金属矿物，在矿石中分布不均匀，局部较富集。主要以不等粒状、脉状嵌布于脉石矿物粒间或裂隙，少量呈皮壳状包裹方铅矿和脉石矿物，粒度一般为0.005～0.4mm。白铅矿在矿石中与脉石矿物的嵌布关系最为紧密，只有少量的白铅矿与闪锌矿、菱锌矿、方铅矿共生在一起，另外可见少量白铅矿胶结细粒脉石矿物。

闪锌矿：该矿手标本上呈浅棕色-淡棕黄色，大部分以他形粒状呈浸染状分布于砂砾岩型矿石的砂、砾之间，粒度一般为0.02～0.1mm，集中于0.02～0.05mm，部分呈斑点状、团块状、细脉状等集合体状沿砾石裂隙充填。碳酸盐型矿石中的闪锌矿多呈不规则集合体状分布于角砾之间胶结物中，局部与方铅矿一起呈脉状、网脉状充填角砾间隙或岩石裂隙，粒度与砂砾岩型矿石中闪锌矿相似，但晶型普遍可达半自形状。闪锌矿是矿区最主要的金属硫化物，常与方铅矿共生，局部与白铁矿和黄铁矿共生并交代后两者。

方铅矿：该矿手标本上呈浅灰色，多与闪锌矿共生，以他形粒状呈浸染状分布于砂砾岩型矿石的砂、砾之间，粒度一般为0.02～0.2mm，集中于0.05～0.1mm，整体粒度较闪锌矿略大。分布于碳酸盐型矿石中的方铅矿多呈自形粒状，粒度一般可达0.2～1.5mm，局部构成块状方铅矿矿石，粒度可达巨晶状（1cm）。矿石中方铅矿总体含量小于闪锌矿，且北矿带含量多于南矿带。

白铁矿、黄铁矿：该矿手标本上呈浅黄白色-黄白色，多数以半自形-他形粒状分布于砂砾岩型矿石的砂、砾之间，粒度一般为0.02～0.2mm，集中于0.05～0.1mm，白铁矿含量远大于黄铁矿，多可见白铁矿围绕黄铁矿产出并被闪锌矿和方铅矿交代。碳酸盐型矿石中白铁矿和黄铁矿含量整体比砂砾岩型矿石要高且粒度更大，一般为0.3～1.0mm，其中黄铁矿多呈自形立方体状，白铁矿呈自形长柱状。局部铁矿和黄铁矿呈团块状聚集体产于方解石晶洞或脉中，二者粒度普遍可达0.5～2mm。

孔雀石：孔雀石主要分布于托帕矿区，手标本上呈淡绿色，多以他形不规则粒状集合体分布于砾石间隙之中，在碳酸盐角砾岩中也多分布于角砾的间隙中，集合体大小为0.05～1.0mm，单体粒度可达1.0mm，一般多集中于0.04～0.4mm。

（三）矿石结构构造

乌拉根、加斯和托帕矿区砂砾岩型矿石构造均以稀疏浸染状构造为主，局部发育稠密浸染状构造、脉状构造和条带状构造等，矿石中金属硫化物含量普遍较少，品位较低。主要构造特征叙述如下。

稀疏浸染状构造：方铅矿、闪锌矿的细晶颗粒呈星散状均匀地分布于砂岩中（图3-10A），是砂岩容矿矿石的典型构造，局部含量>30%，构成稠密浸染状构造（图3-10B）。

图3-10　乌拉根式铅锌矿矿石构造特征

A-方铅矿和闪锌矿呈稀疏浸染状分布于砂岩中，局部闪锌矿呈团块状；B-方铅矿呈稠密浸染状分布于砂岩中；C-砂岩中的方铅矿+闪锌矿细脉；D-方铅矿和闪锌矿呈条带状产出；E-方铅矿和闪锌矿呈细脉状切穿角砾灰岩；F-方解石呈粗脉状产于角砾灰岩中，黄铁矿多沿脉体两侧分布；G-方铅矿呈块状产出；H-角砾灰岩被方铅矿+闪锌矿胶结；I-产于角砾灰岩中的方解石晶洞

脉状构造：金属硫化物呈脉状产于砂岩中，脉体形态不规则但与围岩界线清晰（图3-10C）。

条带状构造：金属硫化物沿着砂岩中的层理进行填充交代，形成条带状构造（图3-10D）。

碳酸盐型矿石中主要发育脉状构造、角砾状构造和晶洞状构造，矿石中金属硫化物含量普遍较高，品位也较高。

脉状构造：该构造是碳酸盐型矿石的典型构造，由金属硫化物沿着碳酸盐裂隙填充形成（图3-10E），脉宽一般为0.5～3mm，局部构成粗脉状（图3-10F），宽度可达5～10cm。

块状构造：方铅矿和闪锌矿呈致密块状集合体状产出，其中方铅矿含量远大于闪锌矿，Pb+Zn 的品位大于 65%（图 3-10G）。

角砾状构造：破碎的灰岩角砾被金属硫化物胶结，金属硫化物主要为闪锌矿和方铅矿（图 3-10H），局部以白铁矿和黄铁矿为主，可见黄铁矿呈粒状集合体或白铁矿呈放射状集合体产于灰岩角砾间隙。

晶洞状构造：灰岩空洞中方解石呈晶簇状产出（图 3-10I），黄铁矿和白铁矿呈自形细粒集合体状产于方解石中。

矿石中金属矿物结构有全自形晶粒状结构、半自形-他形晶粒状结构、环带状结构、胶结结构、交代结构、放射状结构、不规则微细网脉状结构及草莓状结构等，主要结构特征叙述如下。

全自形晶粒状结构：该结构主要发育于碳酸盐型矿石中，闪锌矿呈自形粒状集合体（图 3-11A）或黄铁矿呈自形立方体状（图 3-11B）产于方解石脉中，局部可见自形黄铁矿和白铁矿呈共结晶状产出（图 3-11C）。

半自形-他形晶粒状结构：该结构为砂砾岩型矿石中典型的金属矿物结构，黄铁矿、闪锌矿和方铅矿呈半自形-他形粒状分布于砂砾的间隙（图 3-11D）。

胶结结构：该结构主要发育于稠密浸染状砂砾岩型矿石和碳酸盐型矿石中，闪锌矿和方铅矿呈胶结物状胶结砂砾颗粒（图 3-11E）。

交代结构：该结构主要表现为较晚生成的闪锌矿交代结晶较早的方铅矿、黄铁矿等，其中方铅矿多表现为部分被闪锌矿交代，边缘呈不规则弯曲状，构成交代浸蚀结构（图 3-11F），黄铁矿多被交代成残余岛状，构成交代残余结构（图 3-11G）。

环带状结构：该结构为单颗粒闪锌矿常见结构，由一系列平行晶面的环状条纹带所构成，多数闪锌矿环带存在一个内核，由浅黄色-浅棕黄色细粒闪锌矿组成，向外环闪锌矿颜色逐渐变浅至无色（图 3-11H）；部分黄铁矿也呈同心环带状产出，环带最多可达 20 多条，部分环带间夹有由不透明矿物组成的暗色条带（可能为有机质），环带外部多被闪锌矿和/或白铁矿环绕或交代（图 3-11I）。

放射状结构：该结构为白铁矿独有的结构，表现为由自形长柱状白铁矿聚集在一起构成放射集合体状（图 3-11J），单个白铁矿粒径一般为 0.2 ~ 0.6mm，集合体粒径多在 0.5 ~ 1.5mm。

不规则微细网脉状结构：该结构表现为由微晶黄铁矿构成微细的脉状（脉宽一般 <0.002mm），进而由微细脉相互连接构成麻团状集合体（图 3-11K）。

草莓状结构：该结构为黄铁矿独有的结构，表现为由粒径、形态相似的黄铁矿微晶聚集在一起形成的球形集合体（图 3-11L），集合体粒径一般为 2 ~ 5μm，个别可达 50μm，组成草莓状黄铁矿的微晶的直径一般在 0.1 ~ 1μm，部分草莓状黄铁矿已发生一定程度的重结晶。

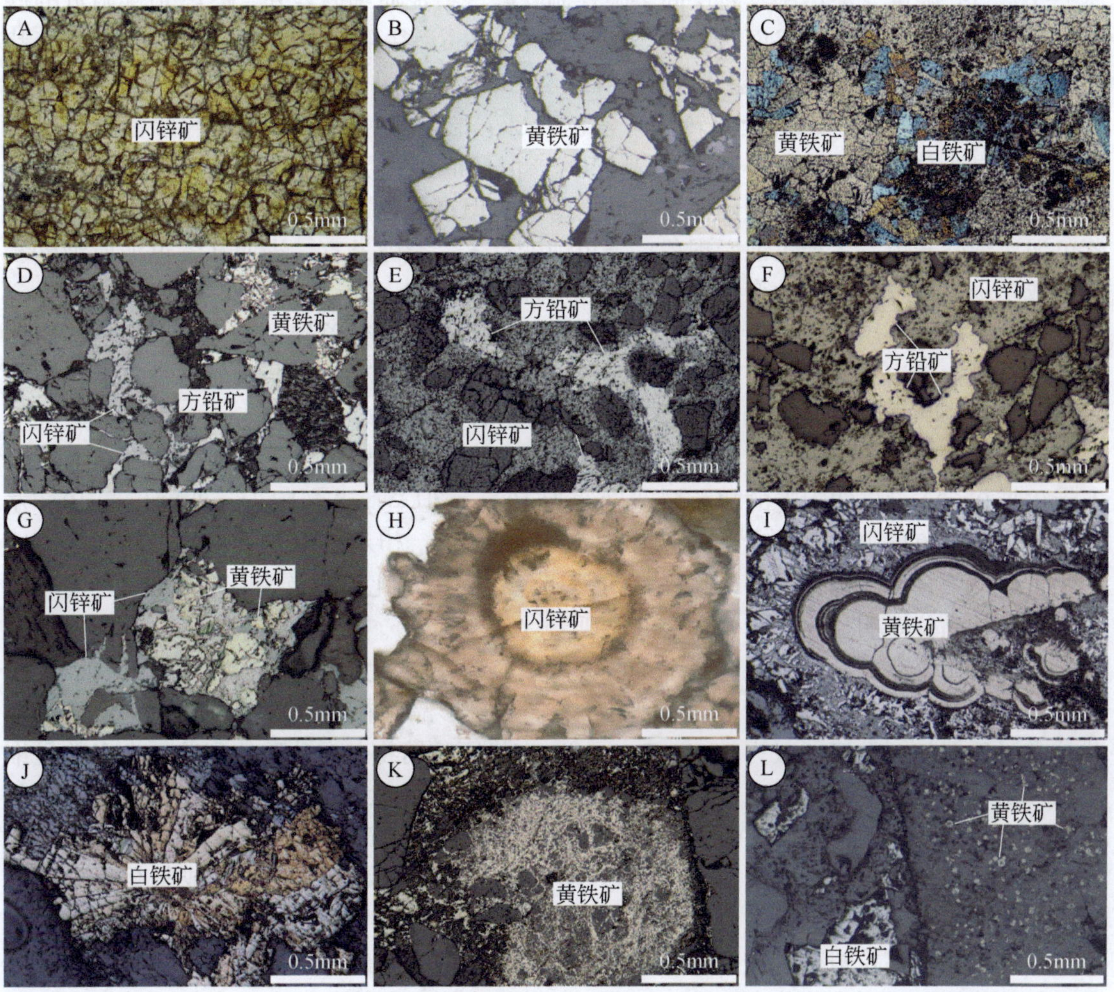

图 3-11　乌拉根式铅锌矿矿石结构特征

A-闪锌矿呈自形细粒状集合体；B-自形立方体状黄铁矿；C-自形黄铁矿与白铁矿呈共结晶状；D-闪锌矿、方铅矿和黄铁矿呈半自形−他形粒状充填砂砾间隙；E-方铅矿和闪锌矿胶结砂砾；F-方铅矿颗粒边缘被闪锌矿交代；G-黄铁矿被闪锌矿交代；H-闪锌矿的同心环带状结构；I-黄铁矿的环带状结构，环带之间发育黑色有机质条带；J-白铁矿呈放射状集合体状；K-他形黄铁矿的微细脉状集合体；L-草莓状黄铁矿

四、围岩蚀变

乌拉根、加斯和托帕矿区围岩蚀变特征主要表现在宏观和微观两个层面：宏观层面主要表现为富矿围岩 K_1kz 的大规模褪色蚀变；微观层面主要表现为碳酸盐化、黄铁矿化、天青石化、石膏化和沥青化，其中碳酸盐化与铅锌成矿关系最为密切，主要蚀变特征叙述如下。

K_1kz 的大规模褪色蚀变主要发育于其顶部 K_1kz^5 和中上部 K_1kz^3（图 3-12A）层位，整体上受岩石孔隙度、渗透率及岩层间裂隙控制。除一些泥质细砂岩外，K_1kz 顶部附近的砂岩、含砾砂岩全部褪色，呈面状发育，宽度一般>50m，往下褪色蚀变逐渐减弱，由面状褪色变为灰白色–紫色交错互层状（图 3-12B），并且随着层位的下移，紫色层的数量逐渐增多、厚度逐渐增大，最后全部转化为紫色砂砾岩层。褪色的灰白色层与紫色层是过渡的，两者界线总体上与层位一致（图 3-12C），但局部呈穿层状。在褪色的厚层灰白色砂砾岩中往往夹一些紫色、紫红色泥质细砂岩薄层，但在褪色蚀变较强烈地段，这些薄层的紫色泥质细砂岩也发生褪色蚀变现象，褪色蚀变首先沿裂隙发育，进而在紫色泥质细砂岩边部或角砾边部发生褪色蚀变作用，形成浅灰绿色带或皮壳（图 3-12D、E）。

褪色层与紫色层的砂砾成分组成变化不明显，胶结物成分差异也不大，但褪色灰白色砂岩中有机物气泡和方解石明显增多。整个塔西地区 K_1kz 砂砾岩层发育东西向总长约有 77km 的褪色蚀变现象，反映出其曾经历了大规模的流体活动，但褪色蚀变在各个矿区呈不均衡式分布，在南北方向上乌拉根矿区北矿带褪色层规模整体大于南矿带，在东西方向上南矿带 0～23 勘探线附近的褪色层宽度约为 100m，但至康苏河附近，宽度仅剩 10m 左右。褪色灰白色层中主要自生矿物包括方解石、白云石、伊利石以及大量的微晶或隐晶质的黏土矿物集合体。褪色层的矿化程度与其褪色程度成正比，褪色为灰色–灰黑色的砂砾岩层中矿化品位要明显高于灰白色层的砂砾岩（图 3-12F）。

碳酸盐化广泛发育，是各矿区最主要的蚀变类型，主要为方解石，次为白云石，其中白云石一般呈自形晶，方解石多为微细粒自形–半自形晶，在砂砾岩型矿石中主要呈浸染状分布于砾石间，粒度一般为 0.02～0.5mm，交代原胶结物；在碳酸盐型矿石中多数呈细脉状产出（图 3-12G），脉宽一般为 2～5mm，局部呈粗脉状（5～10cm，图 3-12H）或晶洞状、团块状产出（图 3-12I）。在矿石中多数表现为方解石/白云石与金属硫化物共生，亦可见金属硫化物交代方解石/白云石，表明碳酸盐化的发育可能稍早于或与金属矿物的形成同期。

黄铁矿化在乌拉根矿区主要发育于碳酸盐型矿石中，在砂砾岩型矿石中零星发育，多数以细粒他形晶呈浸染状分布于砂砾间隙，部分呈自形立方体状分布于方解石脉中，镜下观察部分自形黄铁矿呈碎裂状，沿裂隙被方解石和闪锌矿交代（图 3-12J），表明其生成顺序略早于或与碳酸盐化蚀变近乎同期。在托帕矿区的富矿砂岩、砂砾岩普遍黄铁矿化，局部见有草莓状、肾状黄铁矿，黄铁矿呈胶结物分布于岩屑或矿物颗粒之间，多为胶状体，结晶程度差，总体上沿岩层具有定向排列的趋势。

天青石化仅见于乌拉根矿区且整体发育较弱，在砂砾岩型矿石中多数以细粒他形–半自形晶呈浸染状与方解石/白云石共生，在碳酸盐型矿石中可呈细脉状、网脉状和团块状产出（图 3-12K），普遍结晶较好。

沥青化仅在乌拉根矿区零星发育，主要沿断裂或层间破碎带/滑脱带分布，穿切北矿带的吾合沙鲁断裂破碎带中有大量干沥青产出，南矿带仅见少量油气物质零星分布于碳酸盐型矿石中（图 3-12L）。

图 3-12　乌拉根式铅锌围岩蚀变特征

A-克孜勒苏群宏观褪色特征；B 和 C-紫红色泥岩与褪色砂岩呈交错互层状；D 和 E-紫红色泥岩局部褪色为灰绿色；F-高品位的灰黑色砂岩与低品位的灰白色砂岩，二者界线呈不规则状；G-呈脉状产出的方解石；H-呈粗脉状产出的方解石；I-团块状产出的方解石；J-自形黄铁矿多发育裂隙，与闪锌矿共生；K-块状天青石产于方解石脉中；L-沿断裂面产出的沥青质

根据矿物组合、矿物结构构造、围岩蚀变类型及相互间穿插关系，可将乌拉根式铅锌矿成矿过程分为热液成矿期和表生氧化期，各期次矿物共生组合及生成顺序见图 3-13。

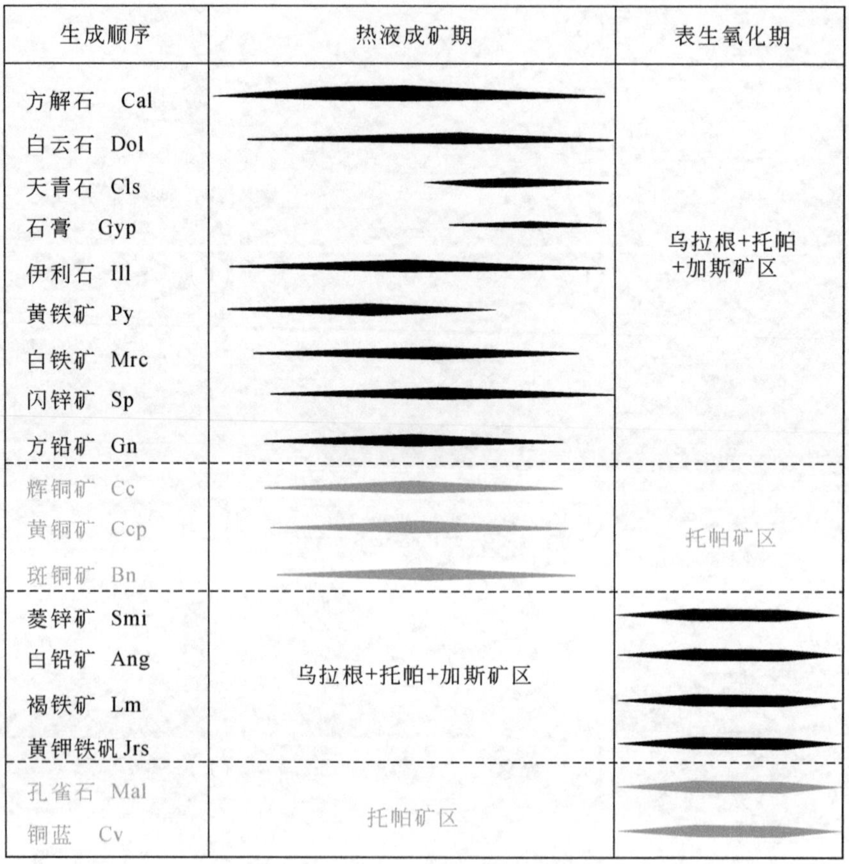

图 3-13　乌拉根式铅锌矿成矿期次划分及矿物生成顺序

第四章　花园式砂岩型铜矿床成矿特征

花园式砂岩型铜矿床以花园小型铜矿为代表，近年来先后勘查评价了吾合沙鲁中型铜矿以及阿克套和吉勒格两个小型铜矿，研究表明，褶皱构造对铜矿床的产出具有明显的控制作用，如吾合沙鲁铜矿和阿克套铜矿分别产于吾合沙鲁向斜的南、北两翼，花园铜矿和杨树沟铜矿受硝尔布拉克向斜的制约，吉勒格背斜和乌拉根断裂控制了吉勒格铜矿的产出（图4-1）。本次主要针对吾合沙鲁铜矿、花园铜矿和吉勒格铜矿展开了研究，各矿区地质特征叙述如下。

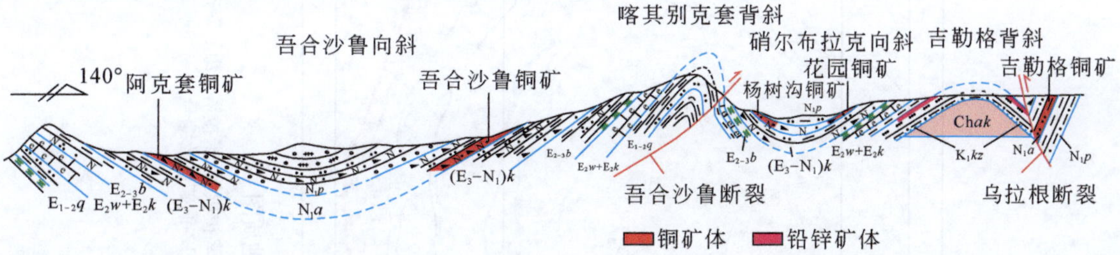

图4-1　阿克套–吾合沙鲁–花园–吉勒格铜矿床构造产出位置简图（据报告①修编）

第一节　矿区地质特征

一、地层

（一）吾合沙鲁铜矿区

吾合沙鲁铜矿区位于库什维克复式向斜次级向斜–吾合沙鲁向斜的南翼，出露的地层主要为新生界和少量中生界（图4-2），各地层单元由老到新特征叙述如下。

1. 中生界

中生界仅包括下白垩统克孜勒苏群，分布于矿区东部，主要岩性为砂岩、砾岩、泥岩等碎屑岩组合，自下而上可划分为5个岩性段，矿区范围仅可见第二至第五岩性段。

第二岩性段（K_1kz^2）：该段岩性为黄褐色厚层块状长石岩屑砂岩、紫红色岩屑砂岩、

---

① 新疆地矿局第二地质大队，2016. 新疆乌恰县萨哈尔—乌拉根一带1：5万区域地质矿产调查报告

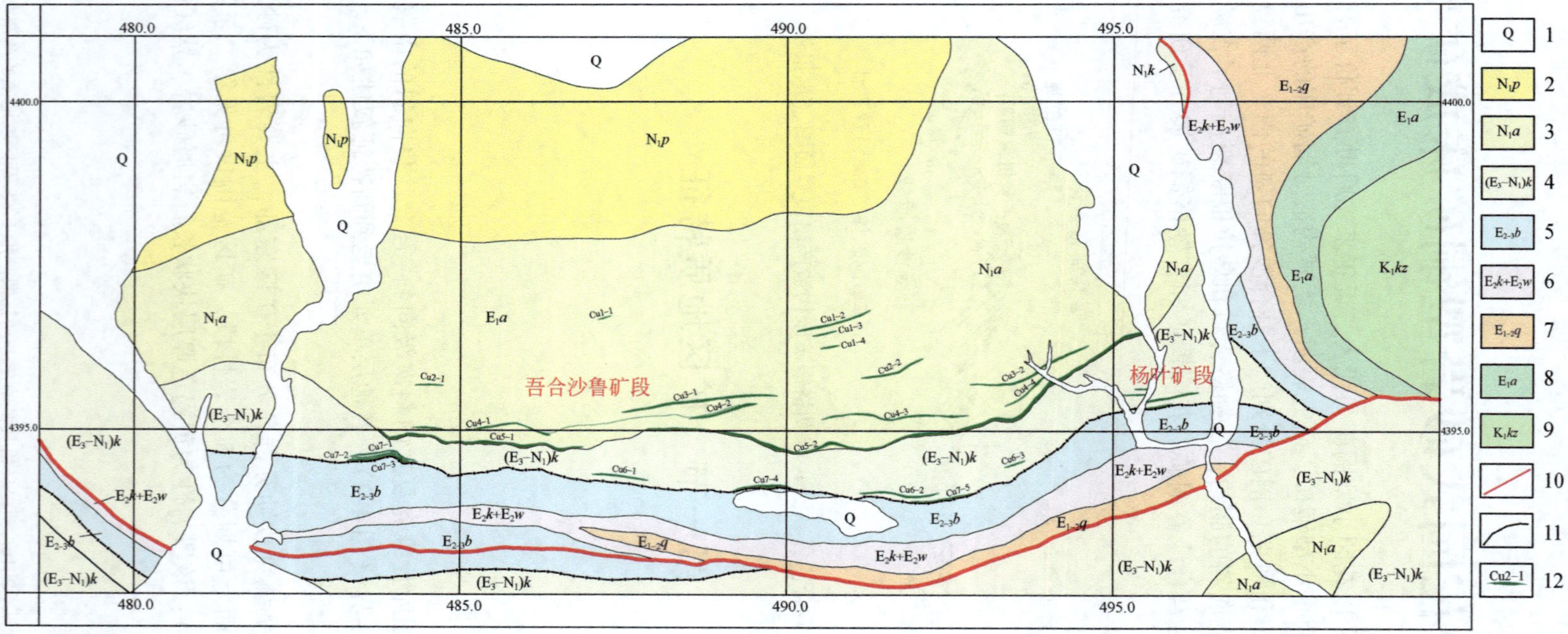

图4-2　吾合沙鲁铜矿矿区地质图

1-第四系；2-帕尔布拉克组；3-安居安组；4-克孜洛依组；5-巴什布拉克组；6-乌拉根组+卡拉塔尔组；7-齐姆根组；8-阿尔塔什组；9-克孜勒苏群；10-断层；11-不整合界线；12-铜矿体及编号

灰白色岩屑石英砂岩与紫灰色泥质粉砂岩、粉砂质泥岩、泥岩互层。

第三岩性段（K_1kz^3）：该段岩性为灰白色、灰黄色块状砂砾岩、含砾砂岩夹岩屑石英砂岩和长石岩屑砂岩。

第四岩性段（K_1kz^4）：该段岩性从下到上为紫红色夹灰绿色薄层状泥岩、紫红色砂岩、含砾砂岩夹砾岩透镜体和紫红色夹灰绿色薄层状泥岩。

第五岩性段（K_1kz^5）：该段岩性从下到上为褐红色块状岩屑砂岩夹砂砾岩、褐红色泥岩和灰白色-灰黄色、褐灰色-褐黄色块状砾岩、砂砾岩、含砾砂岩、岩屑砂岩夹褐红色泥岩。

2. 古近系

依据岩石组合特征可划分出古新统阿尔塔什组、古新-始新统齐姆根组、始新统卡拉塔尔组、始新统乌拉根组和始新-渐新统巴什布拉克组，各组之间均呈整合接触，各组岩性特征分述如下。

阿尔塔什组：该组岩性为白色石膏夹灰白色白云岩和含砾砂岩（砂砾岩），其顶为灰白色块状生物碎屑灰岩，其底部为坍塌角砾岩。该组岩性组合沿走向变化不大，沿倾向厚度具有北厚南薄特点，与下伏 K_1kz 之间呈平行不整合接触。

齐姆根组：该组依据岩性组合可分为上下两个岩性段，其中下段岩性为灰绿色块状钙质泥岩夹灰岩，含小牡蛎化石，上段为褐红色块状膏质泥岩夹少量石膏。

卡拉塔尔组：该组岩性为灰色中厚层状生物灰岩、介壳灰岩和白云质灰岩夹泥岩。

乌拉根组：该组岩性为灰绿色钙质泥岩夹介壳灰岩。

巴什布拉克组：该组岩性为灰白色石膏、紫红色泥岩、膏质泥岩、紫红色砂岩和少量灰绿色岩屑石英砂岩。

3. 新近系

依据岩石组合特征可划分出渐新-中新统克孜洛依组、中新统安居安组和帕卡布拉克组，各组之间均呈整合接触，各组岩性特征分述如下。

克孜洛依组：该组整体为一套滨湖相-浅湖相沉积，根据其岩性组合特征可分为两段。下段［$(E_3-N_1)\ k^1$］主体为灰色、浅灰红色巨厚层块状中细粒岩屑长石砂岩，夹浅灰红色薄层粉砂质泥岩，其底部的灰白色巨厚层块状砂岩为矿区铜矿化层位；上段［$(E_3-N_1)\ k^2$］主体为浅灰红色薄层粉砂质泥岩夹灰色、灰红色中薄层细粒岩屑长石砂岩、长石石英砂岩，中部可见浅灰红色薄层粉砂质泥岩与灰色、灰红色中薄层细粒岩屑长石砂岩互层出现，二者之间层厚比近1∶1。

安居安组：该组整体为一套滨湖相-浅湖相沉积，根据其岩性组合特征可分为3个岩性段。下段（N_1a^1）为灰色、浅灰绿色中厚层状（0.2～0.5m）细粒岩屑长石砂岩与浅灰红色薄层状泥质粉砂岩互层（层厚比1∶2），夹3层灰绿色块状（2～4m）中粒岩屑长石砂岩，三者层厚比近1∶2∶2，向上变为浅灰红色薄层泥质粉砂岩与浅黄绿色、浅灰绿色中厚层（0.2～0.5m）中粒岩屑长石砂岩互层，二者之间层厚比2∶1～3∶1，夹多层巨厚层块状（1～3m）中粒岩屑长石砂岩，局部砂岩层中发育薄层孔雀石矿化；中段（N_1a^2）由4个沉积旋回组成，每个旋回由下至上为灰色中厚层石英细砾岩→含砾粗砂岩（20cm）→灰绿色中粒岩屑长石砂岩→浅灰红色薄层状泥质粉砂岩与浅灰绿色细粒岩屑长石砂岩互层（层厚比 1∶1～2∶1）；上段（N_1a^3）为浅灰红色薄层状泥质粉砂岩与细砂岩互层（层厚比 1∶1），夹多层巨厚层中粒岩屑长石砂岩。

帕卡布拉克组：该组据其岩性及组合特征可分 3 个岩性段，下段（N_1p^1）为灰色复成分砾岩与灰红色细粒长石石英砂岩不等厚互层，彼此夹有对方的透镜体，走向上也易相变，向上砾岩层变薄，砾石变小，下部岩层多具冲刷、底蚀现象；中段（N_1p^2）为灰红色细粒长石石英砂岩夹含砾粗粒岩屑石英砂岩及少量暗红色、灰绿色薄层泥岩与石膏互层；上段（N_1p^3）为细粒岩屑石英砂岩与暗红、紫红色泥岩互层夹砾岩薄层或透镜体，以及少量灰绿色泥岩。

4. 第四系

矿区第四系发育，岩性主要为一套褐灰色、灰色厚层块状复成分砾岩夹紫红色、灰红色粗砂岩、细砂岩薄层或透镜体。砾石粒径一般为 3～6cm，个别达 50cm，多呈次棱角状，少量为次圆状。

（二）花园铜矿区

花园铜矿区位于硝尔布拉克向斜的南翼，出露的地层较为简单，主要为新近系和第四系（图 4-3），各地层单元由老到新特征叙述如下。

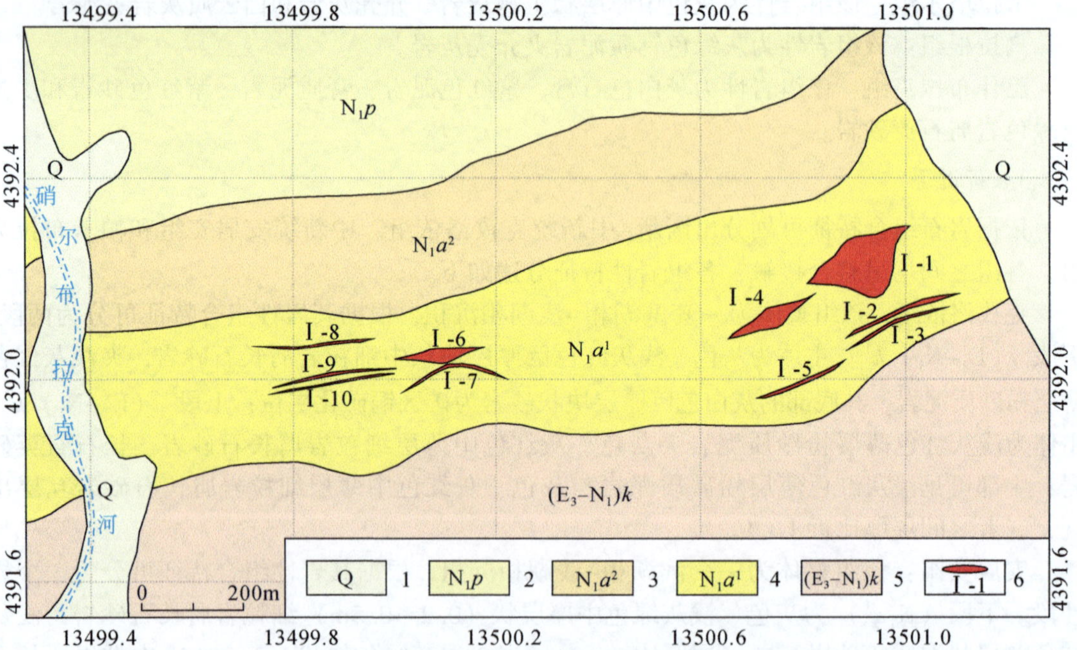

图 4-3　花园铜矿矿区 I 号矿带地质图（据报告①修编）

1-第四系；2-帕尔布拉克组；3-安居安组上段；4-安居安组下段；5-克孜洛依组；6-铜矿体及编号

① 新疆地矿局第二地质大队，2008. 新疆乌恰县花园铜矿普查报告

1. 新近系

依据岩石组合特征可划分出渐新-中新统克孜洛依组、中新统安居安组和帕卡布拉克组，各组之间均呈整合接触。

克孜洛依组：该组岩性以紫红色泥岩为主，夹薄层状褐灰色-灰黄色粉砂岩及细砂岩，下部膏泥岩及石膏较发育。

安居安组：本组为矿区铜矿化层位，岩性主要为湖盆相砂泥岩互层，可细分为两个岩性段。下段（N_1a^1）为一套滨浅湖相，岩性为灰绿色、紫红色砂岩夹泥岩，该段为铜矿化层位；上段（N_1a^2）为一套浅-半深湖夹滨湖相，岩性为褐红色与灰绿色等杂色泥岩夹砾岩、砂岩。

帕卡布拉克组：该组主要为砖红色泥岩，夹薄层褐灰色-灰黄色钙质砂岩、砂砾岩。

2. 第四系

第四系沿河谷及其两岸分布，为古河流阶地冲积物及现代河床冲积物、洪积物。

（三）吉勒格铜矿区

吉勒格铜矿区位于吉勒格背斜的南翼，出露的地层主要为新生界和少量中生界（图4-4），各地层单元由老到新特征叙述如下。

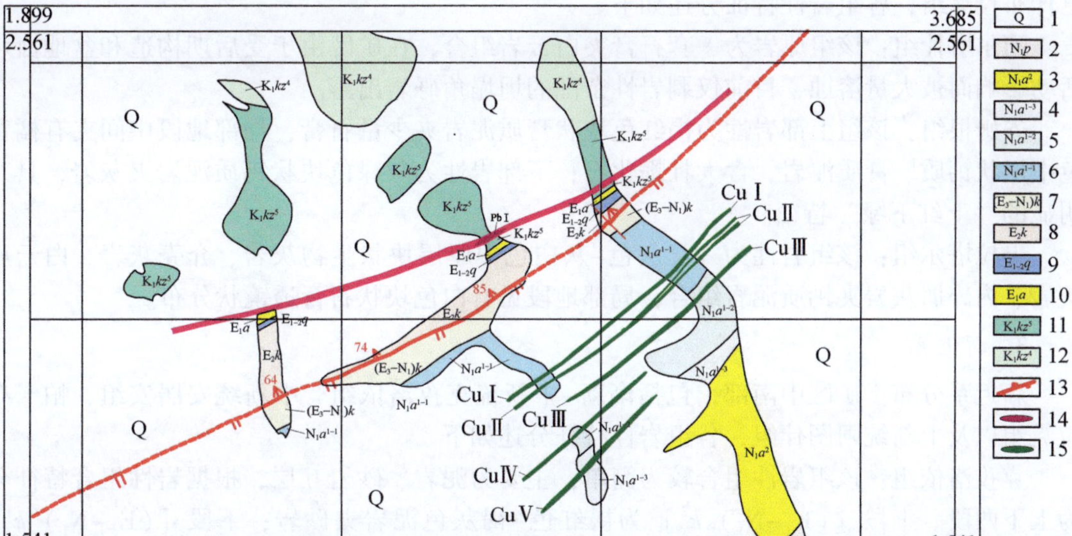

图4-4　吉勒格铜矿矿区地质图（据报告①修编）

1-第四系；2-帕尔布拉克组；3-安居安组上段；4-安居安组下段上亚段；5-安居安组下段中亚段；6-安居安组下段下亚段；7-克孜洛依组；8-卡拉塔尔组；9-齐姆根组；10-阿尔塔什组；11-克孜勒苏群第五岩性段；12-克孜勒苏群第四岩性段；13-断层；14-铅锌矿体；15-铜矿体

① 新疆鑫汇地质矿业有限责任公司，2016. 新疆乌恰县吉勒格地区铜矿普查报告

1. 中生界

中生界仅包括下白垩统克孜勒苏群，分布于矿区北部，主要岩性为砂岩、砾岩、泥岩等碎屑岩组合，自下而上可划分为5个岩性段，矿区范围仅可见第四、第五岩性段。

第四岩性段（K_1kz^4）：该段岩性为一套褐红色-褐灰色砂岩与泥岩互层，局部夹含砾砂岩、砾岩。该段又可划分出3个岩性亚段，矿区仅见第二、第三亚段，K_1kz^{4-2}为褐灰色-浅褐红色厚层块状岩屑石英砂岩、泥岩夹砂砾岩；K_1kz^{4-3}为褐红色块状泥岩。

第五岩性段（K_1kz^5）：该段岩性为一套灰白色厚层状砾岩、砂砾岩、含砾砂岩、砂岩夹少量泥岩，顶部为灰白色-褐黄色块状含铅锌矿化砾岩或砂砾岩。该岩性段主要出露于矿区西部第0～12勘探线之间，其余被第四系覆盖，康苏河以东被断层断失，未见出露。该岩性段可划分出3个岩性亚段，K_1kz^{5-3}为一套灰白色-灰黄色夹褐红、褐灰色块状砾岩、砂砾岩、含砾砂岩、岩屑砂岩（铅锌矿体主要富矿层位）；K_1kz^{5-2}为一套褐红色块状泥岩；K_1kz^{5-1}为一套褐红色、褐黄色、褐灰色块状岩屑砂岩、砂砾岩。

2. 古近系

古近系分布于矿区中部，出露较少，且有部分组、段被断层断失，出露有古新统阿尔塔什组、古新-始新统齐姆根组和始新统卡拉塔尔组，断失始新统乌拉根组和始新-渐新统巴什布拉克组，各组岩性特征分述如下。

阿尔塔什组：该组原岩为一套石膏夹白云岩组合，在矿区由于受后期构造和盆地卤水活动影响而被大量溶蚀，目前仅剩岩性杂乱的坍塌角砾岩出露。

齐姆根组：该组上部岩性为褐红色块状膏质泥岩夹少量石膏，局部地段中间夹有橘黄色中层状钙质、膏质泥岩，含大牡蛎化石；下部岩性为灰绿色块状钙质泥岩夹灰岩，具有明显的“上红下绿”特征。

卡拉塔尔组：该组岩性为一套灰色-灰白色中厚层块状生物灰岩、介壳灰岩、白云质灰岩、内碎屑灰岩夹钙质泥岩组合，局部地段见有白色块状石膏透镜状分布。

3. 新近系

新近系分布于矿区中南部，包括渐新-中新统克孜洛依组、中新统安居安组、帕卡布拉克组以及上新统阿图什组，各组岩性特征分述如下。

克孜洛依组：该组岩性组合较为简单，主要为泥岩、砂岩互层，根据岩性组合特征分为上下两段。上段［$(E_3-N_1)k^2$］为褐红色-褐灰色泥岩夹砂岩；下段［$(E_3-N_1)k^1$］为褐红色-褐灰色砂岩夹泥岩。

安居安组：该组岩性主要为湖盆相砂泥岩呈互层状分布，根据岩性组合特征分为上下两段。上段（N_1a^2）为褐灰色砂岩、泥岩互层；下段（N_1a^1）为灰绿色块状含铜灰绿色砂岩与褐红色泥岩互层，含铜灰绿色砂岩主要分布在康苏河以西，以东则分布较少，本段为矿区铜矿化层位，其又可划分出明显的3个岩性亚段。N_1a^{1-1}：岩性为灰绿色块状岩屑石英砂岩夹褐红色块状泥岩，为主要的铜赋矿层位，上部为孔雀石化集中发育地段。N_1a^{1-2}：岩性为褐红色块状泥岩夹灰绿色岩屑砂岩，局部孔雀石化发育。N_1a^{1-3}：岩性为灰绿色块状岩屑石英砂岩夹褐红色薄层状泥岩，局部孔雀石化发育。

帕卡布拉克组：该组为一套泥岩、(含砾）砂岩和砾岩组合，根据岩性组合特征可分为4个岩性段。N_1p^4：岩性为褐红色-褐灰色砂岩、泥岩互层。N_1p^3：岩性为褐红色-褐灰色砾岩、砂砾岩。N_1p^2：岩性为褐红色-褐灰色砂岩、泥岩互层。N_1p^1：岩性为褐红色-褐灰色砾岩、砂砾岩。

阿图什组：该组岩性主要为一套砾岩夹砂泥岩组合。

4. 第四系

第四系主要分布在矿区康苏河以西广大地区，基岩露头较少，主要为冲洪积砾石、砂、亚砂土等。

二、构造

（一）吾合沙鲁铜矿区

1. 褶皱

吾合沙鲁向斜：矿区整体位于吾合沙鲁向斜南翼，该向斜沿阔克柏勒-吾合沙鲁一带呈北西-南东向并向南西方向轻微凸起的弧形弯曲状展布，长约48km，最宽可达17km。向斜枢纽在吾合沙鲁以东向西南倾伏，倾伏角为0°~5°，在吾合沙鲁以西向东南倾伏，向西北方向缓缓抬升。该向斜在遥感影像上清晰可辨，发育明显的同心环状构造。向斜核部主体由第四系组成，吾合沙鲁以西地区核部由N_1p组成。向斜核部地层平缓，倾角一般小于30°，多为15°~20°，局部近水平。向斜北翼地层较为完整，由J-N组成，南翼由于遭受吾合沙鲁断裂的破坏，缺失了J-K。两翼地层倾角由核部向两翼逐渐变陡，一般为15°~65°，总体上北翼倾角大于南翼，轴面有向北倾的趋势，其中南翼发育有次一级的喀其别克套背斜。

喀其别克套背斜：该背斜位于吾合沙鲁向斜南翼，沿吾合沙鲁-夏特托一带展布。背斜核部地层为$E_{1-2}q$，两翼地层为E_2k和$E_{2-3}b$，其中北翼地层倾角为35°~50°，南翼地层倾角为50°~65°，北陡南缓，轴面北倾。该背斜以喀其别克套为界，可以分为东西两段。西段枢纽向西倾伏，其西侧为第四纪冲积物覆盖，东侧尖灭于吾合沙鲁断裂之上，出露长度6.5km；东段枢纽为北东东-南西西向，其东西两侧均尖灭于吾合沙鲁断裂之上，出露长度4km，东段南翼地层受吾合沙鲁断裂破坏，仅出露$E_{1-2}q$部分。

2. 断裂

吾合沙鲁断裂：该断裂为矿区最主要断裂，主体沿硝尔布拉克-喀其别克套-吾合沙鲁一带展布，走向近东西向，中段呈南南东向微微凸起，向西没入克孜勒苏河，向东延至乌拉根铅锌矿区。断层北侧各地层向南掩压在$E_{2-3}b$和（E_3-N_1）k之上（图4-5）。遥感影像上该断裂呈线形构造，地貌上形成一系列陡崖、陡坎及负地形，沿断裂发育一条宽为2~6m的破碎带。

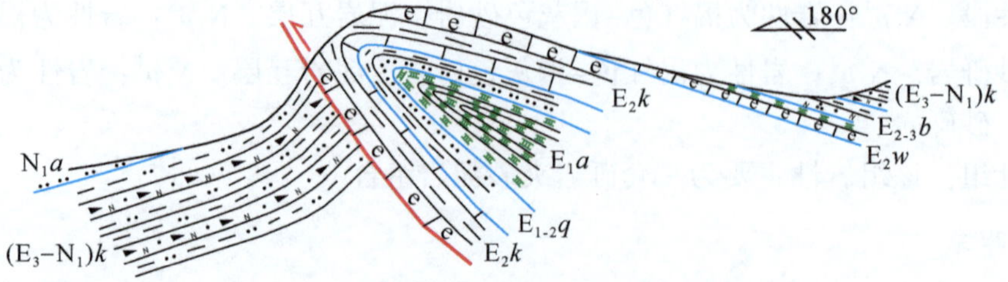

图4-5 吾合沙鲁断裂地表出露剖面图

（二）花园铜矿区

硝尔布拉克向斜：矿区整体位于硝尔布拉克向斜南翼，该向斜枢纽呈西南方向倾伏，两侧均延出矿区。向斜核部地层为 N_1p，产状平缓，倾角为8°~20°，局部水平。两翼地层为 N_1a 和（E_3-N_1）k，南翼地层出露完整，北翼受吾合沙鲁断裂破坏，缺失（E_3-N_1）k 底部层位。地层倾角由核部向两翼逐渐变陡，北翼倾角大于南翼，轴面总体北倾。

（三）吉勒格铜矿区

吉勒格背斜：该背斜以乌拉根隆起为基底，总体呈一披覆式背斜形态产出，核部地层为 Cha*k* 石英片岩，南北对称产出为 K_1kz、E_1a、$E_{1-2}q$、E_2k、E_2w、$E_{2-3}b$、（E_3-N_1）k 和 N_1a，宏观上形成一马鞍状构造。

乌拉根断裂：该断裂为分布于乌拉根隆起南侧的一条规模较大的逆断层，区内延伸长度达4.6km，走向为45°~55°、断面北倾，倾角为45°~85°。该断层的上盘为 K_1kz^5 上部的灰白色、黄灰色块状砾岩、砂砾岩及含砾砂岩，由于构造作用造成其产状直立甚至倒转，向深部极有可能将其截切。矿区东部断失了 K_1kz^5，使得矿（化）体规模减小，同时该断层亦造成下盘 N_1a^1 中灰绿色块状砂岩层发生倒转。

三、岩浆岩

各铜矿区尚未发现有岩浆岩的出露，只在吉勒格铜矿区西侧肖尔布拉克河下游 Cha*k* 石英片岩中见有呈岩床或岩墙状侵入的辉绿玢岩和多条辉绿岩脉，出露宽度一般为5~10m，呈近南东-正南向延伸1.6km，向北至白垩系止，向南插入第四系沟谷内部。辉绿岩与围岩界线较平直，具辉绿结构或辉长辉绿结构，其侵位特征呈小角度斜切地层产出。脉岩两侧的原岩均存在普遍的褪色蚀变现象，属于接触变质岩，岩石颜色由深绿色变为灰（白）色，褪色带随脉岩产状的变化而变化，宽度一般为0.1~1m。

第二节　矿区地球化学特征

一、元素特征值

（一）吾合沙鲁-花园铜矿区

吾合沙鲁-花园地区1∶5万水系沉积物测量结果显示，该区全域水系沉积物各元素均值与地壳克拉克值（泰勒）相对比，浓度克拉克值（KK）大于1具有相对富集的元素为Pb、Ag、Ba、As、Sb和Bi，其Kk分别为2.19、1.22、1.42、4.52、3.90和1.76；呈全区背景值特征分布的元素为Cu、Mo、Zn、Sr、Cd，其Kk分别为0.45、0.66、0.67、0.72、0.55，呈相对贫乏的元素为Au，其Kk为0.31。本区相对地壳克拉克值比较呈区域性富集状态的元素主要为Pb，成矿元素及前缘晕元素为Ag、As、Sb（Bi），反映沉积环境的元素Ba也呈区域性富集状态出现，其余元素的丰度值相对地壳克拉克值相对较低。CV大于1的元素为Cu，其CV为2.29，属于强分异型元素；除元素Cu外，其余元素CV均小于1，属均匀型元素。从上述特征可以看出本区Pb、Ag、Ba、As、Sb、Bi元素背景值与地壳克拉克值（泰勒）相比，Kk大于1，具区域性相对富集特征；元素Cu的CV较大，说明该元素在区域上分布极不均匀，具有在局部地段形成富集与分散特征。

（二）吉勒格铜矿区

吉勒格铜地区1∶2.5万沟系次生晕测量结果显示，该区沟系次生晕残坡积物中各元素均值与地壳克拉克值（泰勒）相对比，浓度克拉克值大于1具有相对富集的元素为Pb、Ag、As和Sb，其Kk分别为2.17、1.21、4.34和3.6；呈全区背景值特征分布的元素主要为Zn，其Kk为0.83；呈相对贫化的元素为Cu、Sr，其Kk均<1。本区相对地壳克拉克值比较呈区域性富集状态的元素主要为Pb、Ag、As、Sb元素。CV大于1的元素为Cu，其CV为1.41，属强分异型元素，其他元素CV均小于1，属均匀型元素。元素Cu的CV较大，说明该元素在区域上分布极不均匀，具有在局部地段形成富集与分散特征。

二、元素组合特征

（一）吾合沙鲁-花园铜矿区

根据R-型聚类分析（表4-1）可知，在相关系数为0.40的水平上，吾合沙鲁-花园全区元素组合可分为两组：第一组为As-Sb-Mo-Sr-Ba-Cd元素组合，第二组为Cu-Bi-Zn-Pb-Ag元素组合，元素Au为单组。在第一组内元素As、Sb之间相关程度较高，相关系数大于0.75，元素Mo、Sr、Ba之间相关程度较高，相关系数大于0.6；在第二组内，元素Cu、Bi、Zn之间相关程度较高，相关系数大于0.55，元素Pb、Ag之间相关程度较高，相关系数大于0.55。

表 4-1 吾合沙鲁-花园矿区 R-型聚类分析谱系图表

测区	连接元素	相关系数	谱系图（$F_{0.05}$=0.40）
吾合沙鲁-花园矿区 N=3518	As—Sb	0.767	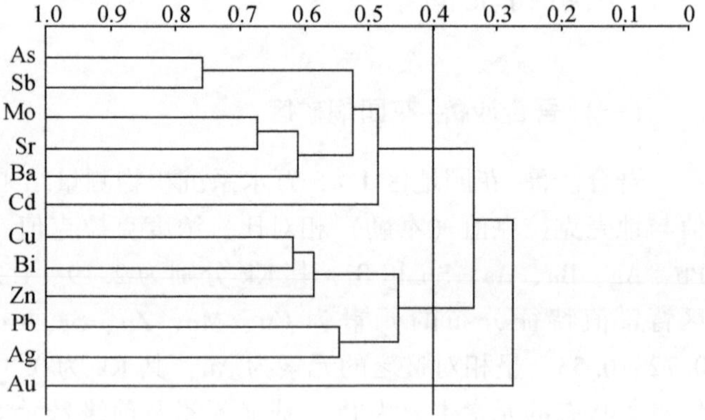
	Mo—Sr	0.681	
	Cu—Bi	0.634	
	Mo—Ba	0.616	
	Cu—Zn	0.595	
	Pb—Ag	0.563	
	Mo—As	0.530	
	Mo—Cd	0.499	
	Cu—Pb	0.468	
	Cu—Mo	0.346	
	Cu—Au	0.281	

（二）吉勒格铜矿区

根据R-型聚类分析（表4-2）可知，在相关系数为0.25的水平上，吉勒格全区元素组合主要分为两组：第一组为Pb-Zn-Cu元素组合，第二组为As-Sb-Sr-Ag元素组合。在第一组中，元素Pb、Zn之间相关程度较高，相关系数大于0.65；在第二组中，元素As、Sb、Sr之间相关程度较高，相关系数大于0.5。从元素组合特征可知，元素Pb-Zn-Cu组合主要反映出成矿元素组合，元素As-Sb-Sr-Ag组合可能反映出与热液蚀变作用有关的元素组合特征。

表 4-2 吉勒格矿区 R-型聚类分析谱系图表

测区	连接元素	相关系数	谱系图（$F_{0.05}$=0.25）
吉勒格矿区 N=574	Pb—Zn	0.676	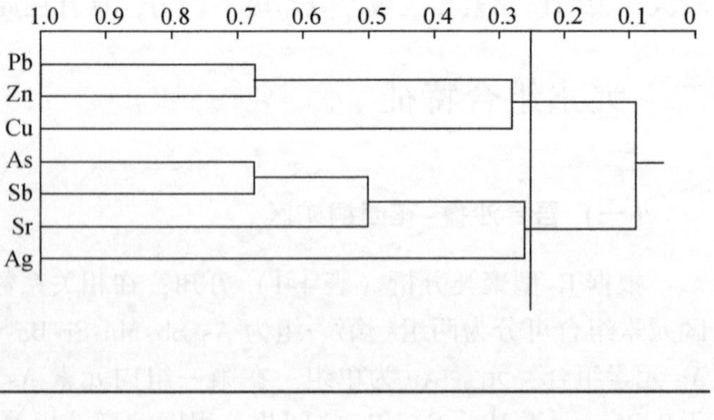
	As—Sb	0.674	
	Sr—As	0.507	
	Cu—Pb	0.281	
	Ag—Sr	0.266	
	Cu—Ag	0.098	

三、综合异常特征

（一）吾合沙鲁-花园铜矿区

1∶5 万水系沉积物测量在吾合沙鲁-花园地区获得了以 Cu、Sr 为主的综合异常，整体上可分为南、北两个异常带。

南部异常带以 Cu、Sr 为主，伴生有 Cd、Bi、Ag、Pb、Zn 元素异常，整体上沿乌拉根向斜南翼呈近东西向展布，长约 13.6km，宽约 2.5km，充分反映出花园矿带的空间分布形态、规模及延展方向（图 4-6）。异常各元素套合较好，具有多个异常中心。其中 Cu 元素规模较大，极值点为 223×10^{-6}，呈三级浓度分带；Cd 异常规模相对较大，呈二级浓度分带；Ag 异常规模相对较大，呈二级浓度分带。在该异常带东部浓集中心经检查发现花园铜矿，西部浓集中心经检查发现吾东铜矿点。

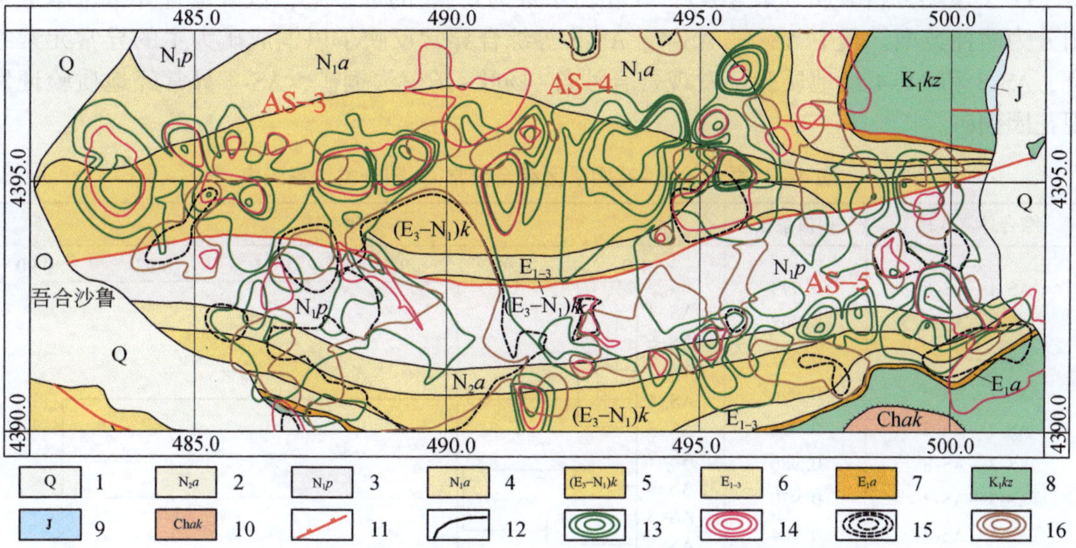

图 4-6 吾合沙鲁-杨叶-花园地区地球化学综合异常图

1-第四系；2-阿图什组；3-帕尔布拉克组；4-安居安组；5-克孜洛依组；6-巴什布拉克组+乌拉根组+卡拉塔尔组+齐姆根组；7-阿尔塔什组；8-克孜勒苏群；9-侏罗系；10-阿克苏群；11-断层；12-不整合界线；13-Cu 元素异常（30×10^{-6} ~ 60×10^{-6} ~ 120×10^{-6}）；14-Ag 元素异常（130×10^{-9}）；15-Mo 元素异常（1.5×10^{-6}）；16-Ba 元素异常（950×10^{-6}）

北部异常带以 Cu、Sr 为主，伴生有 Zn、Ag、Ni、Co、Pb、Zn、Cd 元素异常，整体上沿吾合沙鲁-杨叶一带呈近东西向展布，长约 9.5km，宽约 1.9km，充分反映出吾合沙鲁-杨叶-杨树沟矿带的空间分布形态、规模及延展方向（图 4-6）。异常规模较大、强度较高，且异常套合较好，具有三级浓度分带及明显的浓集中心。其中 Cu 元素异常点数 29 个，平均含量为 163.77×10^{-6}，最高值为 382×10^{-6}，为全区峰值，变化系数为 0.79，异常面积为 $6.76km^2$，具有三个明显的浓集中心，其峰值分别为 382×10^{-6}、265×10^{-6}、165.1×10^{-6}，Sr 元素异常由 4 个单元素异常组成，异常点 20 个，平均含量为 2826×10^{-6}，最高值为 10813×10^{-6}，变化系数为 0.70，异常面积为 4.20km^2，具有一个明显的浓集中心，其峰值为 10813×10^{-6}。在该异常带西部和东部异常浓集中心经检查分别发现吾合沙鲁铜矿和杨树沟铜矿。

吾合沙鲁–花园矿区综合异常元素组合基本上可分为 3 组（表 4-3）：第一组元素组合以 As-Sb-Bi 为主；第二组元素组合以 Cu-Ag 和 Pb-Zn 为主，但具有不同的成矿期，一期以 Pb、Zn 成矿作用为主，另一期则以 Cu 成矿作用为主；第三组元素组合以 Mo-Ba 为主。

表 4-3 吾合沙鲁–花园矿区综合异常元素组合特征表

异常编号	样数	临界检验值	相关水平	元素组合		
				第一组	第二组	第三组
AS-3	64	0.25	0.30	As-Sb-Bi-Au	Cu-Ag	Pb-Mo-Ba
AS-4	74	0.24	0.25	As-Sb-Bi-Au	Cu-Ag	Pb-Zn-Mo-Ba
AS-5	34	0.30	0.30	As-Sb-Bi-Au-Ba	Cu-Ag	Pb-Mo-Zn

Q-型聚类分析表明（表 4-4），在相似系数为 0.95 的水平上，该区综合异常基本上可划分为两种类型，其中 AS-3、AS-4、AS-5 等综合异常反映了以铜成矿为主的异常元素组合，AS-3 和 AS-4 经地质验证发现吾合沙鲁–杨叶–杨树沟铜矿，AS-4 异常经地质验证发现花园铜矿。

表 4-4 吾合沙鲁–花园矿区综合异常 Q-型分类谱系图表

综合异常连接	相似系数	Q-型谱系图
AS-4—AS-6	0.999	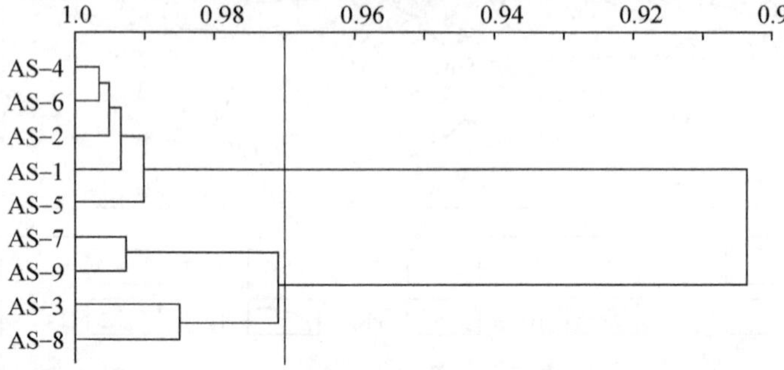
AS-2—AS-4	0.998	
AS-1—AS-2	0.997	
AS-7—AS-9	0.996	
AS-1—AS-5	0.990	
AS-3—AS-8	0.986	
AS-3—AS-7	0.970	
AS-1—AS-3	0.904	

AS-3 综合异常呈东西向带状延展，长约 7km，宽约 5km，面积约 20km^2，是以 Cu、Ag、Mo、Ba 为主，伴有 Pb、Zn、As、Sb、Bi 弱异常的综合异常。该异常规格化面金属量值为 85.3，Cu 异常具浓度分带，峰值为 317×10^{-6}、Ag 异常峰值为 290×10^{-9}、Ba 异常峰值为 2000×10^{-6}、Mo 异常峰值为 4.4×10^{-6}。异常出现分带，Mo、Ba 异常主要出现在 Cu、Ag 异常南侧。

根据 R-型聚类分析（表 4-5）可知，在相关系数为 0.30 的水平上，该异常元素组合主要分为 3 组，第一组为 As-Sb-Bi-Au 元素组合，第二组为 Cu-Ag 元素组合，第三组为 Pb-Mo-Ba 元素组合，元素 Zn 与其他元素相关性较低呈单组。第二组元素组合反映出矿化类型是以 Cu 矿化为主伴有 Ag 元素的组合特征。

表 4-5　吾合沙鲁–花园矿区 AS-3 综合异常谱系图表

综合异常编号	连接元素	相关系数	谱系图（$F_{0.05}=0.30$）
AS-3 $N=64$	As—Sb	0.817	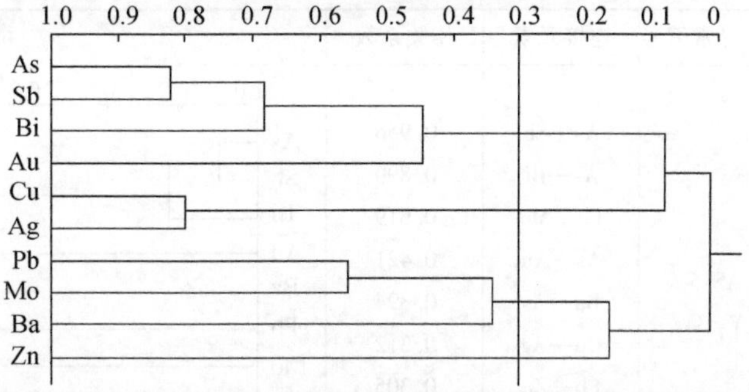
	Cu—Ag	0.798	
	As—Bi	0.686	
	Pb—Mo	0.564	
	As—Au	0.456	
	Pb—Ba	0.344	
	Pb—Zn	0.166	
	Cu—As	0.093	
	Cu—Pb	0.001	

AS-4 综合异常呈东西向带状延展，长约 6km，宽约 5km，面积约 $23km^2$，是以 Cu、Ag、Mo、Ba 为主，伴有 Pb、Zn、As、Sb、Bi 弱异常的综合异常。该异常规格化面金属量值为 153.5，Cu 异常具浓度分带，异常强度大、峰值高为 1827×10^{-6}、Ag 异常峰值为 549×10^{-9}、Ba 异常峰值为 2000×10^{-6}、Mo 异常峰值为 9.3×10^{-6}。异常出现分带，Mo、Ba 异常主要出现在 Cu、Ag 异常南侧。

根据 R-型聚类分析（表 4-6）可知，在相关系数为 0.30 的水平上，该异常元素组合主要分为 3 组，第一组为 Cu-Ag 元素组合，第二组为 As-Sb-Bi-Au 元素组合，第三组为 Pb-Zn-Mo-Ba 元素组合。聚类特征可能说明成矿具有多阶段性，Cu-Ag 组合可能反映铜银矿化阶段，Pb-Zn 组合为另一期矿化阶段，形成多阶段矿化叠加过程。

表 4-6　吾合沙鲁–花园矿区 AS-4 综合异常谱系图表

综合异常编号	连接元素	相关系数	谱系图（$F_{0.05}=0.30$）
AS-4 $N=74$	Cu—Ag	0.659	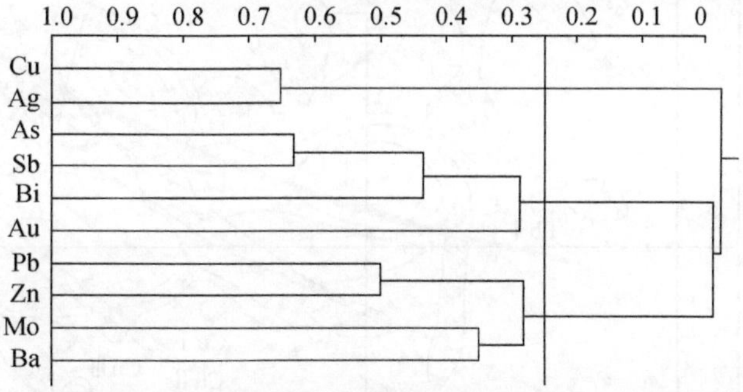
	As—Sb	0.635	
	Pb—Zn	0.503	
	As—Bi	0.435	
	Mo—Ba	0.352	
	As—Au	0.292	
	Pb—Mo	0.288	
	Pb—As	−0.013	
	Cu—Pb	−0.031	

AS-5 综合异常呈面状延展，南北长约 3.5km，宽约 2.5km，面积约 $8km^2$，是以 Cu、Ag、Mo、Ba 为主，伴有 Pb、Zn、As、Sb、Bi 弱异常的综合异常。该异常规格化面金属量值为 37.5，Cu 异常具浓度分带，Cu 异常峰值为 309×10^{-6}、Ag 异常峰值为 521×10^{-9}、Ba 异常峰值为 2000×10^{-6}、Mo 异常峰值为 2.6×10^{-6}。

根据 R-型聚类分析（表 4-7）可知，在相关系数为 0.30 的水平上，该异常元素组合主要分为 3 组，第一组为 As-Sb-Bi-Au 元素组合，第二组为 Pb-Mo-Zn 元素组合，第三组为 Cu-Ag 元素组合。该综合异常聚类特征与 AS-4 综合异常相同，同样说明成矿可能具有多阶段性。

表 4-7 吾合沙鲁–花园矿区 AS-5 综合异常谱系图表

综合异常编号	连接元素	相关系数	谱系图（$F_{0.05}$=0.30）
AS-5 N=34	As—Sb	0.956	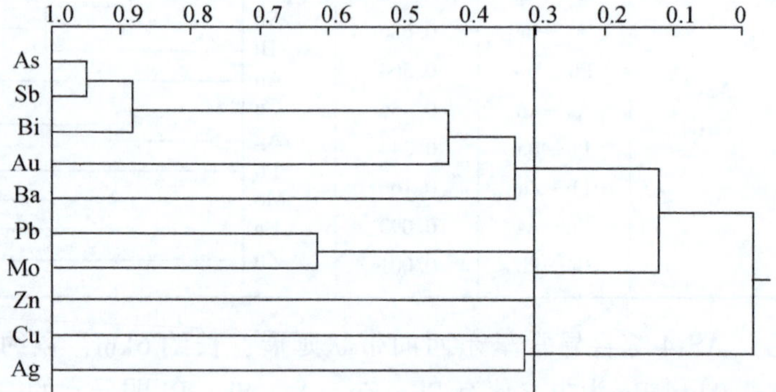
	As—Bi	0.890	
	Pb—Mo	0.619	
	As—Au	0.421	
	Ba—As	0.394	
	Cu—Ag	0.312	
	Pb—Zn	0.305	
	Pb—Ba	0.129	
	Cu—Pb	-0.170	

（二）吉勒格铜矿区

吉勒格铜地区 1∶2.5 万沟系次生晕测量共获得两种类型 4 个综合异常：第一种类型是以 Pb、Zn 为主的多金属元素组合异常，主要呈面状分布于测区北部，综合异常编号依次为 H-1、H-2、H-3、H-5，其中 H-5 综合异常分布于吉勒格矿区北部；第二种类型是以 Cu 元素为主的综合异常，呈浑圆面状分布于矿区中西部，编号为 H-4（图 4-7）。

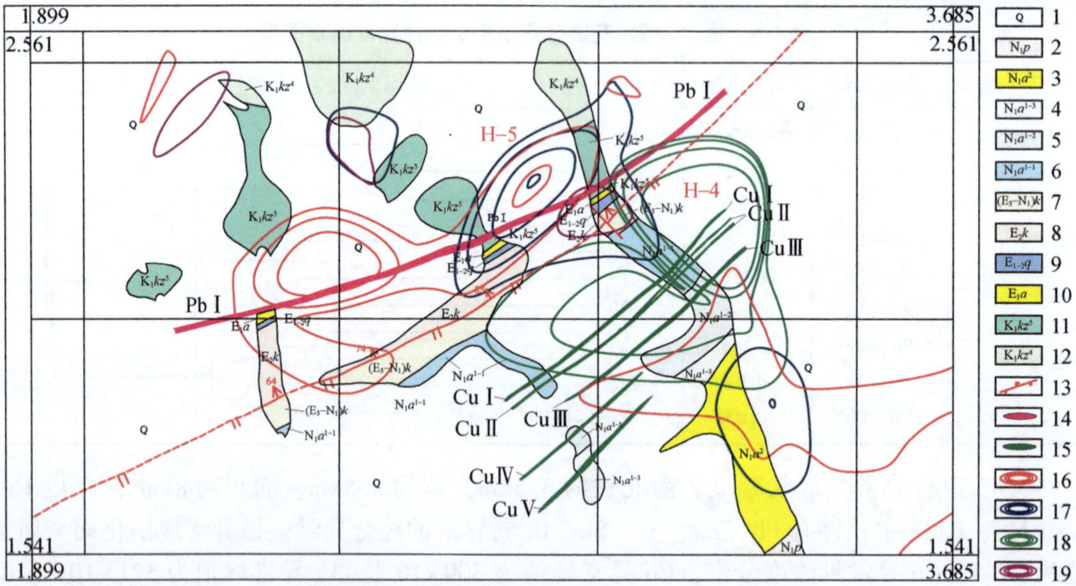

图 4-7 吉勒格地区地球化学综合异常图

1-第四系；2-帕尔布拉克组；3-安居安组上段；4-安居安组下段上亚段；5-安居安组下段中亚段；6-安居安组下段下亚段；7-克孜洛依组；8-卡拉塔尔组；9-齐姆根组；10-阿尔塔什组；11-克孜勒苏群第五岩性段；12-克孜勒苏群第四岩性段；13-断层；14-铅锌矿体；15-铜矿体；16-Ag 元素异常（110×10^{-9} ~ 220×10^{-9} ~ 440×10^{-9}）；17-Pb 元素异常（35×10^{-6} ~ 70×10^{-6} ~ 140×10^{-6}）；18-Cu 元素异常（30×10^{-6} ~ 60×10^{-6} ~ 120×10^{-6}）；19-Zn 元素异常（70×10^{-6} ~ 140×10^{-6} ~ 280×10^{-6}）

H-4 综合异常呈浑圆状延展，长约 0. 5km，宽约 0. 4km，面积约 0. 26km²，是以 Cu、Ag 为主、伴有 Sr、As、Pb 弱异常的综合异常。该异常规格化面金属量值为 3. 47，元素 Cu、Sr 异常形成浓集中心并具有浓集中心重合特征，Cu 异常峰值为 818.6×10^{-6}、Ag 异常峰值为 140×10^{-9}、Sr 异常峰值为 1117×10^{-6}、As 异常峰值为 12×10^{-6}。

根据 R-型聚类分析（表 4-8）可知，在相关系数为 0. 50 的水平上，该异常元素组合主要为 As-Sb-Pb-Zn 元素组合，元素 Cu、Ag、Sr 因其相关系数低而呈单组。元素组合特征可能反映出两种矿化异常类型：一种是以 Cu 为主的矿化异常类型；另一种则反映出与后期热液蚀变有关的 As-Sb-Pb-Zn 金属元素组合。元素 Sr 在相关程度较低水平上与元素 Cu 可归为一组，可能反映出 Cu 成矿环境与沉积作用有关。

表 4-8　吉勒格矿区 H-4 综合异常 R-型聚类分析谱系图表

综合异常	连接元素	相关系数	谱系图（$F_{0.05}$=0. 50）
H-4 N=10	As—Sb	0. 821	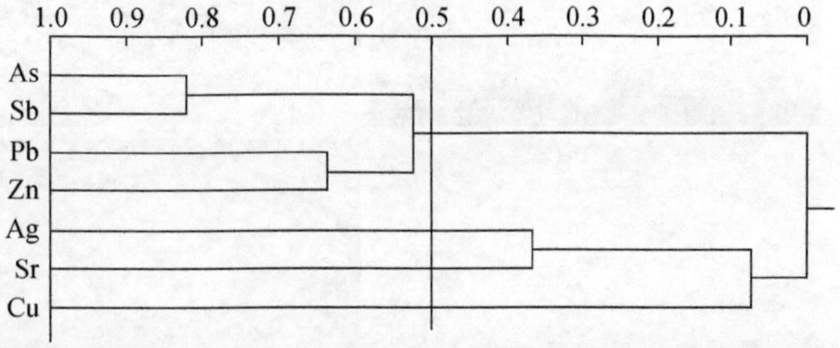
	Pb—Zn	0. 636	
	Pb—As	0. 523	
	Ag—Sr	0. 368	
	Cu—Ag	0. 071	
	Cu—Pb	0. 008	

H-5 综合异常呈扁圆状北东向延展，长约 0. 3km，宽约 0. 2km，面积约 0. 15km²，是以 Pb、Zn、Ag 为主，伴有 As、Sb 弱异常的综合异常。该异常规格化面金属量值为 0. 75，元素 Pb 异常形成浓集中心，Pb 异常峰值为 257.6×10^{-6}、Ag 异常峰值为 980×10^{-9}、Zn 异常峰值为 83×10^{-6}、As 异常峰值为 11.2×10^{-6}。

根据 R-型聚类分析（表 4-9）可知，在相关系数为 0. 65 的水平上，该异常元素组合主要分为两组：第一组为 As-Sb 元素组合，第二组为 Cu-Sr 元素组合，元素 Pb、Ag、Zn 与其他元素相关程度较低呈单组。另外元素 Pb、Ag 呈较低相关性（相关系数为 0. 186），自成一组，并与其他元素组呈负相关性。元素组合特征表明矿化类型以铅矿化为主异常类型。

表 4-9　吉勒格矿区 H-5 综合异常 R-型聚类分析谱系图表

综合异常	连接元素	相关系数	谱系图（$F_{0.05}$=0. 65）
H-5 N=10	As—Sb	0. 966	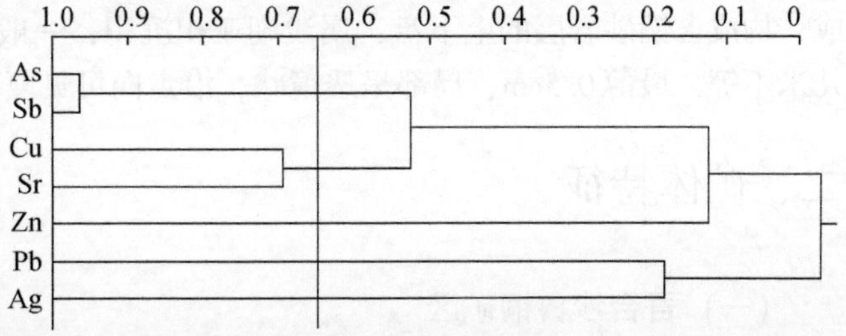
	Cu—Sr	0. 693	
	Cu—As	0. 523	
	Pb—Ag	0. 186	
	Cu—Zn	0. 123	
	Cu—Pb	−0. 127	

第三节　矿床地质特征

一、含矿岩系特征

花园式铜矿床赋矿层位由（E_3–N_1）*k* 上部（图 4-8A）及 N_1*a* 下部（图 4-8B）灰色–灰绿色巨厚层块状中细粒岩屑长石砂岩和灰色中厚层石英细砾岩、含砾粗砂岩共同组成。

图 4-8　吾合沙鲁铜矿含矿层及矿化特征

含矿层整体由紫色层和灰绿色层交替的沉积韵律层组成（图 4-8C），其中灰绿色层即为含铜砂岩层（图 4-8D），由灰绿色细粒钙质砂岩夹薄层状浅灰色微粒钙质砂岩及浅灰色细粒砂岩组成，总体呈相对稳定的条带状产出，沿走向厚度变化较大，最厚处达十余米，变薄处可小于 0.5m，甚至 10cm，含矿砂岩层底部凹凸不平且泥砾发育，具有底冲刷特征。含矿砂岩层普遍具有小型斜层理和砂纹层理，为滨浅湖亚相沉积。一般而言，富含铜矿化的砂岩中普遍存在大量的植物碎片及虫孔、波痕、泥裂等（图 4-8E）。矿化呈不规则瘤状、蠕虫状、树枝状（图 4-8F）产出，形状各异，局部集中呈结核状。灰绿色主要是由砂岩中浸染状孔雀石矿化引起，随着孔雀石含量的增加，砂岩颜色由灰绿色→翠绿色→深绿色逐渐加深。紫红色层由紫红色–砖红色泥岩、粉砂质泥岩和紫红色含钙质铁质微粒砂岩、粉砂岩的混合层组成，构成含铜砂岩层的上下盘，属浅湖亚相沉积，一般为较规则的层状，层厚从几十厘米到几米不等，最薄 0.5cm，局部呈透镜状，沿走向可见复合尖灭分叉等现象。

二、矿体特征

（一）吾合沙鲁铜矿区

吾合沙鲁铜矿区目前共发现 7 条含矿层（图 4-2），圈定铜矿（化）体 22 个，主要含矿层的形态、规模、产状见表4-10。含矿层东西长9～15km，视厚度为3～18m，矿（化）体基本呈条带状及透镜状产出，倾向北倾且倾角较缓，矿石Cu的品位为0.27%～4.30%，平均品位为1.12%～2.03%。

表4-10　吾合沙鲁铜矿区矿体规模、产状、形态一览表

铜含矿层	铜矿化体编号	规模/m		产状/(°)		形态	Cu品位/%
		长	真厚度	倾向	倾角		
Cu1	Cu1-1 Cu1-2 Cu1-3	240～400	0.5～1.5	340～5	18～26	似层状	0.95～1.92
Cu2	Cu2-1 Cu2-2	540～1345	0.55～2.12	340～15	25～40	似层状	0.99～1.40
Cu3	Cu3-1 Cu3-2	210～4250	0.45～5.60	339～15	20～40	似层状	0.27～4.30
Cu4	Cu4-1 Cu4-2 Cu4-3 Cu4-4	250～2800	0.28～3.86	330～10	15～40	似层状	0.39～2.54
Cu5	Cu5-1 Cu5-2	150～3000	0.47～3.21	332～10	20～40	似层状	0.34～3.62
Cu6	Cu6-1 Cu6-2 Cu6-3	1000～2100	0.45～3.0	340～10	20～40	似层状	0.5～2.08
Cu7	Cu7-1 Cu7-2 Cu7-3 Cu7-4 Cu7-5	200～1875	0.5～3.02	320～15	15～40	似层状	0.4～3.61

Cu3-2号铜矿化体：该矿化体位于Cu3号含矿层中段，岩性为N_1a下部灰绿色厚层-巨厚层状细粒岩屑长石砂岩。矿体与围岩接触界线清晰，呈似层状产出，长约2000m，视厚度一般为2～5m，厚度较稳定。矿体走向呈近东西向，产状为335°～355°∠13°～24°。

Cu4-2号矿体：该矿化体位于Cu4号含矿层西侧东段，岩性为N_1a上部灰绿色厚层-巨厚层状细粒岩屑长石砂岩。矿体与围岩接触界线清晰，呈似层状、层状产出，长约1600m，地表目前由探槽TC5902、TC4902控制，揭露矿体单层真厚度为0.49～3.86m，Cu的品位为0.79%～2.54%，深部由ZK4904控制，Cu4-2号矿体在孔深129.73～132.08m处揭露，厚度为2.05m，Cu的品位为0.87%，控制矿体斜深231m。

Cu4-3号铜矿化体：该矿化体位于Cu4号含矿层东段，岩性为N_1a下部灰绿色厚层-巨厚层状细粒岩屑长石砂岩。矿体与围岩接触界线清晰，呈似层状产出，长约2150m，视厚度一般为 2～4m，厚度较稳定。矿体走向呈近东西向，产状为 350°～15°∠16°～22°，拣块样 Cu 的品位最高可达 5.08%。

Cu5-1 号铜矿化体：该矿化体位于 Cu5 含矿层西段，岩性为 N_1a 底部灰绿色巨厚层块状中细粒岩屑长石砂岩，下伏地层为（E_3–N_1）k 顶部棕红色薄层泥岩，二者之间呈整合接触。矿体与围岩接触界线清晰，呈似层状产出，长约 3200m，视厚度一般为 3～8m，厚度较稳定。矿体走向呈近东西向，产状为 335°～20°∠27°～40°，探槽刻槽样最高 Cu 品位为 10.22%。

Cu5-2 号铜矿化体：该矿化体位于 Cu5 含矿层东段，岩性为 N_1a 底部灰绿色巨厚层块状中细粒岩屑长石砂岩，下伏地层为（E_3–N_1）k 顶部棕红色薄层泥岩。矿体与围岩接触界线清晰，呈似层状、层状产出，长约 3000m。矿体地表由探槽 TC6901、TC8301、TC5901、TC4901 控制，揭露矿体单层真厚度为 0.90～3.21m，Cu 的品位为 0.66%～2.52%。深部由 ZK4904、ZK6904 控制（图 4-9），ZK4904 在孔深 164.83～165.83m 处揭露 Cu5-2 号矿化体，厚度为 2.05m，Cu 的品位为 0.53%，控制矿体斜深 293m。

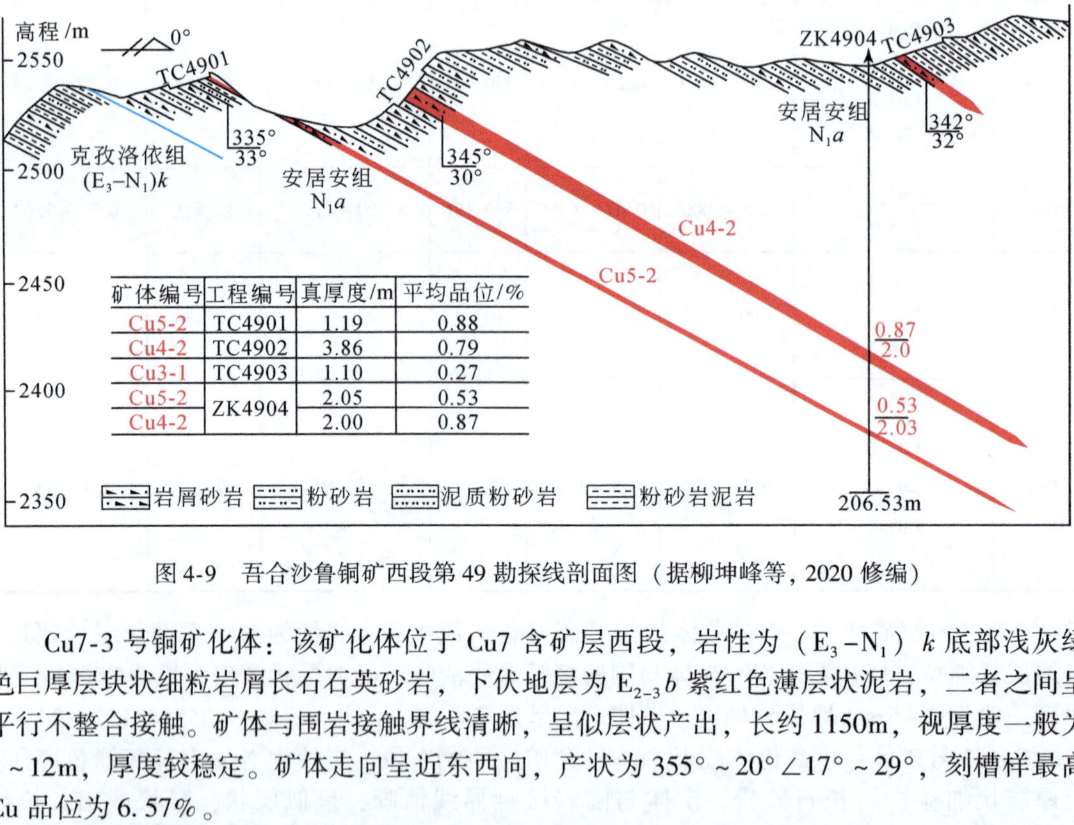

矿体编号	工程编号	真厚度/m	平均品位/%
Cu5-2	TC4901	1.19	0.88
Cu4-2	TC4902	3.86	0.79
Cu3-1	TC4903	1.10	0.27
Cu5-2	ZK4904	2.05	0.53
Cu4-2		2.00	0.87

图 4-9　吾合沙鲁铜矿西段第 49 勘探线剖面图（据柳坤峰等，2020 修编）

Cu7-3 号铜矿化体：该矿化体位于 Cu7 含矿层西段，岩性为（E_3–N_1）k 底部浅灰绿色巨厚层块状细粒岩屑长石石英砂岩，下伏地层为 $E_{2-3}b$ 紫红色薄层状泥岩，二者之间呈平行不整合接触。矿体与围岩接触界线清晰，呈似层状产出，长约 1150m，视厚度一般为 2～12m，厚度较稳定。矿体走向呈近东西向，产状为 355°～20°∠17°～29°，刻槽样最高 Cu 品位为 6.57%。

Cu7-5 号铜矿化体：该矿化体位于 Cu7 含矿层东段，岩性为（E_3–N_1）k 底部浅灰绿色巨厚层块状细粒岩屑长石石英砂岩，下伏地层为 $E_{2-3}b$ 紫红色薄层状泥岩，二者之间呈平行不整合接触。矿体与围岩接触界线清晰，呈似层状产出，长约 1000m，视厚度一般为 2～10m，厚度较稳定。矿体走向呈近东西向，产状为 340°～350°∠28°～30°，拣块样最高 Cu 品位为 5.79%。

（二）花园铜矿区

花园矿区富矿层整体走向为近东西向（75°～255°），倾向一般为320°～350°，缓倾斜，倾角一般为17°～27°，出露范围东宽西窄，最宽处约500m，长约3500m。目前共圈出了3条矿带，控制铜主矿体4条，长120～500m，平均厚度为2.51～6.00m，倾向延伸50～80m，Cu的平均品位为0.57%～1.47%。矿体呈层状、似层状，产状为307°～357°∠17°～30°。

其中Ⅰ号矿带各铜矿体特征见表4-11，矿体厚1.0～2.5m不等，Cu的平均品位为1.04%～3.05%；Ⅱ-2号矿带长500m，平均真厚度为6.00m，Cu的平均品位为0.82%，单样品最高为2.94%；Ⅲ号矿带长400m，平均真厚度为3.07m，Cu的平均品位为1.47%，单样品最高为2.11%。

表4-11　花园铜矿Ⅰ号矿带矿体特征

矿体号	倾角/(°)	长度/m	真厚度/m	平均品位/%
Ⅰ-1	21	220	15.51	1.16
Ⅰ-2	20	170	1.14	0.87
Ⅰ-3	21	180	0.69	1.03
Ⅰ-4	19	180	4.11	0.95
Ⅰ-5	21	175	2.00	0.79
Ⅰ-6	19	175	8.27	1.40
Ⅰ-7	20	175	1.96	1.42
Ⅰ-8	25	210	3.86	1.03
Ⅰ-9	22	225	11.74	1.11
Ⅰ-10	23	225	0.97	0.74

（三）吉勒格铜矿区

吉勒格铜矿区分布铅锌和铜两种矿体（图4-4），以乌拉根断裂为界，铅锌矿体分布于矿区北部，赋矿层位为K_1kz^5含砾砂岩、砂砾岩、砂岩及E_1a底部的坍塌角砾岩，与乌拉根铅锌矿赋矿层位一致，含矿层倾角为70°～80°，倾向大多南倾，局部倒转北倾；铜矿体分布于矿区南部，赋矿层位为E_1a^1，含矿岩性均为灰绿色砂岩，含矿层在矿区稳定延伸，产状陡立，整体向北倾斜，倾角为70°～80°，局部倒转（330°～340°）。

1. Pb矿体

矿区地表控制铅锌矿化体1条，长度500m，其中PbⅠ号矿体长50m，倾向延伸≤100m，矿体呈似层状、扁豆状产出，走向呈近东西向，向南约150°方位陡倾，倾角为80°～87°（图4-10）。矿化以铅为主，矿体真厚度为3.44m，Pb的平均品位为1.40%，单铅最高品位为2.27%，局部矿段含有少量锌，Zn的平均品位为0.2%。

2. Cu矿体

矿区地表控制铜矿化体宽度为180～300m，长度为700m，向西延伸至矿区外，向东

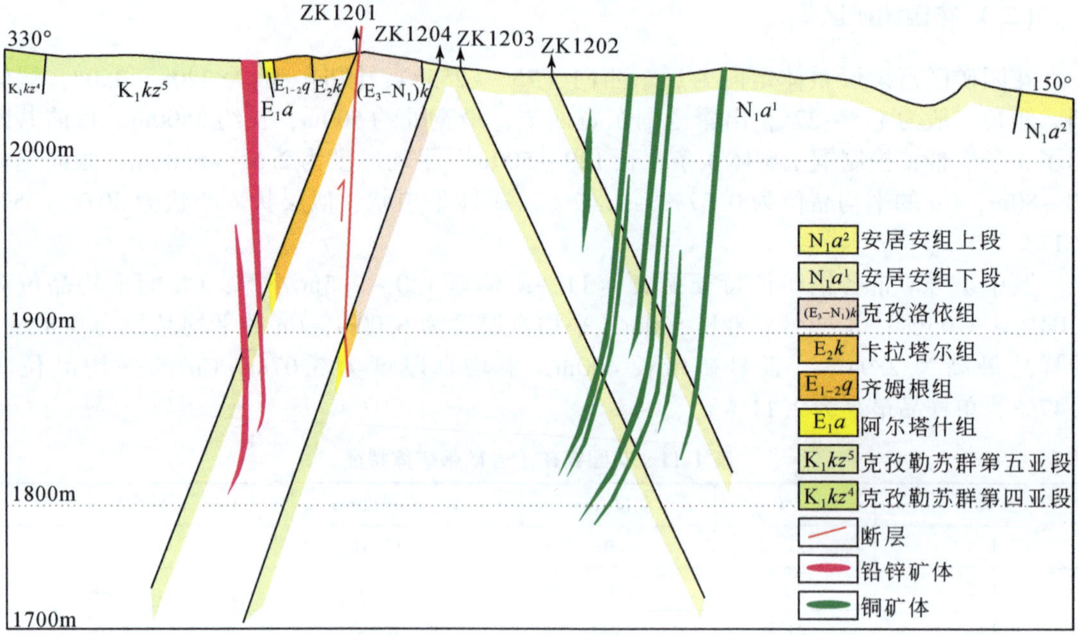

图 4-10　吉勒格铜矿区第 12 号勘探线剖面图

在康苏河东岸仅见少量团块、星点状孔雀石矿化（图 4-10）。共计圈定出 9 个矿体，分别为Ⅰ、Ⅱ、Ⅲ、Ⅳ、Ⅴ、Ⅵ、Ⅶ、Ⅷ、Ⅸ，其中Ⅵ～Ⅸ为盲矿体，Ⅰ、Ⅱ号矿体为主矿体占矿区铜总资源量 87.92%。

Ⅰ号铜矿体：矿体长约 280m，宽 30～170m，平均真厚度为 1.50m，Cu 的平均品位为 1.64%。矿体产状为 330°～340°∠70°～80°，多呈似层状、透镜状产出（图 4-10），走向上具有西厚东薄特点，倾向上具有中贫上下富特点。

Ⅱ号铜矿体：矿体长约 300m，宽 140～220m，平均真厚度为 2.90m，Cu 的平均品位为 0.74%。矿体产状为 330°～340°∠70°～80°，多呈似层状、透镜状产出（图 4-10），走向上具有西厚东薄特点，倾向上具有上富下贫特点。

其余矿体均为单工程控制，矿体特征见表 4-12。

表 4-12　吉勒格铜矿Ⅲ～Ⅸ规模、矿体形态、产状一览表

矿体编号	矿体规模/m			矿体形态	倾向/(°)	倾角/(°)	平均品位/%	备注
	长（推测）	真厚度	推测延伸					
Ⅲ	50	1.00	200	似层状、透镜状	340	75	1.25	地表出露
Ⅳ	60	0.96	30		340	75	1.00	
Ⅴ	60	0.63	180		340	75	2.50	
Ⅵ	30	4.25	30		340	75	2.03	盲矿体
Ⅶ	30	3.82	30		340	75	1.35	
Ⅷ	30	0.48	30		340	75	0.45	
Ⅸ	30	2.40	30		340	75	2.40	

三、矿石特征

（一）矿石类型

氧化性矿石是花园式铜矿床最主要的矿石类型，仅在吾合沙鲁矿区深部矿体（钻孔）中可见少量混合型矿石，矿化主要产于灰绿色岩屑石英砂岩中，且矿化程度与砂岩中碎片化石的多少呈正相关。

（二）矿石矿物组合

矿石中矿物组合比较简单，氧化性矿石中金属矿物主要为孔雀石和赤铜矿，其次为辉铜矿和少量的硅孔雀石、氯铜矿、自然铜、铜蓝等，混合型矿石中还可见少量的黄铁矿、黄铜矿、白铁矿等金属硫化物。不同矿区金属矿物含量也有所区别，吉勒格矿区金属硫化物含量整体大于吾合沙鲁矿区，与吾合沙鲁矿区深部金属矿物组合相似，可能反映了矿化组合垂向分带特征，且吾合沙鲁矿区中东部杨叶矿段赤铜矿含量明显高于西部吾合沙鲁矿段，可能反映了矿化组合的水平分带特征。吉勒格铜矿区铅锌矿体中还发育方铅矿、闪锌矿、白铁矿等金属矿物，其特征与乌拉根铅锌矿一致。矿石中脉石矿物主要为石英，其他有方解石、绢云母、长石、黑云母、石膏、黏土等矿物，另在裂隙中充填有白色颗粒状可溶盐类。

孔雀石：手标本上主要呈墨绿色他形粒状分布于砂岩颗粒之间，粒度一般为0.05～0.3mm，部分呈皮壳状、球粒状、鲕状、薄膜状等深绿色集合体状产出，局部可见自形孔雀石呈细脉状产于砂岩中。

赤铜矿：手标本上主要呈黑色微细粒状分布于砂岩颗粒之间，粒度一般为0.05～0.3mm，局部呈细脉状、条带状、结核状等紫红色集合体状产出，赤铜矿边部多已被氧化成孔雀石和氯铜矿。

自然铜：手标本上主要呈铜红色细小粒状或树枝状分布于砂岩中，含量微弱，粒度一般小于0.02mm。

辉铜矿：手标本上主要呈灰色-灰黑色他形微细粒状分布于砂岩中，粒度一般为0.05～0.2mm，多已被孔雀石和氯铜矿交代。

（三）矿石结构构造

矿石中金属矿物结构主要为粒状结构、胶状结构、胶结结构、交代结构及少量不规则微细网脉状结构，分述如下。

粒状结构：该结构为矿石中典型的金属矿物结构，主要表现为赤铜矿、孔雀石和辉铜矿呈他形粒状分布于砂砾间隙（图4-11A），局部可见赤铜矿和孔雀石呈自形微粒状产于砂砾间隙（图4-11B、C）。

胶状结构：该结构主要为孔雀石呈胶状集合体状分布于砂砾间隙（图4-11D）。

胶结结构：该结构主要发育于稠密浸染状矿石中，赤铜矿和孔雀石呈胶结物状胶结砂砾颗粒（图4-11E、F）。

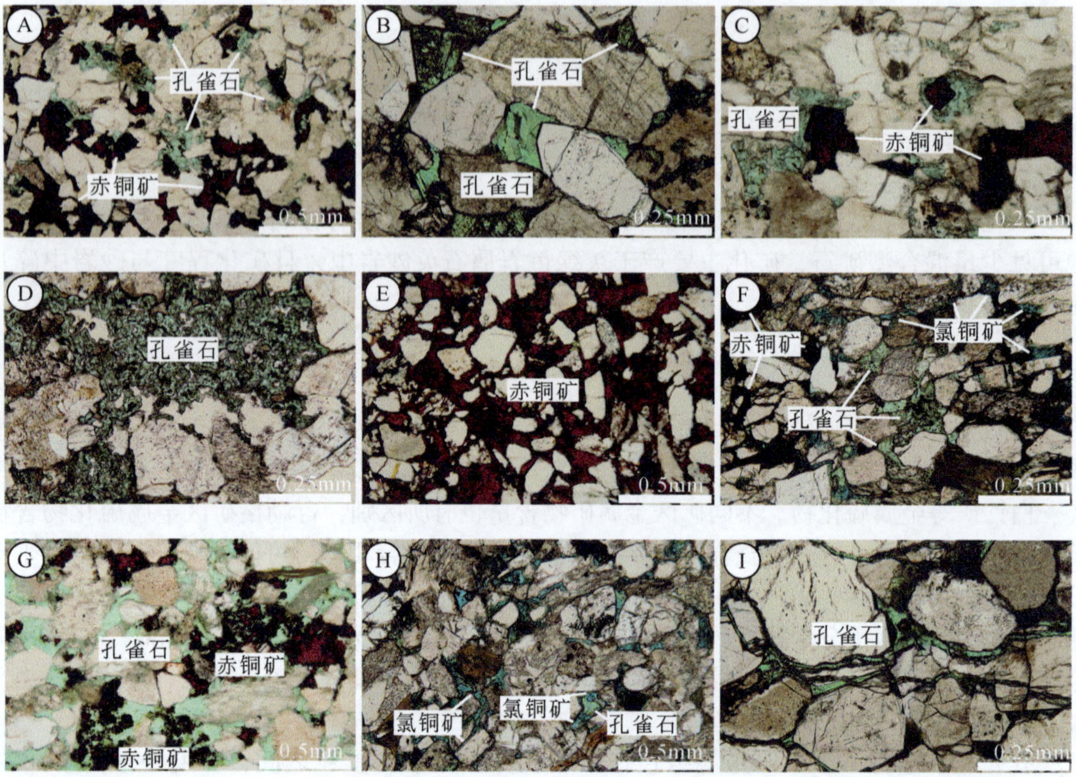

图 4-11　花园式铜矿矿石结构特征

A-孔雀石和赤铜矿呈粒状分布于砂砾间隙；B 和 C-呈自形微粒状产出的孔雀石和赤铜矿；D-呈胶状产出的孔雀石；E 和 F-赤铜矿和孔雀石、氯铜矿填充砂砾间隙构成胶结结构；G-孔雀石交代赤铜矿；H-氯铜矿交代孔雀石；I-呈微细脉状产出的孔雀石

交代结构：该结构主要表现为较晚生成的孔雀石、氯铜矿交代结晶较早的赤铜矿、辉铜矿等，其中赤铜矿多被孔雀石交代成残余岛状，构成交代残余结构（图 4-11G），孔雀石多表现为被氯铜矿部分交代，构成交代浸蚀结构（图 4-11H）。

不规则微细网脉状结构：该结构表现为由微晶孔雀石构成微细的脉状（脉宽一般<0.002mm），进而由微细脉相互连接构成网脉状（图 4-11I）。

矿石中金属矿物主要发育稀疏浸染状构造、细脉状构造、条带状构造，局部发育薄膜状构造、不规则块状构造、结核状构造，分述如下。

稀疏浸染状构造：赤铜矿、孔雀石、辉铜矿的细晶颗粒呈星散状均匀地分布于砂岩中（图 4-12A），是砂岩容矿矿石的典型构造，局部含量>30%，构成稠密浸染状构造（图 4-12B）。

细脉状构造：该构造主要表现为赤铜矿呈细脉状沿砂岩层理分布和延伸（图 4-12C），局部切穿层理（图 4-12D），脉宽一般为 0.5～5mm，局部可达 1cm。

条带状构造：赤铜矿、孔雀石、辉铜矿沿着砂岩中的微层理进行填充交代，形成条带状构造（图 4-12E），条带一般宽 0.05～0.5mm，局部较宽，可达 0.2～0.5cm（图 4-12F）。

薄膜状构造：该构造主要表现为孔雀石呈薄膜状、粉末状分布在岩石层理面或裂隙面上（图4-12G）。

不规则块状构造：该构造主要为金属硫化物交代有机质或沿虫洞、虫迹等沉淀形成的不规则瘤状、蠕虫状、树枝状等块状构造（图4-12H），团块直径一般为0.5～3cm，局部>10cm，团块内部多为辉铜矿等金属硫化物，向外逐渐被氧化为赤铜矿和孔雀石等。

结核状构造：金属矿物围绕砂砾核心呈同心圆状沉淀形成的球状、椭圆状、透镜状等构造（图4-12I），结核粒径一般为0.5～2.5cm，其核部多为辉铜矿、黄铁矿等金属硫化物，向外逐渐被赤铜矿、孔雀石等金属氧化物交代。

图4-12　花园式铜矿矿石构造特征

A-孔雀石呈稀疏浸染状产出；B-孔雀石呈稠密浸染状产出；C-赤铜矿呈脉状沿层理产出；D-赤铜矿呈脉状斜切层理产出；E和F-孔雀石呈条带状沿层理产出；G-孔雀石呈薄膜状分布在砂岩表面；H-孔雀石呈树枝状集合体产出；I-呈结核状产出的辉铜矿和孔雀石

四、围岩蚀变

花园式铜矿床围岩蚀变较为简单，以近矿围岩褪色蚀变为主，主要表现为红色、红褐色砂岩、泥岩褪色为灰色、灰绿色、浅灰色等浅色调，又以砂岩褪色为主，褪色原因主要为原红色砂岩、泥岩中高价铁被还原为低价亚铁。不同层位砂岩中褪色蚀变发育不均一，但整体上褪色发育部分与原岩部分界线明显，且主要沿砂岩层理/斜层理延伸可达几十米至几百米，构成一个稳定的氧化还原障界面（图4-13A），局部也可见褪色界面斜切砂岩层理分布（图4-13B）。砂岩中褪色蚀变发育强度和矿化强度表现为正相关关系，且褪色砂岩中越靠近氧化还原障界面矿化越好，越过此界面矿化迅速减弱（图4-13C）。同一层位中砂岩的褪色蚀变发育程度也不均一，沿岩层走向方向多可见褪色蚀变呈透镜体状、斑块状分布（图4-13D）或分支尖灭再现，砂岩中多可见原泥质团块残留（图4-13E），矿化也多呈不规则状分布（图4-13F）。少量的黄钾铁矾化、褐铁矿化仅在局部于矿体的露头处发育。

图4-13　花园式铜矿围岩蚀变特征

A-砂岩中褪色界线沿层理延伸；B-砂岩中褪色界线呈波浪状斜切层理；C-矿化主要集中于砂岩中褪色界面附近；D-砂岩中呈透镜状产出的褪色蚀变及矿化；E-褪色砂岩中残留的未褪色的泥质结核；F-褪色蚀变及矿化均呈不规则状产出

根据矿物组合、矿物结构构造、围岩蚀变类型及相互间交代关系，花园式铜矿成矿过程可分为热液成矿期和表生氧化期，各期次矿物共生组合及生成顺序见图4-14。

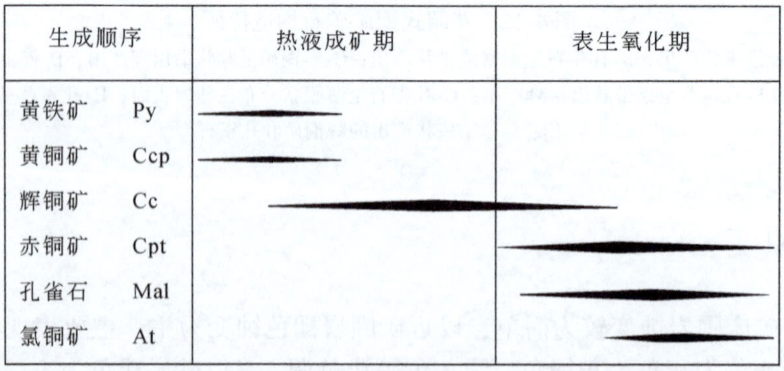

图4-14　花园式铜矿成矿期次划分及矿物生成顺序

第五章　矿床成矿作用

第一节　成矿流体特征

一、样品和分析方法

本次对萨热克铜矿、乌拉根铅锌矿和吾合沙鲁铜矿展开了系统的流体包裹体研究，其中，萨热克铜矿测试样品为成矿期硅化阶段的石英和碳酸盐化阶段的方解石，乌拉根铅锌矿测试样品为热液成矿期呈粗脉状、团块状产出的方解石及与其共生的闪锌矿，吾合沙鲁铜矿测试样品为含辉铜矿和黄铜矿的石英砂岩中的石英。样品经粉碎、清洗和筛分至40～60目后，在双目显微镜下仔细挑选用于C-H-O同位素分析的方解石颗粒，分离出纯度为99%的单矿物样品。

流体包裹体显微测温在北京矿产地质研究院有限责任公司流体包裹体实验室进行，所用仪器为Linkam THMSG600型冷热台，温度控制范围为-196～600℃，在-120～-70℃温度区间的测定精度为±0.5℃，-70～100℃区间精度为±0.2℃，100～500℃区间精度为±2℃。利用美国FLUIDINC公司提供的人工合成流体包裹体样品对冷热台进行温度标定。测试过程中，升/降温速率为0.5～10℃/min，相变点附近升/降温速率降为0.1～0.5℃/min。

水溶液包裹体（W型）和含子晶多相包裹体（S型）的盐度分别根据Hall等（1988）的盐度-冰点公式及石盐子晶熔化温度和盐度的公式计算：

$$W=0.00+1.78T_m-0.0442T_m^2+0.000557T_m^3$$

式中，W为NaCl的质量分数,%；T_m为冰点的下降温度,℃。

$$W_{NaCl}=26.242+0.4928\varphi+1.42\varphi^2-0.223\varphi^3+0.04129\varphi^4+0.006295\varphi^5-0.001967\varphi^6+0.0001112\varphi^7$$

式中，$\varphi=T/100$（T为NaCl子矿物熔化温度,℃）。

流体包裹体激光拉曼成分分析在中国科学院地质与地球物理研究所流体包裹体实验室进行，使用法国HORIBA JOBIN YVON生产的LabRamHR激光共焦显微拉曼光谱仪，激发功率为20mW，激光光源为514.5nm的Ar^+激光器，所测光谱的计数时间为10s，每1cm^{-1}（波数）计数一次，多数为1000～4000cm^{-1}全波段一次取峰，少数为2000～4000cm^{-1}取峰。激光束斑大小约为1μm，光谱分辨率2cm^{-1}。

C-H-O同位素测试工作在核工业北京地质研究院分析测试中心进行，H同位素测试采用热爆裂法从样品中提取原生流体包裹体中的H_2O，使之在400℃条件下与Zn反应制取H_2O，然后用质谱仪进行H同位素测定；O同位素测试采用常规BrF_5法，测试仪器为MAT253EM型质谱仪，并以V-SMOW为标准，H-O氧同位素分析精度分别为±2‰和

±0. 2‰，使用 Clayton 等（1972）的石英－水分馏方程 $1000\ln\alpha_{石英-H_2O}=3.38\times10^6/T^2-3.40$ 和对应石英样品中流体包裹体均一温度平均值，计算流体的 $\delta^{18}O_{H_2O}$ 值。

方解石的 C-O 同位素采用在 25℃时使样品与磷酸发生反应，将反应释放出的 CO_2 在 Finnigan MAT-251EM 型质谱仪上进行 C、O 同位素组成测定，分析精度为±0. 2‰（2σ）。$\delta^{13}C$ 分析结果以 V-PDB 为标准，$\delta^{18}O$ 以 V-SMOW 为标准。使用 Zheng（1999）提出的方解石－水体系氧同位素平衡经验公式 $1000\ln\alpha_{方解石-H_2O}=4.01\times10^6/T^2-4.66\times10^3/T+1.71$ 计算得出流体中水的 $\delta^{18}O_{H_2O}$ 值。

二、岩相学特征

（一）萨热克铜矿

根据流体包裹体在常温下及均一过程中相态的变化特征，萨热克铜矿成矿各阶段的流体包裹体可分为 4 大类。

（1）富液相包裹体（W 型）：该包裹体常温下主要由气相和液相两部分组成，气相比一般在 5%～20%，部分可达 20%～30%，均一至液相，此类包裹体广泛见于石英和方解石中。

（2）含子晶多相包裹体（S 型）：该包裹体常温下由气相、液相和子晶组成，子晶一般为透明立方体的钠盐，气相比一般在 5%～15%，包裹体大多含有一个子晶，个别含有两个子晶，大多以子晶消失达到均一，少量以气相消失达到均一，此类包裹体在石英脉中分布广泛。

（3）含 CO_2 三相包裹体（C 型）：该包裹体常温下由气相 CO_2、液相 CO_2 和液相 H_2O 组成，CO_2 相所占比例为 70%～80%，CO_2 气液两相所占比例相当，大小为 6～11μm，此类包裹体主要呈透镜状或长条状零星分布在石英中。

（4）油气包裹体（O 型）：该包裹体主要为含烃盐水和轻质油等包裹体，局部发育深灰色的气烃包裹体，体积较小，一般为 3～5μm，常成群分布在方解石和石英中，UV 激发荧光下显示浅蓝色光。

石英：硅化阶段石英脉中包裹体发育，多呈不规则状沿石英生长环带分布，少数呈负晶形，大小一般为 4～9μm，少数可达 10～12μm，所属包裹体类型以 W 型和 S 型包裹体为主（图 5-1A、B），C 型包裹体次之（图 5-1C），O 型包裹体最少（图 5-1E）。W 型包裹体气相比一般为 4%～11%，少数可达 15%～20%；S 型包裹体气相比一般为 3%～10%，偶见一个包裹体中包含多个子晶（图 5-1D）；C 型包裹体 CO_2 相所占比例为 70%～80%，O 型包裹体体积较小，为富气相包裹体，一般为 3～5μm。呈集群状或带状与轻质油分布在石英微裂隙中，显示浅蓝色的荧光（图 5-1G、H）。

方解石：碳酸盐阶段方解石中包裹体也比较发育，呈条带状、集群状分布，形态以负晶形、椭圆形为主，少数为不规则多边形，大小一般为 3～10μm，最大可达 11～15μm，所属类型以 W 型包裹体为主，少量为 O 型包裹体。W 型包裹体气相比一般为 3%～10%（图 5-1F），部分包裹体气相比可达 10%～15%。O 型包裹体体积较小，一般为 1～3μm，局部聚集成群分布（图 5-1I）。

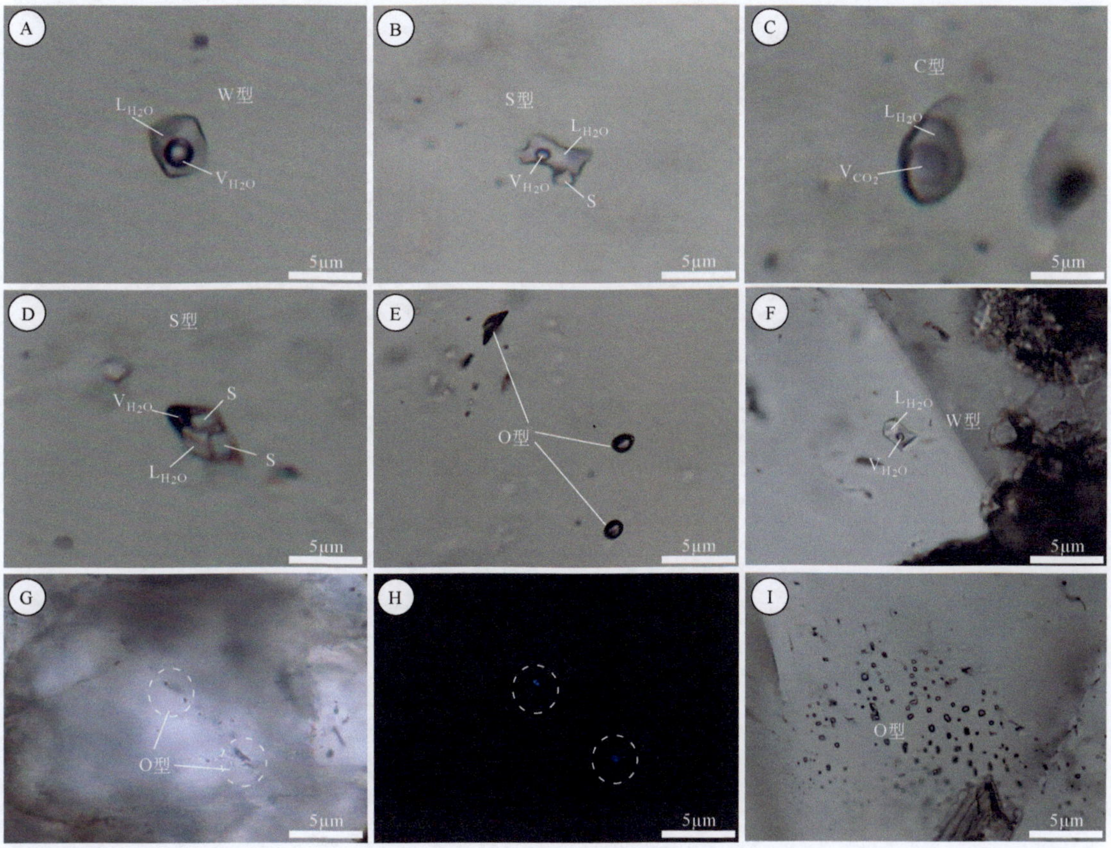

图 5-1　萨热克铜矿流体包裹体岩相学特征

（二）乌拉根铅锌矿

根据流体包裹体在常温下及均一过程中相态的变化特征，乌拉根铅锌矿热液成矿期流体包裹体主要为 W 型，气相比例一般在 2% ~5%，个别可达 5% ~10%，均一至液相。

闪锌矿：闪锌矿中流体包裹体较为发育，多数沿解理面呈带状分布（图 5-2B），少部分呈孤立状分布，形态以不规则状、椭圆状、负晶形为主（图 5-2C），大小一般为 5 ~10μm，个别可达 15 ~20μm。

方解石：方解石中流体包裹体整体发育较差，除局部沿解理面呈带状分布外（图 5-2D），多数呈孤立状零星分布，形态以负晶形为主（图 5-2E、F），其次为不规则状，大小一般为 5 ~15μm，个别可达 25μm。

（三）吾合沙鲁铜矿

根据流体包裹体在常温下及均一过程中相态的变化特征，吾合沙鲁含铜砂岩石英次生加大边中流体包裹体主要为 W 型（图 5-3），气相比一般在 2% ~5%，个别可达 10% ~15%，均一至液相。

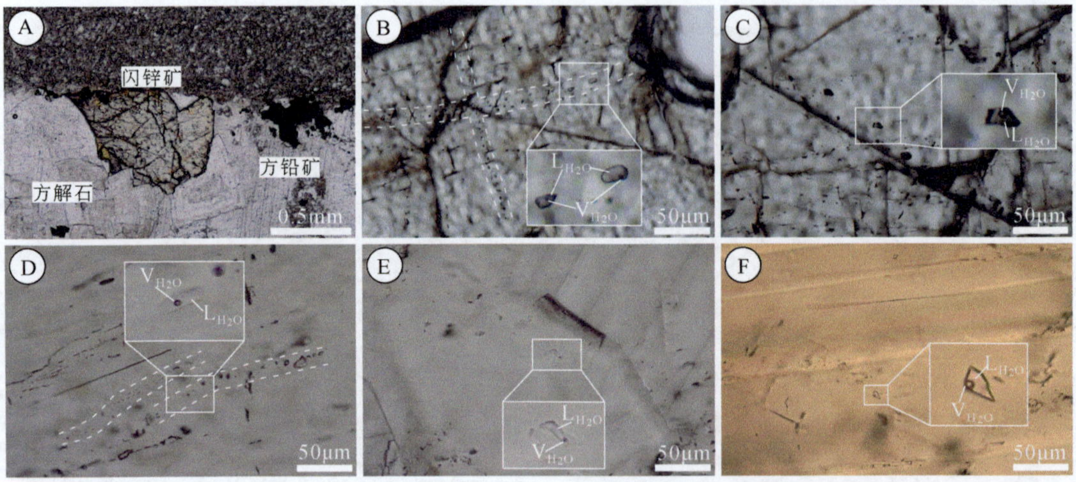

图 5-2　乌拉根铅锌矿流体包裹体岩相学特征

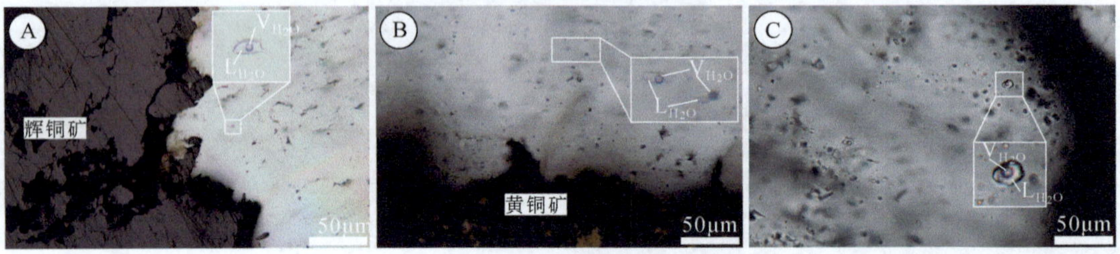

图 5-3　吾合沙鲁铜矿流体包裹体岩相学特征

三、显微测温和成分分析

（一）萨热克铜矿

萨热克铜矿成矿各阶段流体包裹体测温结果见表 5-1，从表中可以看出以下几点。

表 5-1　萨热克铜矿成矿各阶段流体包裹体显微测温结果

成矿阶段	矿物	包裹体类型	测试数量/个	均一温度/℃			盐度/% NaCl eqv
				气相消失温度	冰点/络合物消失温度	子晶消失温度	
硅化阶段	石英	W 型	75	112 ~ 239	−18.4 ~ −0.1	—	0.18 ~ 21.26
		S 型	28	135 ~ 228		112 ~ 190	28.33 ~ 31.39
		C 型	7	179 ~ 232	6.6 ~ 9.1	—	1.83 ~ 6.46
碳酸盐化阶段	方解石	W 型	38	136 ~ 219	−12.9 ~ −0.1	—	0.18 ~ 16.80

石英：石英中 W 型包裹体大多数在-50℃左右完全冻结，初融温度在-33 ~ -5℃，大多集中在-21 ~ -17℃，表明其流体体系以 NaCl-H_2O 为主。冰点温度测得范围为-18.4℃ ~ -0.1，对应盐度范围为 0.18% ~ 21.26% NaCl eqv，均一温度测得范围为 112 ~ 239℃；S 型包裹体多数以气泡消失达到均一，仅个别以子晶消失达到均一，子晶消失温度为112 ~ 190℃，气泡消失温度为 135 ~ 228℃，盐度为 28.33% ~ 31.39% NaCl eqv；C 型包裹体较少，均一温度在 179 ~ 232℃，络合物的熔化温度（T_{m,CO_2}）在 6.6 ~ 9.1℃，对应的盐度区间为 1.83% ~ 6.46% NaCl eqv（图 5-4）。

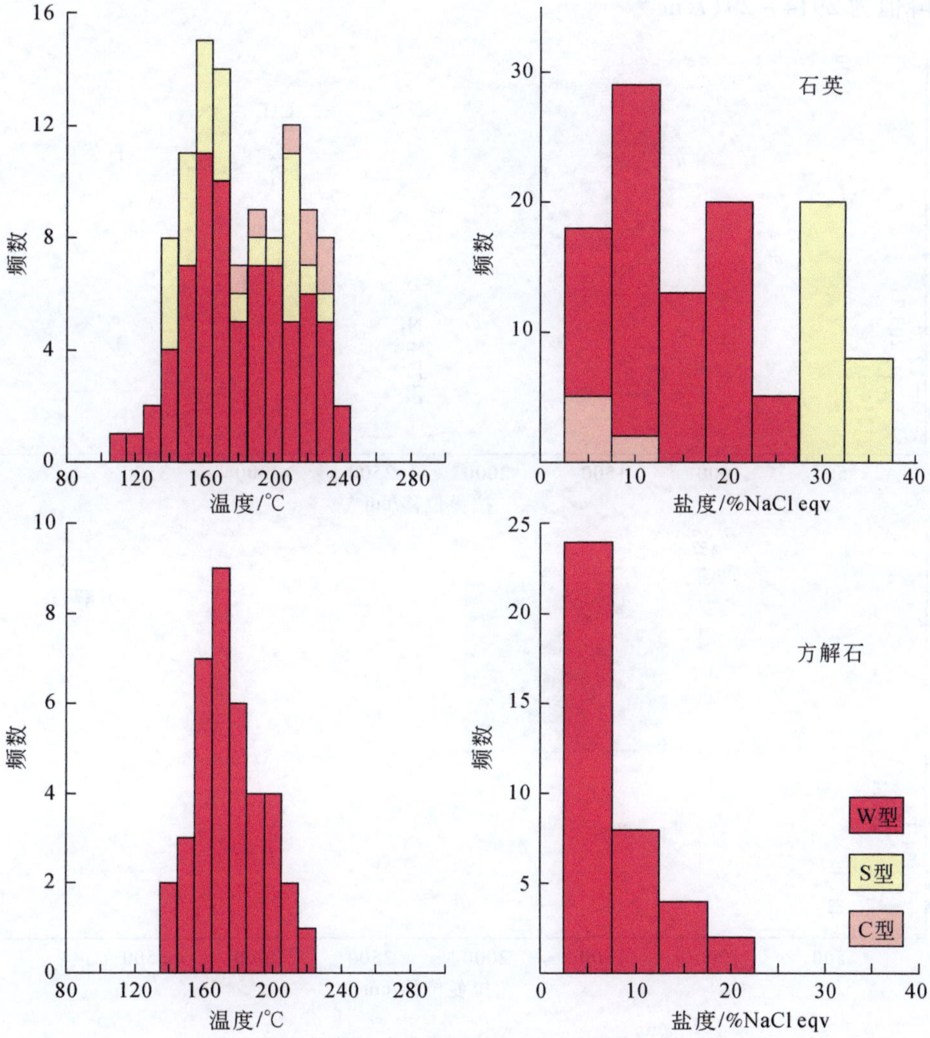

图 5-4　萨热克铜矿流体包裹体均一温度-盐度直方图

方解石：方解石中 W 型包裹体冰点温度测得范围为-12.9 ~ -0.1℃，对应盐度范围为 0.18% ~ 16.8% NaCl eqv，均一温度为 136 ~ 219℃（图 5-4）。

本次对萨热克铜矿成矿各阶段不同类型的包裹体进行了激光拉曼包裹体分析，成分谱图见图 5-5。

硅化阶段石英脉中 W 型包裹体的气相成分主要为 H_2O，对应拉曼光谱峰值为 3450 ~ 3500cm^{-1}，此外还在 2915cm^{-1}、1283cm^{-1}和 2327cm^{-1}处出现较尖锐的谱峰，气相成分对应 CH_4、CO_2和 N_2；S 型包裹体气相成分除 H_2O 之外，还有少量的 N_2，对应的拉曼光谱峰值为 2327cm^{-1}；C 型包裹体气相成分主要为 CO_2，对应的拉曼光谱峰值为 1328cm^{-1}或 1385cm^{-1}，部分还含有少量 N_2或 CH_4，对应的拉曼光谱分别为 2327cm^{-1}或 2915cm^{-1}。碳酸盐类阶段方解石中 W 型包裹体的气相成分除 H_2O 外，还有少量的 CH_4，其特征拉曼光谱峰值为 2914 ~ 2917cm^{-1}。

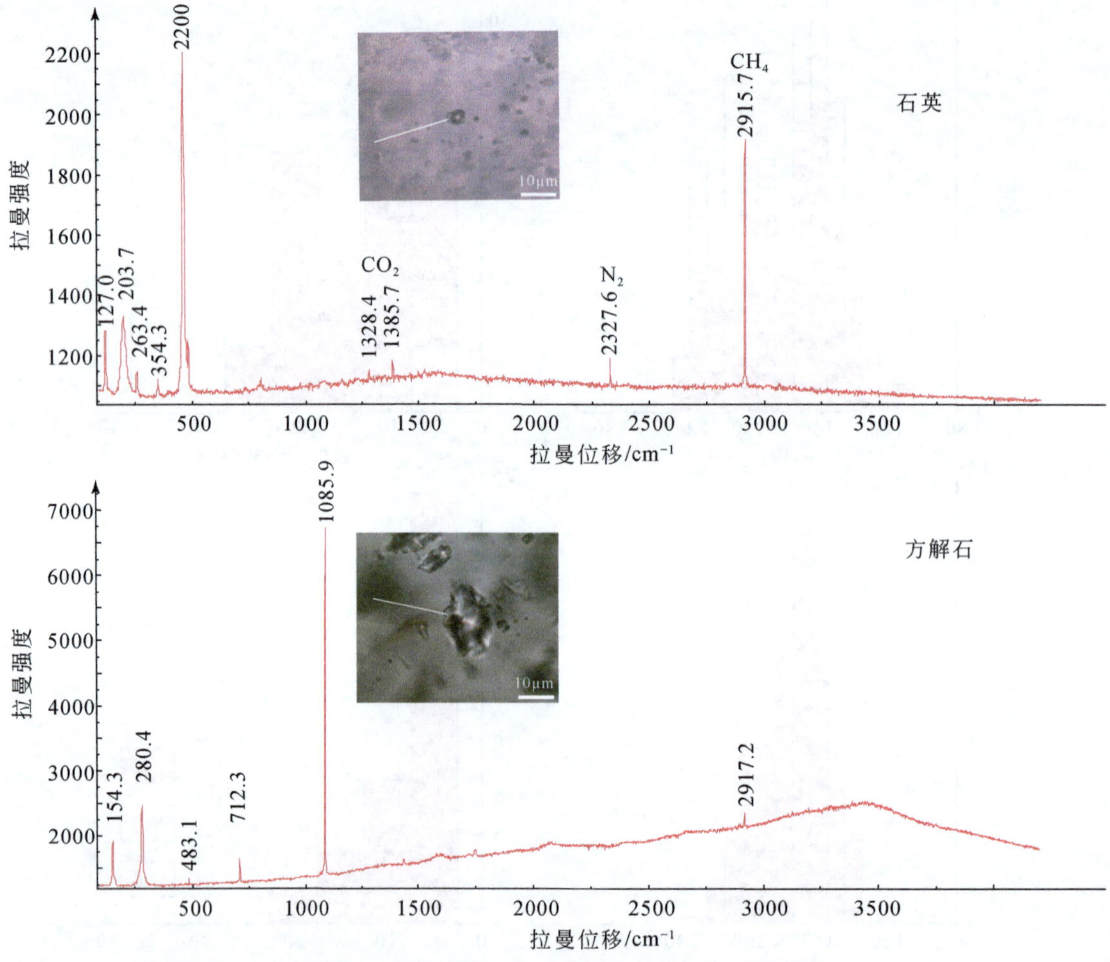

图 5-5　萨热克铜矿流体包裹体气相激光拉曼光谱

（二）乌拉根铅锌矿

乌拉根铅锌矿流体包裹体测温结果见表 5-2，从表中可以看出以下几点。

表 5-2　乌拉根铅锌矿方解石和闪锌矿包裹体测温结果

矿物	包裹体类型	冰点/络合物消失温度/℃	气相消失温度/℃	盐度/% NaCl eqv	测试数量/个
方解石	W 型	-18.3 ~ -1.6	84 ~ 187	2.73 ~ 21.18	68
闪锌矿	W 型	-11.8 ~ -3.9	96 ~ 161	6.30 ~ 15.76	13

方解石：方解石中 W 型包裹体大多数在-50℃左右完全冻结，初融温度在-31 ~ -6℃，大多集中在-24 ~ -19℃，表明其流体体系以 NaCl-H_2O 为主。均一温度测得范围为 84 ~ 187℃，集中于 100 ~ 120℃和 140 ~ 160℃两个区间（图 5-6A），冰点温度测得范围为 -18.3 ~ -1.6℃，对应盐度范围为 2.73% ~ 21.18% NaCl eqv，集中于 4% ~ 14% NaCl eqv（图 5-6B）。

闪锌矿：闪锌矿中 W 型包裹体均一温度为 96 ~ 161℃，集中于 120 ~ 150℃（图 5-6A），冰点温度测得范围为-11.8 ~ -3.9℃，对应盐度范围为 6.3% ~ 15.76% NaCl eqv，集中于 8% ~ 12% NaCl eqv（图 5-6B）。

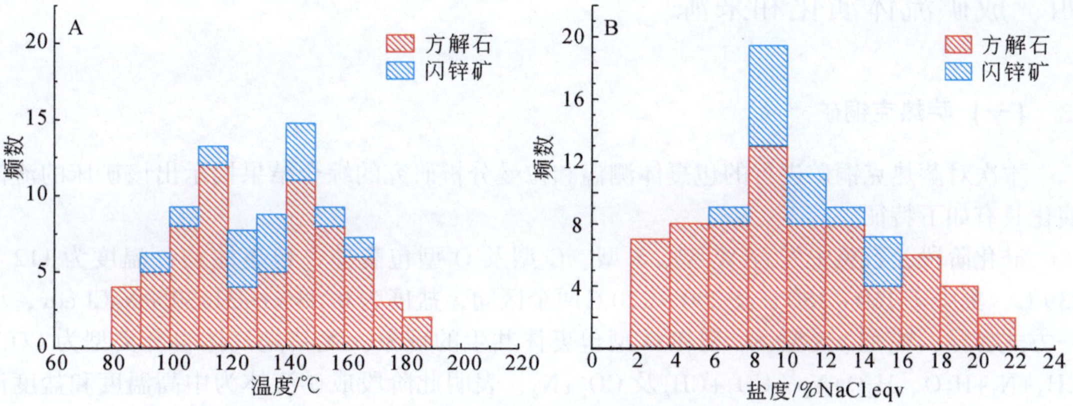

图 5-6　乌拉根铅锌矿流体包裹体均一温度-盐度直方图

（三）吾合沙鲁铜矿

吾合沙鲁铜矿流体包裹体测温结果见表 5-3，从表中可以看出：石英次生加大边中 W 型包裹体大多数在-48℃左右完全冻结，初融温度在-28 ~ -7℃，大多集中在-26 ~ -17℃，表明其流体体系以 NaCl-H_2O 为主。均一温度测得范围为 93 ~ 189℃，集中于 120 ~ 140℃和 150 ~ 180℃两个区间（图 5-7A），冰点温度测得范围为-8.8 ~ -0.3℃，对应盐度范围为 0.53% ~ 12.62% NaCl eqv，集中于 2% ~ 6% NaCl eqv 和 8% ~ 12% NaCl eqv 两个区间（图 5-7B）。

表 5-3　吾合沙鲁铜矿石英包裹体测温结果

矿物	包裹体类型	冰点（络合物）消失温度/℃	气相消失温度/℃	盐度/% NaCl eqv	测试数量/个
石英次生加大边	W 型	-8.8 ~ -0.3	93 ~ 189	0.53 ~ 12.62	45

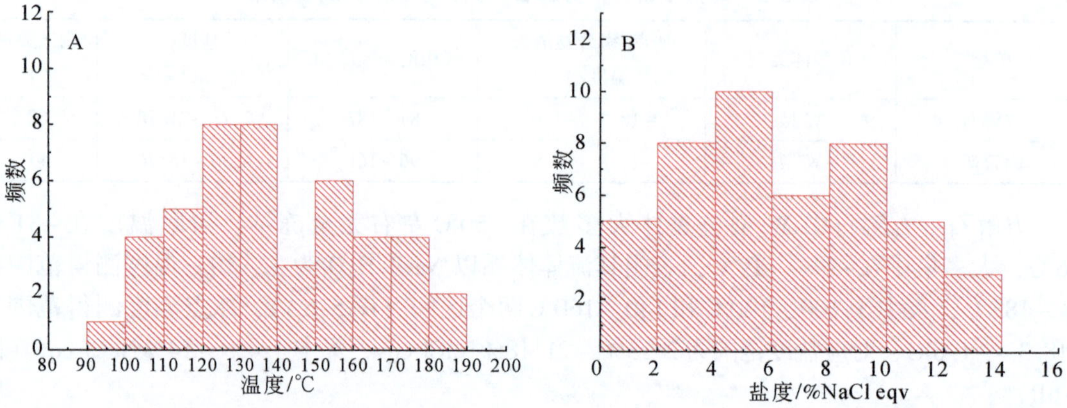

图5-7 吾合沙鲁铜矿流体包裹体均一温度-盐度直方图

四、成矿流体演化和来源

（一）萨热克铜矿

本次对萨热克铜矿进行的包裹体测温和拉曼分析研究的综合结果揭示出该矿床的流体演化具有如下特征。

硅化阶段：石英中发育 W 型、S 型、C 型及 O 型包裹体，包裹体均一温度为 112～239℃，集中于 160～180℃及 200～220℃两个区间，盐度为 0.53%～31.39% NaCl eqv，均一方式各异，W 型、S 型、C 型和 O 型包裹体共生的现象，尤其是气体组合类型为 CO_2+CH_4+N_2+H_2O、H_2O+N_2、CO_2+CH_4及 CO_2+N_2，表明此阶段成矿流体为中高温度和盐度流体与含油气的较低温度和盐度流体的混合，并且局部不混溶。

碳酸盐化阶段：此阶段方解石中发育 W 型和 O 型包裹体，包裹体温度为 136～219℃，集中于 160～180℃，盐度为 0.17%～16.8% NaCl eqv，W 型和 O 型包裹体共存，气相组合有 H_2O+CH_4，表明该阶段流体温度下降，盐度降低，演化为中低温、低盐度的流体。

从硅化阶段到碳酸盐化阶段，成矿流体由中温盐度饱和流体转变为中低温、盐度不饱和流体，而两个阶段的均一温度和盐度部分重合，揭示了成矿流体演化的连续性。从图 5-8 也可以看出，成矿流体可能为高盐度流体与低盐度还原性流体混合的结果，温度有逐渐降低的趋势。在伴生金属矿物组合方面，从硅化阶段的辉铜矿+赤铁矿组合到碳酸盐化阶段的辉铜矿+黄铜矿+黄铁矿组合，反映出成矿流体逐步由偏氧化性流体转变为还原性流体。

本次对萨热克铜矿最主要的脉石矿物方解石进行了 C-H-O 同位素示踪研究，测试结果见表 5-4。

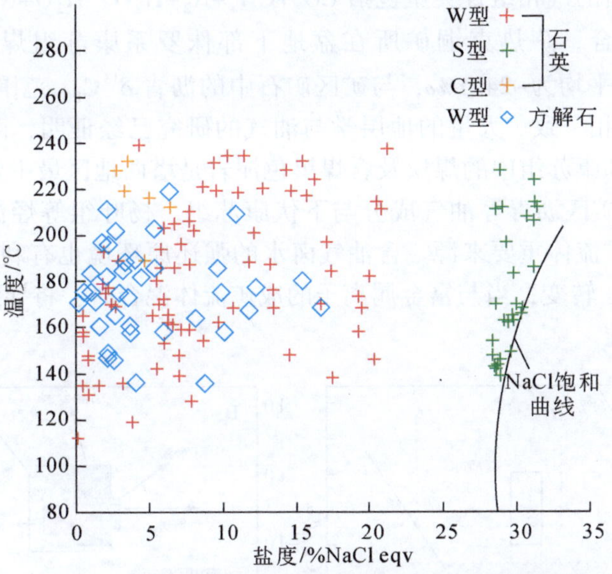

图 5-8　萨热克铜矿流体包裹体均一温度-盐度图解

表 5-4　萨热克铜矿方解石 C-H-O 同位素测试结果

样号	测试矿物	计算温度/℃	测试结果/‰			计算结果/‰		
			$\delta^{18}O$	$\delta^{13}C_{PDB}$	δD	$\delta^{18}O$	$\delta^{13}C_{PDB}$	δD
Cal-1	方解石	180	18.0	-0.4	-101	7.86	-0.4	-101
Cal-2		180	18.0	-0.3	-110.5	7.86	-0.3	-110.5
Cal-3		180	17.9	-0.8	-102.7	7.76	-0.8	-102.7
Cal-4		180	18.2	-0.4	-110.3	8.06	-0.4	-110.3
Cal-5		180	18	-0.5	-101.1	7.86	-0.5	-101.1
Cal-6		180	17.1	-1.8	-104.6	6.96	-1.8	-104.6
Cal-7		180	17.9	-1.4	-89.6	7.76	-1.4	-89.6
Cal-8		180	18.8	0.6	-108.7	8.66	0.6	-108.7
Cal-9		180	18.1	-0.3	-99.5	7.96	-0.3	-99.5
Cal-10		180	18.4	-1	-109.4	8.26	-1	-109.4
Cal-11		180	17.6	-1.7	-96	7.46	-1.7	-96
Cal-12		180	18.6	-1.6	-102.5	8.46	-1.6	-102.5

从表 5-4 可以看出，萨热克铜矿方解石的 $\delta^{13}C_{PDB}$ 为-1.8‰～0.6‰，变化较小，平均为-0.85‰，δD 为-89.6‰～-110.5‰，平均为-102.99‰，$\delta^{18}O$ 为 6.96‰～8.66‰，平均为 7.91‰。

在 δD-$\delta^{18}O$ 同位素图上（图 5-9A），萨热克铜矿方解石样品中的多数点落在有机水的范围内，且分布比较集中，指示成矿流体的有机来源，这与萨热克铜矿发育大量沥青等油气类围岩蚀变相吻合，同时也与主要脉石矿物方解石和石英中油气包裹体发育且 W 型和 S

型包裹体中含有丰富的气相组合类型包括 $CO_2+CH_4+N_2+H_2O$、H_2O+N_2、CO_2+CH_4 及 CO_2+N_2 等地质事实相吻合。萨热克铜矿所在盆地下部侏罗系康苏组煤层中煤岩 $\delta^{13}C_{PDB}$ 为 -24.7‰～24.3‰，平均为-24.1‰，与矿区矿石中的沥青 $\delta^{13}C_{PDB}$ 范围-20.79‰～20.35‰（贾润幸等，2017）相一致。大量的地层学与油气的研究已经证明，萨热克铜矿所在盆地下部侏罗系杨叶组和康苏组中的煤层及含煤黑色泥岩是塔西地区最主要的生烃层（赵孟军等，2005），因此，矿区沥青等油气成分与下伏康苏组、杨叶组等烃源岩关系密切，盆地生烃卤水可能为成矿流体重要来源。含油气卤水的强还原环境也有利于高价硫（硫酸盐）向低价硫（硫化氢）转变，当与富金属离子的成矿流体混合时，将导致辉铜矿等金属硫化物的大量结晶和沉淀。

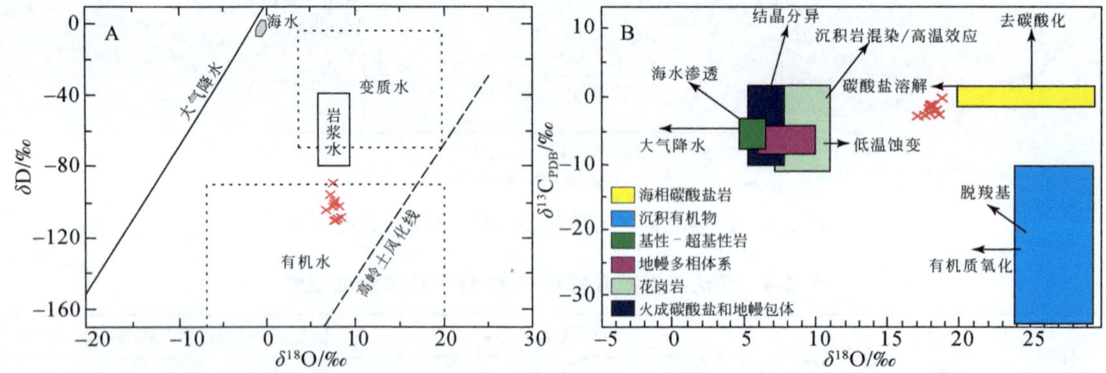

图 5-9　萨热克铜矿 C-H-O 同位素示踪判别图（A 底图据 Sheppard，1986；B 底图据刘家军等，2004）

在 $\delta^{13}C_{PDB}$-$\delta^{18}O$ 同位素图上（图 5-9B），萨热克铜矿方解石样品均落在海相碳酸盐岩范围内，同时方解石的 $\delta^{13}C_{PDB}$ 与矿床下伏侏罗统康苏组煤层中煤岩 $\delta^{13}C_{PDB}$ 范围差距明显，表明流体中的 C 并非来自盆地生烃卤水的油气成分，而是来自海相碳酸盐岩的溶解，这进一步揭示了成矿流体的另一个重要来源。

结合流体包裹体岩相学和显微测温结果以及方解石 C-H-O 同位素流体源区示踪，萨热克铜矿成矿流体最有可能来源于含成矿金属的中高温度和盐度的氧化性流体与含油气的较低温度和盐度的还原性的有机流体的混合。

（二）乌拉根铅锌矿

前人对乌拉根铅锌矿区下白垩统克孜勒苏群顶部的灰色砂砾岩中石英次生加大边包裹体均一温度测量结果为 50～102℃（张君峰等，2005）；谢世业等（2003）对乌拉根铅锌矿流体包裹体研究结果表明矿区包裹体均一温度测定有两期，早期平均温度为 98.8℃，晚期平均温度为 156℃，成矿溶液盐度为 7.22%～20.29% NaCl eqv，属于中偏高盐度热卤水成矿；李丰收等（2005）对乌拉根铅锌矿流体包裹体研究结果表明矿区石膏中包裹体类型为气、液并存的富液相包裹体（W 型），气液比为 3%～60%，一般为 10%～25%，均一温度为 64～193℃；高荣臻（2018）对矿区闪锌矿及与其共生方解石流体包裹体测温结果显示成矿流体具有低温（集中于 100～150℃）、中低盐度（集中于 4%～14% NaCl eqv）

的特征，并认为矿区可能经历了三期/阶段成矿作用。

本次研究对乌拉根铅锌矿方解石和闪锌矿进行的包裹体测温测试结果表明，两种主要矿物流体包裹体均一温度和盐度基本相同，其中成矿温度集中于100～120℃和140～160℃两个区间，反映出热液成矿期经历了两个阶段的成矿作用，盐度集中于8%～12% NaCl eqv，整体反映出成矿流体为中低温-中低盐度的流体。包裹体均一温度-盐度散点图（图5-10）显示出成矿流体具有随着温度降低盐度也逐渐降低的趋势。整体上，乌拉根铅锌矿床可能经历了两个阶段的热液成矿作用，其成矿流体为中低温-中低盐度的流体，且从成矿早阶段至成矿晚阶段，成矿流体的温度和盐度逐渐下降。在伴生金属矿物组合方面，从黄铁矿→白铁矿→方铅矿→闪锌矿，也反映出成矿流体逐步由偏中性流体转变为还原性流体。

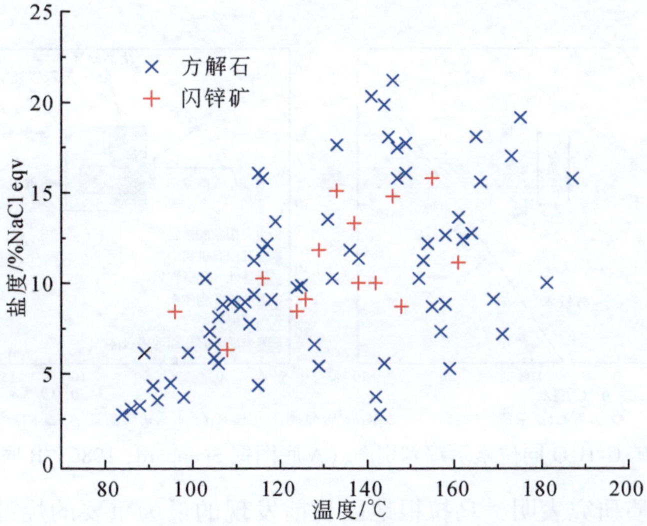

图5-10 乌拉根铅锌矿流体包裹体均一温度-盐度散点图

本次研究对乌拉根铅锌矿最主要的脉石矿物方解石进行了C-H-O同位素示踪，测试结果见表5-5。

表5-5 乌拉根铅锌矿方解石C-H-O同位素测试结果

样号	测试矿物	计算温度/℃	测试结果/‰			计算结果/‰		
			$\delta^{18}O$	$\delta^{13}C_{PDB}$	δD	$\delta^{18}O$	$\delta^{13}C_{PDB}$	δD
WLG-24	方解石	130	25.1	-5.6	-84.6	11.40	-5.6	-84.6
WLG-27		130	25.2	-5.5	-83.0	11.50	-5.5	-83.0
WLG-28		130	25.9	-4.9	-87.2	12.20	-4.9	-87.2
WLG-30		130	25.1	-5.7	-90.2	11.40	-5.7	-90.2
WLG-31		130	22.9	-7.8	-84.6	9.20	-7.8	-84.6
WLG-41		130	24.5	-6.2	-78.9	10.80	-6.2	-78.9
WLG-42		130	25.7	-5.0	-81.8	12.00	-5.0	-81.8
WLG-43		130	26.3	-4.4	-76.6	12.60	-4.4	-76.6

从表 5-5 可以看出，乌拉根铅锌矿方解石的 $\delta^{13}C_{PDB}$ 为 -7.8‰～-4.4‰，变化较小，平均为 -0.85‰，δD 为 -90.2‰～-76.6‰，平均为 -83.36‰，$\delta^{18}O_{H_2O}$ 为 9.20‰～12.60‰，平均为 11.38‰。

在 δD-δ^{18}O 同位素判别图上（图 5-11A），乌拉根铅锌矿方解石样品中的多数点落在变质水和有机水过渡并且靠近有机水的范围内，且分布比较集中，指示成矿流体主要来自盆地内部建造水。在 $\delta^{13}C_{PDB}$-δ^{18}O 同位素判别图上（图 5-11B），乌拉根铅锌矿方解石样品均落在沉积有机物的范围内，同时方解石的 $\delta^{13}C_{PDB}$ 范围值与矿床赋矿层位克孜勒苏群第五岩性段（K_1kz^5，-7.7‰～-5.1‰）及下伏克孜勒苏群第四岩性段（K_1kz^4，-5.4‰）的 $\delta^{13}C_{PDB}$ 范围值相一致，与上覆阿尔塔什组（E_1a，0.5‰～4.2‰）明显不同，表明流体中的 C 并非来自海相碳酸盐岩的溶解，而是来自沉积有机物的脱羧基作用，成矿流体可能有有机质的加入。

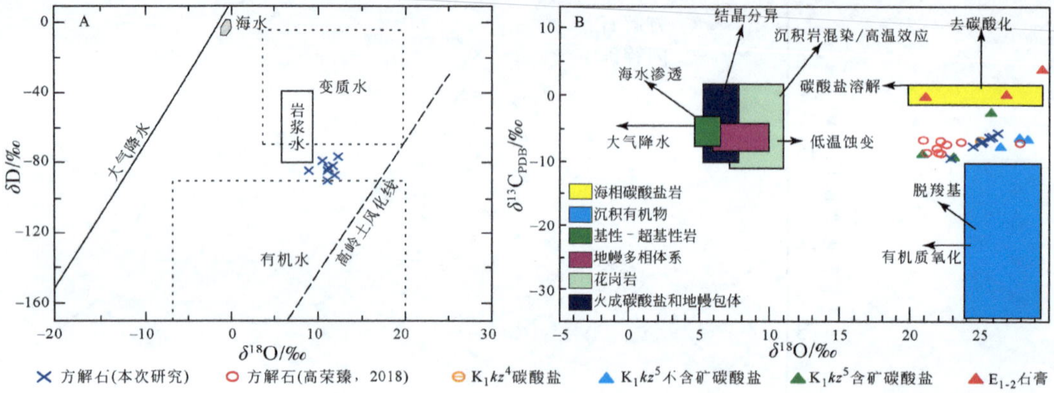

图 5-11　乌拉根铅锌矿 C-H-O 同位素示踪判别图（A 底图据 Sheppard，1986；B 底图据刘家军等，2004）

区域上油气地质研究表明，乌拉根地区目前发现的最为重要的烃源岩为中-下侏罗统（赵孟军等，2005），最有利的储层为下白垩统克孜勒苏群粗碎屑岩（张桂权等，2003），且在 K_1kz 中已有油气显示或油苗发育。乌拉根北矿带的吾合沙鲁断层中存在较强烈的油气显示，沿断裂带有大量沥青质产出，同时在矿区东部该层位中探明有气藏预测储量达 $1\times10^{10}m^3$ 的阿克莫木气田，在乌拉根向斜仰起端 K_1kz 中也见有大量油砂及液体油苗产出，表明油田卤水可能为矿区成矿有机质的重要来源。成矿流体中所含烃类中的有机酸对金属元素具有溶解、螯合作用，促进了金属元素的溶解、萃取，有利于金属元素的运移。更重要的是，有机质及其微生物的作用在某些部位对硫酸盐的还原作用形成的 H_2S、HS^- 等，是铅锌等金属物质沉淀富集的重要前提。

第二节　成矿物质来源

一、样品和分析方法

本次对萨热克铜矿、乌拉根铅锌矿和吾合沙鲁铜矿展开了系统的 S-Pb 同位素研究，其中萨热克铜矿测试样品为辉铜矿和黄铁矿，乌拉根铅锌矿测试样品为黄铁矿，吾合沙鲁铜矿测试样品为辉铜矿。样品经粉碎、清洗和筛分至40～60目后，在双目显微镜下仔细挑选用于S-Pb同位素分析的单矿物颗粒，分离出纯度为99%的样品，测试分析在核工业北京地质研究院分析测试中心完成。

S同位素测试：硫化物单矿物和氧化亚铜按一定比例（黄铁矿为1∶10）研磨并混合均匀，在真空达2.0×10^{-2}Pa状态下加热，反应温度为980℃，进行氧化反应，生成二氧化硫气体，用冷冻法收集，并用Finnigan MAT-251EM气体同位素质谱分析硫同位素组成。测量结果以CDT为标准，记为$\delta^{34}S$，分析精度优于±0.2‰。硫化物参考标准为GBW-04414和GBW-04415硫化银标准，其$\delta^{34}S$分别是−0.07±0.13‰和22.15±0.14‰。

Pb同位素测试：称取适量样品放入聚四氟乙烯坩埚中，在三酸分解之后，利用树脂交换法将样品分离，在充分晾干后进行同位素测定。分析中使用热离子质谱计（MAT-261），质谱分析测量结果用国际标样NBS981进行校正，测量误差在2σ内，分析精度中$^{204}Pb/^{206}Pb$值<0.05%，$^{208}Pb/^{206}Pb$值<0.005%。

二、S的来源

萨热克铜矿辉铜矿和黄铁矿、乌拉根铅锌矿方铅矿和黄铁矿以及吾合沙鲁铜矿辉铜矿S同位素分析结果见表5-6。

表5-6　萨热克铜矿、乌拉根铅锌矿和吾合沙鲁铜矿S同位素组成

矿区	样号	测试矿物	$\delta^{34}S$/‰	矿区	样号	测试矿物	$\delta^{34}S$/‰
萨热克	SR16519-8	辉铜矿	−15	乌拉根	WLG-22	方铅矿	−15.8
	SR16518-8	辉铜矿	−23.5		WLG-23	方铅矿	−15.4
	SR16518-12	辉铜矿	−17.5		WLG-24	方铅矿	8.4
	SR16518-7	辉铜矿	−25.9		WLG-25	方铅矿	7.7
	SR16518-14	辉铜矿	−23.8		WLG-26	方铅矿	1.4
	SR16518-15	辉铜矿	−26.2		WLG-27	方铅矿	−14.6
	SR16518-22	辉铜矿	−24.7		WLG-28	方铅矿	−15.4
	SRKPY-1	黄铁矿	−28.1		WLG-1	黄铁矿	−0.3
	SRKPY-2	黄铁矿	−25.4		WLG-2	黄铁矿	−0.9
	SRKPY-3	黄铁矿	−22.9		WLG-4	黄铁矿	−0.5
	SRKPY-4	黄铁矿	−23.4		WLG-31	黄铁矿	2.3
	SRKPY-5	黄铁矿	−28.3		WLG-32	黄铁矿	−0.4
	SRKPY-6	黄铁矿	−26.1		WLG-33	黄铁矿	−2.2
	SRKPY-7	黄铁矿	−27.1		WLG-34	黄铁矿	−3.9
	SRKPY-8	黄铁矿	−18.7		WLG-35	黄铁矿	−4.9
	SRKPY-9	黄铁矿	−27.5		WLG16528-6	黄铁矿	2.1
	SRKPY-10	黄铁矿	−27.7		WLG16528-9	黄铁矿	2.7
	SRKPY-11	黄铁矿	−18.3		WLG16528-12	黄铁矿	−0.4
吾合沙鲁	WH-1	辉铜矿	−29.6		WLG16528-26	黄铁矿	0.7
	WH-2	辉铜矿	−31.8		WLG-24	黄铁矿	−7.6
	WH-3	辉铜矿	−32.6		WLG-27	黄铁矿	−7.9
	WH-4	辉铜矿	−28.6		WLG-28	黄铁矿	−8.5
	WH-5	辉铜矿	−27.1		WLG-30	黄铁矿	−8
	WH-6	辉铜矿	−33.8		WLG-31	黄铁矿	−7.5
	WH-7	辉铜矿	−27.6		WLG-41	黄铁矿	−8.7
	WH-8	辉铜矿	−29.5		WLG-42	黄铁矿	−8.4
乌拉根	WLG-21	方铅矿	7.6		WLG-43	黄铁矿	−8.2

从表中可以看出，萨热克铜矿矿石中黄铁矿和辉铜矿的 $\delta^{34}S$ 组成均为负值，且集中于 −26.2‰～−15‰和−28.3‰～−18.7‰两个区间，极差为 10‰～13‰。

吾合沙鲁铜矿矿石中辉铜矿的 $\delta^{34}S$ 组成均为负值且较为集中，范围为 −33.8‰～−27.1‰，极差为 6.7‰。

乌拉根铅锌矿矿石中方铅矿和黄铁矿 $\delta^{34}S$ 组成较为宽泛，其中方铅矿 $\delta^{34}S$ 值范围为 −15.8‰～8.4‰，极差为 24.2‰，黄铁矿 $\delta^{34}S$ 值范围为−8.7‰～2.7‰，极差为 11‰。

一般认为自然界 S 有三种不同的 $\delta^{34}S$ 储库（韩吟文等，2003）：幔源硫（$\delta^{34}S=0\pm3‰$）、海水硫（$\delta^{34}S=+20‰$）及具有较大负 $\delta^{34}S$ 值的沉积物中的还原有机硫。一般情况下，有机物还原成因的硫同位素具有两个明显的特征：一是还原形成的 H_2S 或 H_2S 中 $\delta^{34}S$ 的富集明显超过原始硫酸盐，$\delta^{34}S$ 通常为负值；二是硫化氢或硫化物中 $\delta^{34}S$ 的富集随还原程度而变化，表现为 $\delta^{34}S$ 值具有大幅度波动范围。

自然界不同成因的 H_2S 和蒸发沉积硫酸盐矿物的硫同位素组成有明显区别，通常蒸发沉积硫酸盐的 $\delta^{34}S$ 值变化于 10‰～30‰，是自然界最大的。除深源岩浆成因 H_2S 外，H_2S 多由三种方式形成，即微生物硫酸盐还原作用（BSR）、热化学硫酸盐还原作用（TSR）和含硫有机质热解。BSR 形成 H_2S 的 $\delta^{34}S$ 值变化于−50‰～30‰，其造成的硫同位素分馏一般在 4‰～46‰，平均为 21‰（Canfield and Teske，1996；Habicht and Canfield，1997），最高可达 65‰（Canfield and Thamdrup，1994；Greenwood et al.，2013）。TSR 形成 H_2S 的 $\delta^{34}S$ 值变化于 0‰～30‰，其造成的硫同位素分馏一般在 0‰～10‰（Canfield and Teske，1996；Habicht and Canfield，1997；Greenwood et al.，2013），而含硫有机质热解形成 H_2S 的 $\delta^{34}S$ 值变化于−20‰～30‰。

前人在乌拉根铅锌矿开展了大量的 S 同位素研究工作（蔡宏渊等，2002；张舒，2010；韩凤彬等，2012；李志丹等，2013；Xue et al.，2014；陈兴和薛春纪，2016；郭会其，2016；董传奇等，2017；高荣臻，2018），统计前人及本次测试结果显示矿区主要金属矿物（方铅矿、闪锌矿和黄铁矿）的 $\delta^{34}S$ 值范围为−27.9‰～22‰，平均为−4.90‰，显示出以负值为主且很宽泛的特点（图 5-12）。其中方铅矿 $\delta^{34}S$ 值范围为−27.9‰～22‰，平均为 −8.37‰（N=91），闪锌矿 $\delta^{34}S$ 值范围为−16.3‰～18.76‰，平均为 1.57‰（$N=47$），黄铁矿 $\delta^{34}S$ 值范围为−10.4‰～2.7‰，平均为−4.57‰（$N=35$）。可以看出矿石硫同位素具有闪锌矿>黄铁矿>方铅矿的特点，通过与硫同位素 $\delta^{34}S$ 富集规律及分配顺序（石膏>天青石>黄铁矿>闪锌矿>方铅矿）相比较，乌拉根铅锌矿床硫化物未达到硫同位素分馏平衡，反映这些硫化物可能不是同期成矿作用产物，暗示乌拉根铅锌成矿可能存在多期成矿作用。

关于还原硫的形成机制，多数人根据乌拉根铅锌矿石 $\delta^{34}S$ 值主体为负值且很宽泛的特点，认为矿区成矿所需的 H_2S 主要通过 BSR 过程产生（蔡宏渊等，2002；韩凤彬等，2012；陈兴和薛春纪，2016）。陈兴和薛春纪（2016）通过矿相显微镜和场发射扫描电子显微镜，配合能谱分析，观测到闪锌矿、菱铁矿、方解石等矿物组成的微米−纳米尺度菌生结构和细菌化石，证实了成矿所需 H_2S 通过 BSR 产生的可能性。然而，自然环境中细菌通常只有在地表或近地表和温度<80℃的情况下大量繁殖，地表以下深度不会超过 2～2.5km，高于这个温度或大于这个深度细菌即难以存活（Wilhelms et al.，2001；Machel，2001；Head et al.，2003），只有极少数嗜热硫酸盐还原细菌才能在 110℃或更高温度条件下存活。矿区流

体包裹体研究表明，成矿期流体温度普遍>100℃，已超过大多数细菌存活温度的上限，且成矿流体温度集中在110～150℃，表明TSR也可能是矿区H_2S的重要成因机制。

乌拉根铅锌矿区蒸发沉积硫酸盐的$\delta^{34}S$值变化于7.62‰～21.72‰（图5-12），若发生BSR生成H_2S，则其$\delta^{34}S$应大致在-38.38‰～14.8‰，若发生TSR生成H_2S，则其$\delta^{34}S$应大致在-2.38‰～21.72‰。乌拉根铅锌硫化物矿石硫的$\delta^{34}S$变化于-27.9‰～22‰，也

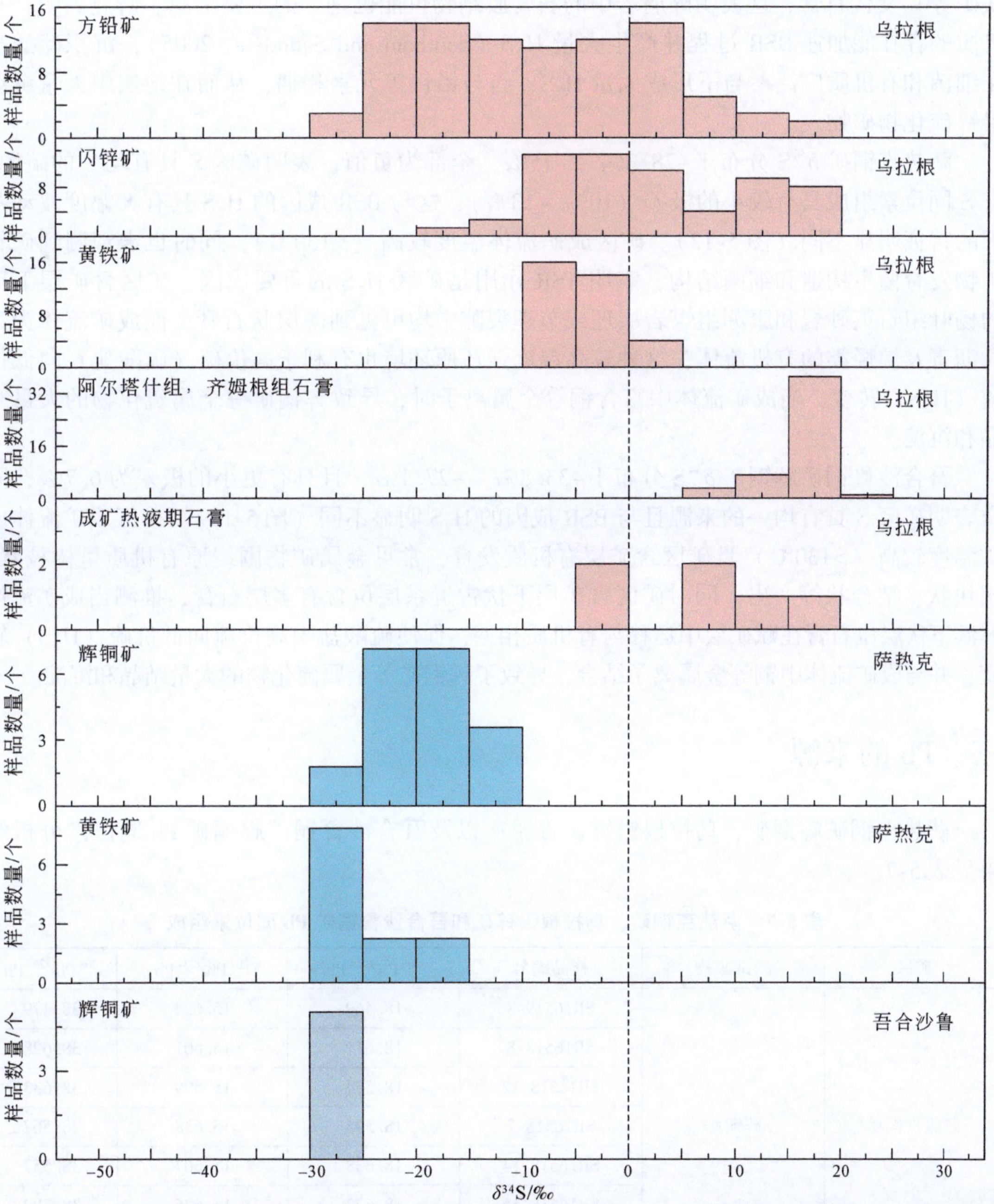

图5-12　萨热克铜矿、乌拉根铅锌矿和吾合沙鲁铜矿S同位素组成直方图

反映出 BSR 和 TSR 均可能为矿区 H_2S 的重要成因。另外，虽然矿区范围内油气等有机质发育，但有机质中的硫含量微不足道（董新丰等，2013；Xue et al.，2014），因此，有机质热裂解成因 H_2S 可以近似忽略不计。矿区阿尔塔什组因膏盐层溶解而形成的坍塌角砾岩，可能表明阿尔塔什组膏盐层为还原硫的重要来源。另外，克孜勒苏群中见到石膏胶结砂岩/砾岩，可能与上覆蒸发岩形成时下渗的残余浓缩海水有关，而且可见硫化物（闪锌矿、黄铁矿等）交代石膏，这表明碎屑岩中的石膏胶结物可能也是 S 的重要来源。研究表明，有机质的存在能加速 BSR 过程并产生大量 H_2S（Southam and Saunders，2005），沉积硫酸盐在细菌和有机质广泛参与下形成大量 H_2S，当与铅锌等元素相遇，从而在地层中大量沉淀铅锌硫化物矿物。

萨热克铜矿 $\delta^{34}S$ 分布于−28.3‰～−15‰，全部为负值，表明矿区 S 具有均一的硫源，且 S 同位素组成具有较小的极差（10‰～13‰），这与 BSR 成因的 H_2S 具有大幅度波动范围的特征明显不同（图 5-12）。矿区成矿流体温度较高（>130℃），同时也未观测到矿石矿物发育菌生构造和细菌结构，表明 TSR 作用是矿区 H_2S 的重要成因。矿区含矿层下部的杨叶组石英砂岩和康苏组煤岩层理或节理裂隙中均可见到薄层状石膏，而成矿流体为富含沥青及烷烃类的有机流体，这种较高温度强还原环境也有利于高价硫（硫酸盐）向低价硫（H_2S）转变，当成矿流体中富含铜等金属离子时，导致辉铜矿等金属硫化物的大量结晶和沉淀。

吾合沙鲁铜矿辉铜矿 $\delta^{34}S$ 分布于−33.8‰～−27.1‰，且具有更小的极差为 6.7‰，同样表明矿区 S 具有均一的来源且与 BSR 成因的 H_2S 明显不同（图 5-12）。矿区成矿流体成矿温度较高（>130℃）且矿区含矿层有机质发育，常见金属矿物围绕原有机质呈树枝状、团块状、结合状等产出，同时矿区含矿层下伏古近系层位含有多层石膏，推测当成矿流体淋滤下伏层位石膏在赋矿层中运移与有机质相遇，促使硫酸盐中高价硫向低价硫（H_2S）转变，并与成矿流体中铜等金属离子结合，导致了辉铜矿等金属硫化物的大量结晶和沉淀。

三、Pb 的来源

萨热克铜矿辉铜矿、乌拉根铅锌矿方铅矿以及吾合沙鲁铜矿辉铜矿 Pb 同位素分析结果见表 5-7。

表 5-7　萨热克铜矿、乌拉根铅锌矿和吾合沙鲁铜矿 Pb 同位素组成

矿区	测试矿物	样品编号	$^{206}Pb/^{204}Pb$	$^{207}Pb/^{204}Pb$	$^{208}Pb/^{204}Pb$
萨热克铜矿	辉铜矿	SR16519-8	18.469	15.624	38.479
		SR16518-8	18.611	15.601	38.628
		SR16518-12	18.554	15.599	38.633
		SR16518-7	18.594	15.638	38.567
		SR16518-14	18.638	15.667	38.557
		SR16518-15	18.627	15.626	38.709
		SR16518-22	18.624	15.621	38.681

续表

矿区	测试矿物	样品编号	$^{206}Pb/^{204}Pb$	$^{207}Pb/^{204}Pb$	$^{208}Pb/^{204}Pb$
乌拉根铅锌矿	方铅矿	WLG-21	18.555	15.614	38.699
		WLG-22	18.613	15.618	38.69
		WLG-23	18.635	15.622	38.711
		WLG-24	18.298	15.631	38.716
		WLG-25	18.221	15.619	38.688
		WLG-26	18.637	15.644	38.755
		WLG-27	18.651	15.653	38.784
		WLG-28	18.652	15.653	38.787
吾合沙鲁铜矿	辉铜矿	WH-1	18.644	15.651	38.774
		WH-2	18.639	15.645	38.756
		WH-3	18.645	15.648	38.764
		WH-4	18.648	15.646	38.761
		WH-5	18.641	15.639	38.741

从表5-7中可以看出，乌拉根铅锌矿方铅矿的Pb同位素组成为$^{206}Pb/^{204}Pb=18.221\sim18.652$、$^{207}Pb/^{204}Pb=15.614\sim15.653$、$^{208}Pb/^{204}Pb=38.688\sim38.787$。

萨热克铜矿辉铜矿Pb同位素组成为$^{206}Pb/^{204}Pb=18.469\sim18.638$、$^{207}Pb/^{204}Pb=15.599\sim15.667$、$^{208}Pb/^{204}Pb=38.479\sim38.709$。

吾合沙鲁铜矿辉铜矿Pb同位素组成为$^{206}Pb/^{204}Pb=18.639\sim18.648$、$^{207}Pb/^{204}Pb=15.639\sim15.651$、$^{208}Pb/^{204}Pb=38.741\sim38.774$。

对于沉积岩容矿的铜铅锌矿床，含矿建造中的红色碎屑岩建造、蒸发岩建造和古老变质基底均被认为是成矿金属的可能来源（Leach et al., 2005）。

本次研究中，乌拉根铅锌矿方铅矿Pb同位素组成非常均一，在$^{207}Pb/^{204}Pb$-$^{206}Pb/^{204}Pb$图上，乌拉根铅锌矿所有样品Pb同位素组成均投点于造山带与上地壳之间，在$^{208}Pb/^{204}Pb$-$^{206}Pb/^{204}Pb$图上，投点均靠近造山带演化线，所有样品Pb同位素组成明显偏离地幔Pb源区（图5-13），表明乌拉根铅锌矿成矿物质主要来源于上地壳和造山带的剥蚀区且没有幔源物质的参与，这与矿区处于南天山造山带南缘以及成矿期不存在岩浆活动的成矿地质背景相吻合。

通过与区域不同地质单元Pb同位素组成对比，发现乌拉根矿区方铅矿Pb同位素与古新统阿尔塔什组（E_1a）和下白垩统克孜勒苏群第四岩性段（K_1kz^4）的Pb同位素分布明显不同，表明这些地质单元可能不是成矿金属的主要来源。矿区方铅矿Pb同位素与下白垩统克孜勒苏群第五岩性段（K_1kz^5）的Pb同位素组成相似，且较为均一，矿区闪锌矿Sr同位素比值（0.710322）也与克孜勒苏群第五岩性段（K_1kz^5）Sr同位素比值（0.712845）较为接近，指示其可能为成矿金属的重要来源。同时，矿区方铅矿Pb同位素与中元古界阿克苏群（Ch*ak*）的Pb同位素也有重合，且阿克苏群变质岩建造也是克孜勒苏群含矿建造重要的剥蚀物源区（何岸北，2017），表明其也可能为成矿金属的来源，但

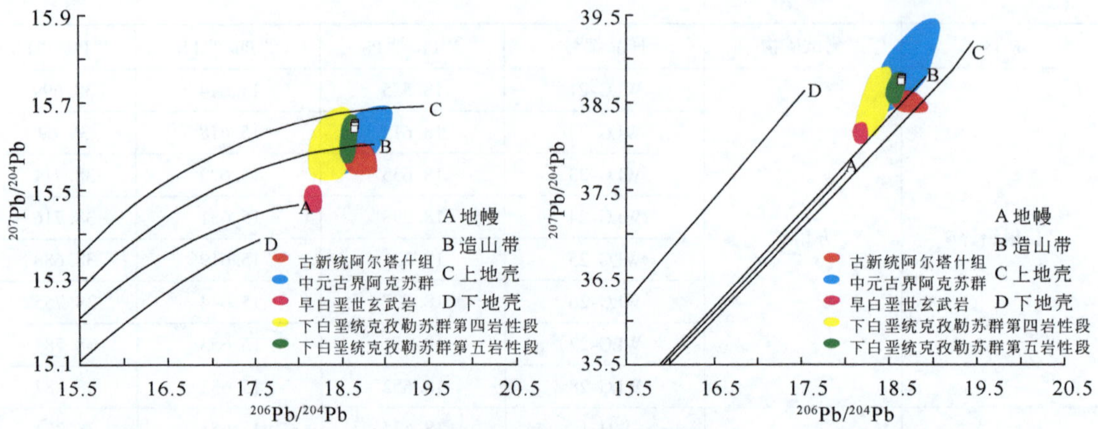

图 5-13　乌拉根铅锌矿 Pb 同位素构造模式图（底图据 Zartman and Doe，1981；阿尔塔什组和阿克苏群数据引自高荣臻，2018；早白垩世玄武岩数据引自季建清等，2006；克孜勒苏群第四、第五岩性段数据引自李志丹等，2013 和高荣臻，2018）

可能不是成矿金属的主要来源，因为与矿区闪锌矿初始 Sr 同位素比值（0.710322）相比，阿克苏群变质岩 Sr 同位素比值（0.713463～0.785017）明显升高（祝新友等，2010；Wang et al.，2017）。

萨热克铜矿辉铜矿 Pb 同位素组成也较为均一，在 $^{207}Pb/^{204}Pb$-$^{206}Pb/^{204}Pb$ 图上，萨热克铜矿所有样品 Pb 同位素组成均投点于造山带与上地壳之间，在 $^{208}Pb/^{204}Pb$-$^{206}Pb/^{204}Pb$ 图上，投点均靠近造山带演化线，表明萨热克铜矿成矿物质主要来源于上地壳和造山带的剥蚀区。虽然矿区范围内有辉绿岩等岩浆岩出露，但所有样品 Pb 同位素组成明显偏离地幔 Pb 源区（图 5-14），也与区域上早白垩世玄武质岩浆的 Pb 同位素组成明显不同，表明萨热克铜矿也没有幔源物质的参与。

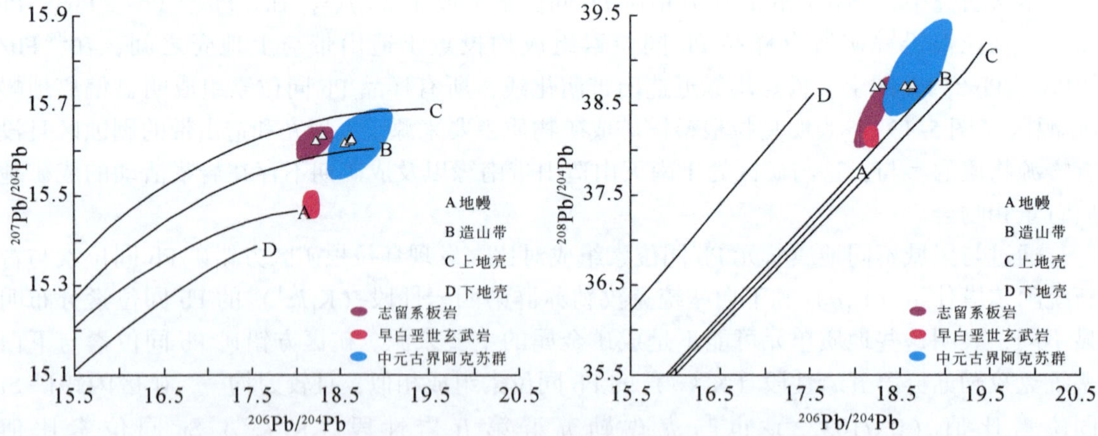

图 5-14　萨热克铜矿 Pb 同位素构造模式图（底图据 Zartman and Doe 1981；志留系数据引自杨耘等，2001；阿克苏群数据引自高荣臻，2018）

通过与区域不同地质单元 Pb 同位素组成对比，发现萨热克矿区辉铜矿 Pb 同位素组成与中元古界阿克苏群（Ch*ak*）及志留系合同沙拉群（S_2h）Pb 同位素组成明显重合，且较为均一，表明其可能为成矿金属重要来源，这与矿区内变质基底地层为阿克苏群（Ch*ak*）及志留系合同沙拉群（S_2h）且二者均为库孜贡苏组（J_3k）含矿建造剥蚀物源区的地质事实相一致。

相对于乌拉根铅锌矿和萨热克铜矿，吾合沙鲁铜矿辉铜矿 Pb 同位素组成较为分散，但所有样品整体上仍投点于造山带与上地壳之间，更靠近于造山带演化线，明显偏离地幔 Pb 源区（图 5-15），表明吾合沙鲁铜矿成矿物质主要来源于上地壳和造山带的剥蚀区，没有幔源物质的参与，但源区可能更为分散。

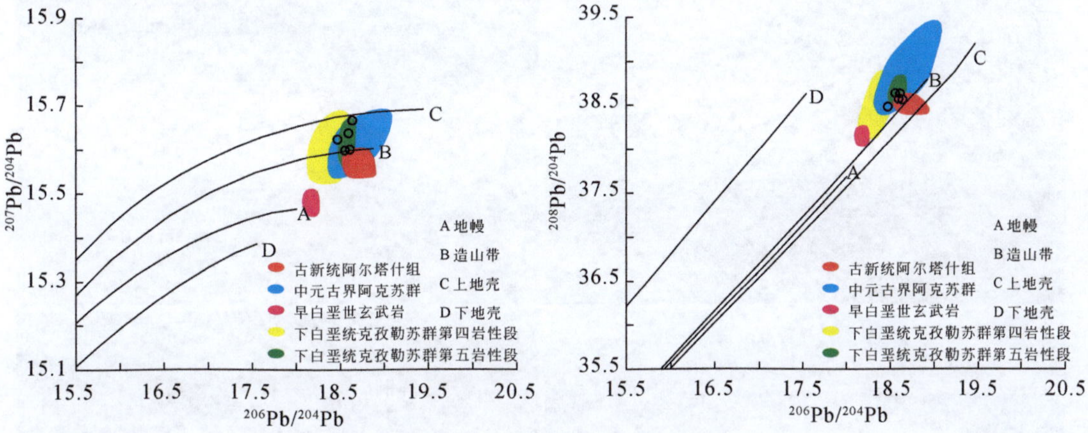

图 5-15　吾合沙鲁铜矿 Pb 同位素构造模式图（底图据 Zartman and Doe 1981；阿尔塔什组和阿克苏群数据引自高荣臻，2018；早白垩世玄武岩数据引自季建清等，2006；克孜勒苏群第四、第五岩性段数据引自李志丹等，2013；高荣臻，2018）

通过与区域不同地质单元 Pb 同位素组成对比，发现吾合沙鲁铜矿区辉铜矿 Pb 同位素组成与中元古界阿克苏群（Ch*ak*）、下白垩统克孜勒苏群第四、第五岩性段（K_1kz^{4-5}）及古新统阿尔塔什组（E_1a）的 Pb 同位素组成均较为重合，也反映出吾合沙鲁铜矿成矿物质来源的多源性。值得指出的是，与乌拉根铅锌矿和萨热克铜矿相比，吾合沙鲁矿区部分样品明显与古新统阿尔塔什组（E_1a）的 Pb 同位素组成的重合性，反映出蒸发岩建造对于吾合沙鲁铜矿成矿物质来源可能具有特殊意义。

第三节　成矿年代学

一、样品和分析方法

本次对萨热克铜矿、乌拉根铅锌矿和吾合沙鲁铜矿展开了系统的 Re-Os 同位素年代学研究，其中萨热克铜矿测试样品为辉铜矿和黄铁矿，乌拉根铅锌矿测试样品为黄铁矿，吾合沙鲁铜矿测试样品为辉铜矿。所有岩石样品在玛瑙研钵中被粉碎、清洗和筛分至 40 ~ 60 目后，在双目显微镜下仔细挑选用于 Re-Os 同位素分析的辉铜矿和/或黄铁矿单矿物颗粒，然后在超声波浴中用去离子水冲洗至少 20min，单矿物纯度>99%。

萨热克铜矿共对 6 件黄铁矿和 3 件辉铜矿样品进行了 Re-Os 同位素年代学测试，其中两件黄铁矿分别取自钻孔 ZK405 的 287.6m 处和 ZK403 的 297.3m 处，样品均呈自形立方体状（与图 2-15 相似），粒径为 1.5 ~ 4.0mm；两件样品的黄铁矿呈晶簇状产出（图 2-10H，图 5-16A）；两件样品的黄铁矿呈巨晶立方体状（粒径>1cm）产出（图 5-16B、C）。3 件辉铜矿样品均取自矿石堆，辉铜矿呈团块状产出（图 5-16D）。

图 5-16　萨热克铜矿辉铜矿和黄铁矿 Re-Os 同位素年代测试样品

吾合沙鲁铜矿共对 5 件辉铜矿样品进行了 Re-Os 同位素年代学测试，样品均取自杨叶矿段露天采场，辉铜矿均呈微细粒状分布于砂岩中（图 5-17），粒度一般为 0.05 ~ 0.2mm。

图 5-17　吾合沙鲁铜矿辉铜矿 Re-Os 同位素年代测试样品

乌拉根铅锌矿共对 12 件黄铁矿样品进行了 Re-Os 同位素年代学测试，分为两个批次：第一批次共 8 件样品，全部取自矿区南矿带碳酸盐角砾型矿石，样品中与黄铁矿共生的方解石呈细粒浸染状，黄铁矿多呈半自形至自形集合体状（图 5-18A、B），粒径为 0.2～2.5mm；第二批次共 4 件样品，样品也全部取自碳酸盐角砾型矿石，南、北矿带各两件，样品中与黄铁矿共生的方解石呈粗脉状或团块状产出，黄铁矿呈自形立方体状产于方解石粗脉中（图 5-18C、D），粒径为 0.5～3.0mm。镜下观察表明，两批样品中的黄铁矿均比较碎裂，被闪锌矿胶结，显示其结晶时间要稍早于闪锌矿。同时，第一批次黄铁矿单颗粒普遍含有微小砂砾碎屑（图 5-18E），单颗粒纯净度普遍较差，第二批次黄铁矿单颗粒几乎不含砂砾碎屑（图 5-18F），其纯净程度整体上要高于第一批样品中的黄铁矿，其寄主矿物方解石也呈纯净的粗粒自形状。

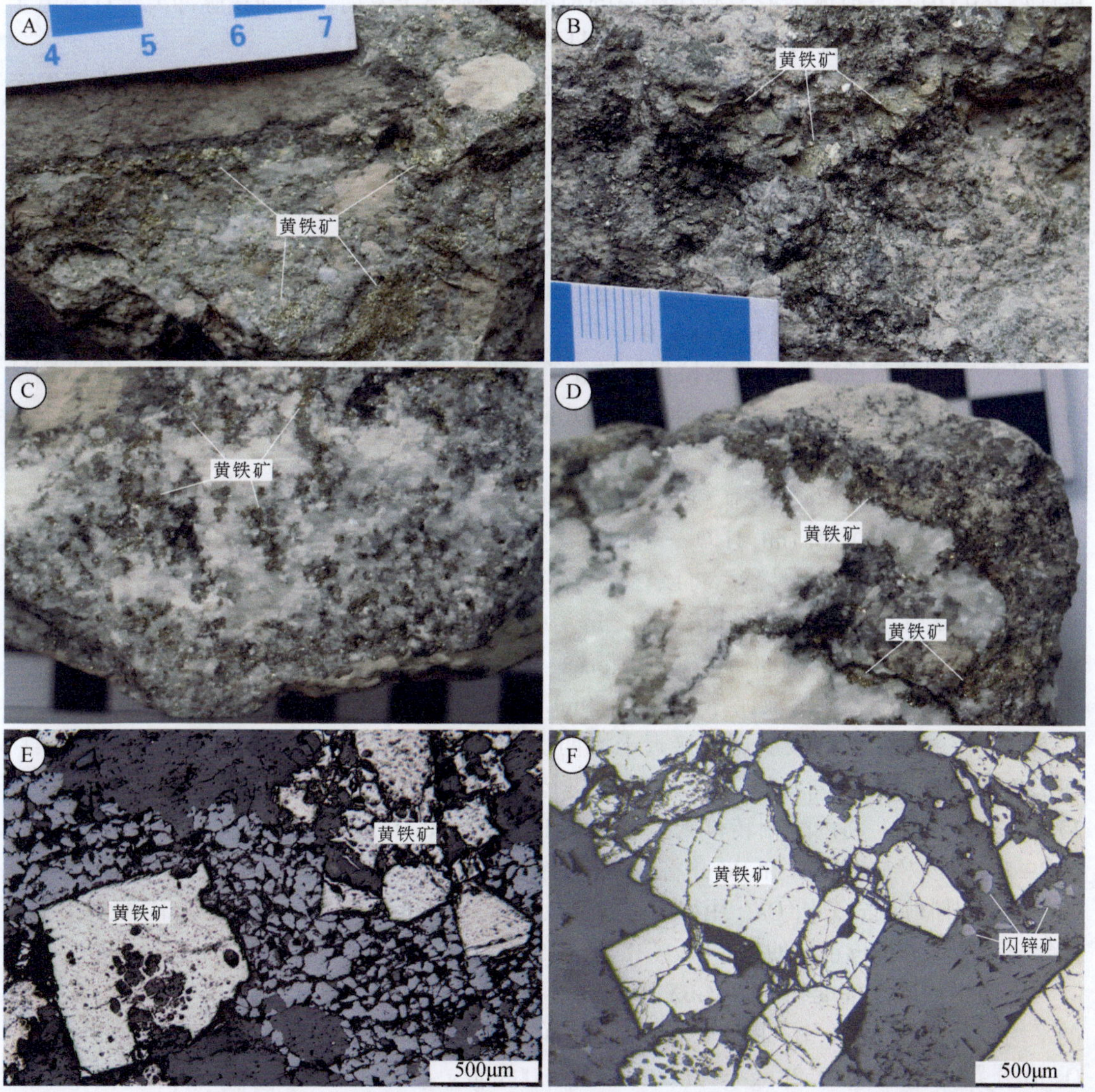

图 5-18　乌拉根铅锌矿黄铁矿 Re-Os 同位素年代测试样品

萨热克辉铜矿黄铁矿样品、乌拉根铅锌矿第一批次黄铁矿样品及吾合沙鲁铜矿辉铜矿样品 Re-Os 同位素年代学测试在中国科学院广州地球化学研究所进行，具体分析方法参见赵冰爽（2018），本次简述如下。

称取约 0.8g 硫铁矿粉末，放入 Carius 试管中，准确称量适量的 ^{185}Re 和 ^{190}Os 试管溶液，并小心添加到每个样本试管中。将 Carius 试管在含有液体 N_2 和乙醇的冷冻混合物的浴中冷却，并依次加入 2.5mL 的浓 HCl 和 7.5mL 的 HNO_3。Carius 试管被仔细密封，并在 230℃的烘箱中加热 24h。分解后，玻璃管在打开前再次在液体 N_2 和乙醇浴中冷却。解冻后，将管内物质倒入 20mL 离心管中，使残余固体沉淀。将上清液转移到 30mL 全氟烷氧基小瓶中，用四氯化碳进行有机溶剂萃取，然后反萃取到浓缩的溴化氢中。在进行 TIMS 分析之前，通过微蒸馏进一步纯化提取的锇馏分，锇以 99.999% 的铂丝负载在 HBr 中，并且将 $Ba(OH)_2$ 发射体溶液装载在样品的顶部以增强离子发射。分别在脉冲离子计数电子倍增模式和静态多法拉第收集器模式下测量了锇和铼同位素组成。

萃取后，将剩余溶液蒸发至干，残留物溶于 1mL 6mol/L 的 HCl 中。溶液再次蒸发至干，残留物在 120℃的热板上重新溶解在 10mL 1mol/L HCl 中。填充有 1.8mL 预清洁阴离子交换树脂的 BioRad 聚制备柱用于分离和纯化稀土元素。最后，用电感耦合等离子体质谱测定稀土质量分数，采用 30 ms 短停留时间的峰值跳变来提供准同时测量。

在分析期间，对 Os 标准溶液的重复分析得出的 $^{187}Os/^{188}Os$ 平均值为 0.12023（2SD，$n=12$）。不确定度由空白的不确定度确定，^{187}Re 衰变常数为 $1.666\times10^{-11}a^{-1}$（Smoliar et al., 1996），年龄等值线图使用 Isoplot 3.0 绘制（Ludwig, 2003）。

萨热克铜矿黄铁矿样品及乌拉根铅锌矿第二批次黄铁矿样品 Re-Os 同位素年代学测试在中国地质调查局国家地质实验测试中心进行，具体分析方法参见李超等（2015），本次简述如下。

首先称取 0.2～0.7g 硫铁矿粉末，并放入 Carius 试管中。装载已称重的 ^{190}Os-^{185}Re 试管、3mL HCl、5mL HNO_3 和 1mL H_2O_2，同时将试管底部在−80～−50℃的乙醇−液氮中冷冻。试管顶部用天然气火炬密封，然后将该管置于不锈钢夹套中，在 230℃下加热 24h。等硫铁矿粉末分解后，试管在打开前再次在液氮和乙醇浴中冷却。Os 通过直接蒸馏法从 Carius 管中分离 50min，然后收集在 5mL 50% HBr 中。然后通过微蒸馏法纯化含 Os 的 HBr 溶液（Creaser et al., 1991）。残留的稀土溶液保存在一个 150mL 的聚四氟乙烯烧杯中，用于稀土分离。

将残留的再承载溶液加热至接近干燥两次，向残留物中加入 10mL 25% NaOH，然后在 120mL 特氟隆分液漏斗中用 10mL 丙酮进行再萃取，之后丢弃液相部分。丙酮相用 2mL 25% NaOH 洗涤。将丙酮相转移到装有 2mL H_2O 的 100mL 烧杯中，然后将液体蒸发至干，用 2% 硝酸提取纯化的 Os 和 Re 并将其装载到铂丝上，用负离子热电离质谱分析，用第二电子倍增器以跳峰模式分析 Os，用静态法拉第收集器分析 Re。测量的 Re 和 Os 同位素比率采用等压氧干扰进行校正，使用 $^{185}Re/^{187}Re = 0.59738$ 和 $^{192}Os/^{188}Os = 3.08271$ 进行质量分馏。

采用中国国家标准物质（JCBY 硫化物）和一个空白样品用于数据质量控制。该方法的平均空白为约 1.4pg Re 和约 0.09pg Os。样品 GBW04477（JCBY）中 Re 含量和 $^{187}Os/^{188}Os$ 值分别为 37.99±0.28ng/g 和 0.3369±0.0008ng/g，与试验验证值 38.61±0.54ng/g 和 0.3363±0.0029ng/g 一致（Du et al., 2013）。不确定度由空白的 ^{187}Re 衰变常数 $1.666\times10^{-11}a^{-1}$

(Smoliar et al., 1996) 确定，年龄等值线图使用 Isoplot 3.0 软件绘制 (Ludwig, 2003)。

二、萨热克铜矿成矿年代

对于萨热克铜矿的成矿时代，贾润幸等（2018）通过沥青和辉铜矿 Re-Os 同位素测年结果显示，矿区沥青和辉铜矿 Re-Os 同位素模式年龄分布于 220.0～116.4Ma，即晚三叠世至早侏罗世，集中于 220.0～180.0Ma、166.3Ma 和 136.1～116.4Ma 三个区间，认为矿区成矿作用主要发生于晚侏罗世至早白垩世之间。然而，萨热克铜矿南矿带部分铜矿（化）体产于下白垩统克孜勒苏群第二岩性段（K_1kz^2）中，在井下巷道和钻孔中也多可见成矿期方解石（+石英）脉切穿矿体顶板，即下白垩统克孜勒苏群第一岩性段（K_1kz^1），矿区南矿带 K_1kz^2 被辉绿岩脉侵入，同时辉绿岩脉又被含铜硫化物的碳酸盐±石英细脉切穿，与此同时，沿辉绿岩脉两侧发育有浸染型铜矿化的砂岩褪色蚀变带。区域上玄武质岩浆活动时间集中在早白垩世晚期（120～104Ma，韩宝福等，1998；Sobel and Arnaud，2000；徐学义等，2003b）和古近纪（70～48Ma，王彦斌等，2000；季建清等，2006；梁涛等，2007），前者峰值在 112Ma 左右（徐学义等，2003b）。这些地质事实表明成矿作用应该晚于 K_1kz^2 沉积时代以及辉绿岩的侵入时代，即成矿时代应该晚于早白垩世，或者说<120Ma。

本次对萨热克矿区辉铜矿进行的 Re-Os 同位素测试结果见表 5-8。

表 5-8　萨热克铜矿辉铜矿 Re-Os 同位素测试结果

样号	Re/（μg/g）	^{187}Os/（ng/g）	^{187}Os/^{188}Os/（μg/g）	^{187}Re/^{188}Os/（ng/g）	模式年龄/Ma
SR16515-2	27.926±0.380	0.0043±0.001	1.154±0.013	47.487±7.080	146
SR16515-3	4.733±0.018	0.0007±0.001	0.831±0.028	35.361±5.164	142
SR16515-6	11.152±0.078	0.0016±0.001	4.466±0.115	190.933±29.616	141

测试结果显示，萨热克矿区 3 件辉铜矿 Re 丰度范围为 4.733～27.926μg/g，^{187}Os/^{188}Os 和 ^{187}Re/^{188}Os 比值范围分别为 0.831～4.466μg/g 和 35.361～190.933ng/g，样品的模式年龄介于 141～146Ma，结合贾润幸等（2018）辉铜矿 Re-Os 年代学测试结果，其模式年龄范围（220～116.3Ma）可能主体反映了成矿物质源区的时代。与矿区含矿建造［上侏罗统库孜贡苏组（J_3k^2）和下白垩统克孜勒苏群第一岩性段（K_1kz^1）］沉积时代相一致。

本次对萨热克矿区黄铁矿进行的 Re-Os 同位素测试结果见表 5-9。

表 5-9　萨热克铜矿黄铁矿 Re-Os 同位素测试结果

样号	测重/g	Re/（μg/g）	^{187}Os/（ng/g）	^{187}Re/（μg/g）	^{187}Os/（ng/g）	模式年龄/Ma
SRKPy-1	0.20752	3.291±0.034	0.0001±0.001	2.069±0.021	3.998±0.020	115.88±1.78
SRKPy-2	0.20006	1.919±0.016	0.0001±0.001	1.206±0.010	2.264±0.013	112.59±1.60
SRKPy-3	0.20482	4.014±0.041	0.0001±0.001	2.523±0.026	4.827±0.028	114.74±1.76
SRKPy-4	0.20216	11.654±0.032	0.0001±0.001	7.325±0.146	13.720±0.080	112.31±2.57
SRKPy-5	0.20287	5.422±0.071	0.0001±0.001	3.408±0.045	6.489±0.037	114.19±1.98
SRKPy-6	0.70000	20.299±0.487	0.0001±0.001	12.758±0.306	24.980±0.150	117.39±3.12

萨热克铜矿黄铁矿的 Re 丰度范围为 1.919～20.299μg/g，^{187}Re 和 ^{187}Os 的丰度范围分别为 1.206～12.758μg/g 和 2.264～24.980ng/g。

6 件黄铁矿样品给出了相对一致的模式年龄，介于 112.31～117.39Ma，获得较好的等时线年龄为 115.8±4.7Ma（MSWD＝3.9，图 5-19A），相应的加权平均年龄为 114.3±1.8Ma（MSWD＝2.9，图 5-19B），两个年龄在误差范围内基本一致。

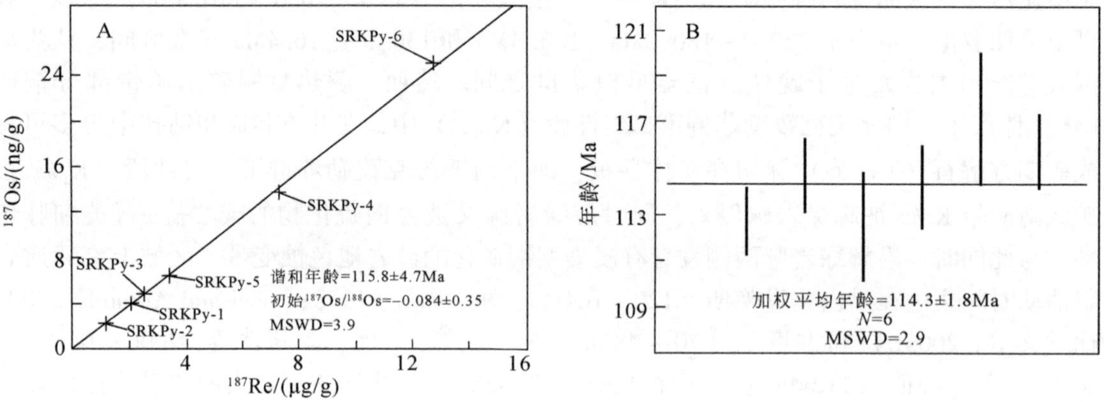

图 5-19　萨热克铜矿黄铁矿 Re-Os 定年等时线谐和图（A）和加权平均年龄谐和图（B）

黄铁矿 Re-Os 同位素测试结果较为均一，且该结果与依据上述地质事实限定的成矿时代相一致，即矿床为早白垩世以后形成，因此本次研究认为 115.8±4.7Ma 可以代表萨热克铜矿的成矿时代，即早白垩世末。辉铜矿样品最年轻的 Re-Os 同位素模式年龄 116.3Ma 与本次黄铁矿 Re-Os 同位素限定的成矿年代相一致，揭示出辉铜矿最年轻的 Re-Os 同位素模式年龄可能反映了矿床的成矿时代。

三、吾合沙鲁铜矿成矿年代

吾合沙鲁铜矿部分铜矿（化）体产于渐新−中新统克孜洛依组上段［$(E_3-N_1)\ k^2$］和中新统安居安组下段（N_1a^1）褪色砂岩中，局部可见褪色界面斜切砂岩层理分布，这些地质事实表明成矿作用应该晚于中新统安居安组下段（N_1a^1）的沉积时代，即成矿时代应该为中新世中晚期之后，或<13Ma。

本次对吾合沙鲁矿区辉铜矿进行的 Re-Os 同位素测试结果见表 5-10。

表 5-10　吾合沙鲁铜矿辉铜矿 Re-Os 同位素测试结果

样号	Re/(μg/g)	^{187}Os/(ng/g)	$^{187}Os/^{188}Os$/(μg/g)	$^{187}Re/^{188}Os$/(ng/g)	模式年龄/Ma
WH-1	60.58±0.24	0.0441±0.001	3.687±0.015	106.650±0.050	21
WH-2	1108.87±4.78	0.3142±0.0002	9.724±0.024	39.261±0.0175	15
WH-3	225.22±0.95	0.0610±0.003	15.995±0.046	75.799±0.432	13
WH-4	1711.25±13.28	0.2768±0.012	14.895±0.046	75.799±0.432	11
WH-5	1889.91±12.71	0.3889±0.006	12.899±0.089	77.899±0.554	11

测试结果显示，吾合沙鲁矿区 5 件辉铜矿 Re 丰度范围非常宽广，为 60.58 ~ 1889.91μg/g，$^{187}Os/^{188}Os$ 和 $^{187}Re/^{188}Os$ 值的范围分别为 3.687 ~ 15.995ng/g 和 39.261 ~ 106.650μg/g，样品的模式年龄介于 11 ~ 21Ma，与矿区含矿建造渐新-中新统克孜洛依组［（E_3-N_1）k］和中新统安居安组（N_1a）沉积时代相一致，结合萨热克铜矿辉铜矿 Re-Os 年代学测试结果分析，其模式年龄范围（21 ~ 13Ma）可能更多地反映了成矿物质源区的时代，其最年轻的模式年龄 11Ma 可能代表矿床的成矿时代。

四、乌拉根铅锌矿成矿年代

对于乌拉根铅锌矿的成矿时代，前人做了大量的工作，韩凤彬（2012）对油气还原砂岩、含矿砂岩和非含矿原生砂岩内的碎屑磷灰石裂变径迹测试分析，所测样品中裂变径迹年龄集中在早白垩世—古近纪（133.5 ~ 35.2Ma），根据样品的最年轻径迹年龄，推测乌拉根矿区最晚大规模冷却事件的年龄即成矿时代为 35.2 ~ 49.5Ma。Wang 等（2017）获得了乌拉根矿区方铅矿、闪锌矿和方解石的 Rb-Sr 和 Sm-Nd 等时线年龄为 55.1±1.6Ma ~ 55.4±2.2Ma，但该组年龄由于存在较多奔点，可能与砂砾岩容矿矿石金属硫化物中含有较多碎屑颗粒、有机质等包裹物，以及与闪锌矿共生的热液方解石可能混有成岩期的方解石等有关。高荣臻（2018）对矿区黄铁矿 Re-Os 年代学研究获得了 45Ma、18Ma 和 10.7 ~ 6.7Ma 三组年龄，认为矿区经历了多期的成矿作用，分别与区域上以 40.2Ma、20Ma、8Ma 为峰值的三次构造隆升相对应，这可能分别与印度板块-Kohistan-Ladakh 弧组成的联合板块与欧亚大陆碰撞、主帕米尔断裂（MPT）和帕米尔前缘逆冲断裂（PFT）远程效应有关。

本次对乌拉根矿区第一批次黄铁矿进行的 Re-Os 同位素测试结果见表 5-11。

表 5-11　乌拉根铅锌矿第一批黄铁矿 Re-Os 同位素测试结果

样号	Re/(μg/g)	^{187}Os/(ng/g)	$^{187}Os/^{188}Os$/(μg/g)	$^{187}Re/^{188}Os$/(ng/g)	模式年龄/Ma
WLG166-1	79.72±0.49	0.0514±0.001	7.31±0.02	14.481±0.091	30.0±3.0
WLG166-2	79.73±0.41	0.0424±0.002	10.23±0.05	20.972±0.138	29±4.0
WLG166-5	7.92±0.05	0.0077±0.000	4.79±0.07	7.982±0.073	35±16.5
WLG166-6	3.81±0.03	0.0047±0.0000	3.66±0.04	5.648±0.052	38±13.9
WLG166-7	16.91±0.12	0.0270±0.0002	21.13±0.25	11.288±0.100	112±13.0
WLG166-8	26.89±0.21	0.0322±0.0002	12.90±0.08	10.723±0.098	72±7.1
WLG166-10	8.71±0.05	0.0283±0.0002	3.68±0.03	2.169±0.017	98±6.6
WLG166-11	6.85±0.06	0.0130±0.0001	4.46±0.02	3.986±0.039	65±6.7

矿区第一批次 8 件黄铁矿 Re 丰度范围为 3.81 ~ 79.73μg/g，$^{187}Os/^{188}Os$ 和 $^{187}Re/^{188}Os$ 值范围分别为 3.66 ~ 21.13ng/g 和 2.169 ~ 20.972μg/g。样品的模式年龄介于 29 ~ 112Ma，范围宽广且误差较大。其中 4 件样品模式年龄介于 65 ~ 112Ma，与矿区含矿建造［下白垩统克孜勒苏群（K_1kz）和古新统阿尔塔什组（E_1a）］沉积时代相一致，其余 4 件样品模式年龄介于 38 ~ 29Ma，结合显微镜下观察结果表明，黄铁矿单颗粒中多包含围岩砂砾碎

屑，矿石结构构造观察也表明，矿区范围内没有明显的多期成矿的特征，因此这些模式年龄可能更多地反映了成矿物质源区的时代或受到了围岩物质的混染，并不能代表真正的成矿时代。

本次对乌拉根矿区第二批次黄铁矿进行的 Re-Os 同位素测试结果见表 5-12。

表 5-12　乌拉根铅锌矿第二批次黄铁矿 Re-Os 同位素测试结果

样号	测重/g	Re/(μg/g)	^{187}Os/(ng/g)	^{187}Re/(μg/g)	^{187}Os/(ng/g)	模式年龄/Ma
WLG-1	0. 65049	23. 374±0. 173	0. 0134±0. 001	14. 691±0. 109	8. 447±0. 087	46. 94±0. 48
WLG-2	0. 65034	49. 120±0. 367	0. 0075±0. 001	30. 868±0. 230	31. 527±0. 327	47. 72±0. 49
WLG-3	0. 57164	8. 048±0. 060	0. 0054±0. 000	5. 060±0. 037	7. 253±0. 075	46. 98±0. 48
WLG-4	0. 65021	8. 168±0. 060	0. 0049±0. 000	5. 134±0. 038	8. 102±0. 084	47. 00±0. 48

矿区第二批次 4 件黄铁矿样品的 Re 丰度范围为 8. 048 ~ 49. 120μg/g，^{187}Re 和 ^{187}Os 丰度范围分别为 5. 060 ~ 30. 868μg/g 和 7. 253 ~ 31. 527ng/g。4 件黄铁矿样品给出了相对一致的模式年龄，介于 46. 94 ~ 47. 72Ma，获得较好的等时线年龄为 47. 97±0. 66Ma（MSWD = 1. 8，图 5-20A），相应的加权平均年龄为 47. 16±0. 59Ma（MSWD = 2. 3，图 5-20B），两个年龄在误差范围内基本一致。黄铁矿单矿物产于较为纯净的方解石粗脉/团块中，显微镜下观察也较为纯净，没有受到围岩物质的混染，因此本次研究认为该批样品 Re-Os 同位素的模式年龄和等时线年龄可以代表黄铁矿形成的时代，即成矿年龄。

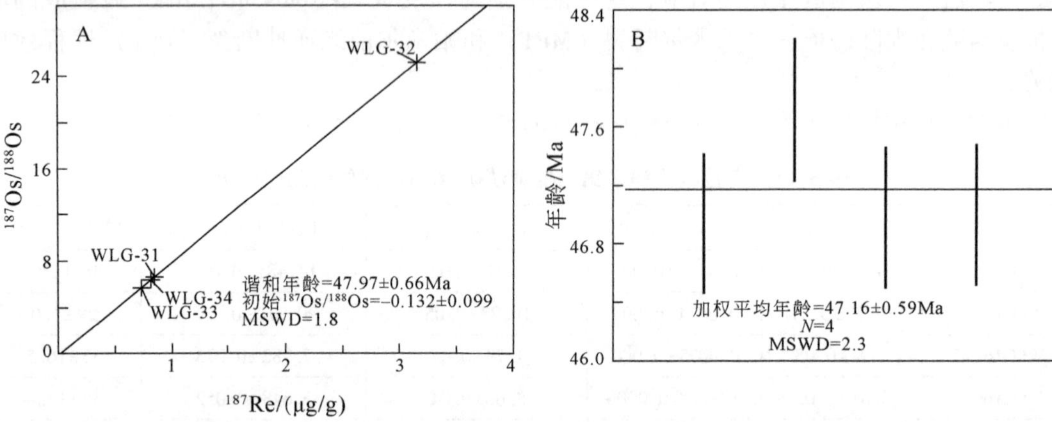

图 5-20　乌拉根铅锌矿黄铁矿 Re-Os 定年等时线谐和图（A）和加权平均年龄谐和图（B）

黄铁矿 Re-Os 同位素测试结果很好地约束了乌拉根铅锌矿的成矿时代，且该结果与依据上述地质事实限定的成矿时代相一致，即矿床为古新世以后形成，因此本次研究认为 47. 97±0. 66Ma 可以代表乌拉根铅锌矿的主要成矿时代，即始新世早期。

第六章 矿床成矿模式

第一节 区域构造-盆山耦合演化

区域地质综合研究表明，塔西地区自中生代以来其构造演化受到塔里木地块与西南天山、西昆仑两条造山带的制约与影响，此外塔拉斯-费尔干纳断裂、早白垩世—古近纪玄武质岩浆活动也对该区的地层、构造和成矿作用产生了重要的影响。

塔西地区中生代以来的构造演化始于南天山和西昆仑两条造山带的形成。早二叠世末期，伴随南天山洋自东向西剪刀式的闭合，塔里木板块、哈萨克斯坦板块和西伯利亚板块基本完成拼合成为统一的亚欧大陆，南天山造山带形成（蔡东升等，1995）；三叠纪末，随着古特提斯洋也呈自西向东剪刀式地闭合，羌塘地体与塔里木板块发生陆-陆碰撞和拼贴，西昆仑造山带形成（张传林等，2019）。

两大洋盆的闭合及造山带的形成不仅使塔西地区逐渐与塔里木盆地分离出来，而且直接导致塔里木盆地东段与西段在中生代早期呈现不同的应力状态，从而影响了该区中生代的沉积格局。由于南天山东段碰撞早，西段碰撞晚，当东段已在三叠纪进入碰撞后伸展状态时，西段仍处于碰撞期间的持续挤压状态，即塔西地区处于普遍抬升剥蚀状态，造成区域上基本缺失三叠系。自早侏罗世开始，塔西地区中元古界、古生界基底伸展下陷，山体相对抬升，喀什拗陷开始形成，同时，强烈的挤压致使塔拉斯-费尔干纳断裂系活化，形成切列克辛拉分断陷盆地。

塔拉斯-费尔干纳断裂是中亚地区规模较大的断裂之一，它是北西-南东走向的右行走滑断裂，西北端起自哈萨克斯坦境内克孜尔奥尔达东部山区，向西北伸入克孜尔库姆沙漠之下，向东南方向穿过费尔干纳盆地东北缘后进入塔西地区，然后在乌恰以南被新生界覆盖。塔拉斯-费尔干纳断裂是从二叠纪南天山洋闭合之后才开始发育，最终在早侏罗世初达到现今规模。该断裂截切南天山造山带的主体构造线，对其天山段两侧地层、岩性、岩相和变形构造的研究表明，该段在三叠纪有过大规模的走滑活动（Burtman，1980）。断裂带两侧古生界各沉积单元的水平错断超过180km，如果把弹性变形考虑在内，则其位移超过250km，但早白垩世沉积单元被错断的位移仅60km左右，说明大规模的走滑活动发生于早白垩世之前（Burtman et al.，1996；Sobel and Arnaud，2000）。

塔拉斯-费尔干纳断裂对塔西地区的影响是从晚三叠世开始的，其大规模走滑活动在区域上形成了晚三叠世—中侏罗世的切列克辛拉分断陷盆地，该盆地于晚侏罗世逐渐消亡，其后被新生代前陆盆地叠加改造。盆地内侏罗系变形强烈，内部大量发育轴面倾向西南的褶皱和断裂。

切列克辛盆地内侏罗系以含煤碎屑岩沉积为主，最大残余厚度>5000m，其中下侏罗统莎里塔什组厚度>1000m，为一套快速堆积的冲积扇相砾岩沉积，呈角度不整合覆盖在前侏罗系之上，并随着盆地的持续沉降，沿剖面向上较快地转变为中侏罗统康苏组一套湖泊-沼泽相的煤系沉积。中侏罗世为盆地的稳定沉降期，早期沉积了杨叶组一套灰绿色的滨浅湖相的砂岩、泥岩沉积，晚期盆地的下沉达到顶峰，沉积了塔尔尕组一套滨浅湖相—半深湖相—深湖相杂色泥岩、石英砂岩夹泥灰岩沉积。中侏罗世末期，受燕山早期构造运动影响盆地经历短期抬升，盆地面积缩小，晚侏罗世盆地下沉，又一次接受了晚侏罗世库孜贡苏组早期的冲积扇相-河流相砾岩、砂岩、粉砂岩沉积和晚期一套快速堆积的冲积扇相砾岩夹砂岩透镜体沉积。

切列克辛盆地内侏罗系纵向上呈现出粗-细-粗的沉积旋回，反映断陷湖盆裂陷→拗陷→萎缩的发展、演化过程。早-中侏罗世气候为温暖-潮湿环境，以山前近源冲积扇和滨、浅湖环境为主的含煤碎屑岩，含大量炭屑及有机质；晚侏罗世则以山麓旱地扇沉积为主，气候变为半干旱-干旱环境（图 6-1）。沉积相的研究表明，半深湖、滨浅湖和河流三角洲等沉积相也是沿着平行塔拉斯-费尔干纳断裂延伸方向（北西-南东）排列的，反映了塔拉斯-费尔干纳断裂当时存在大规模的走滑活动。导致早-中侏罗世大规模走滑活动的因素

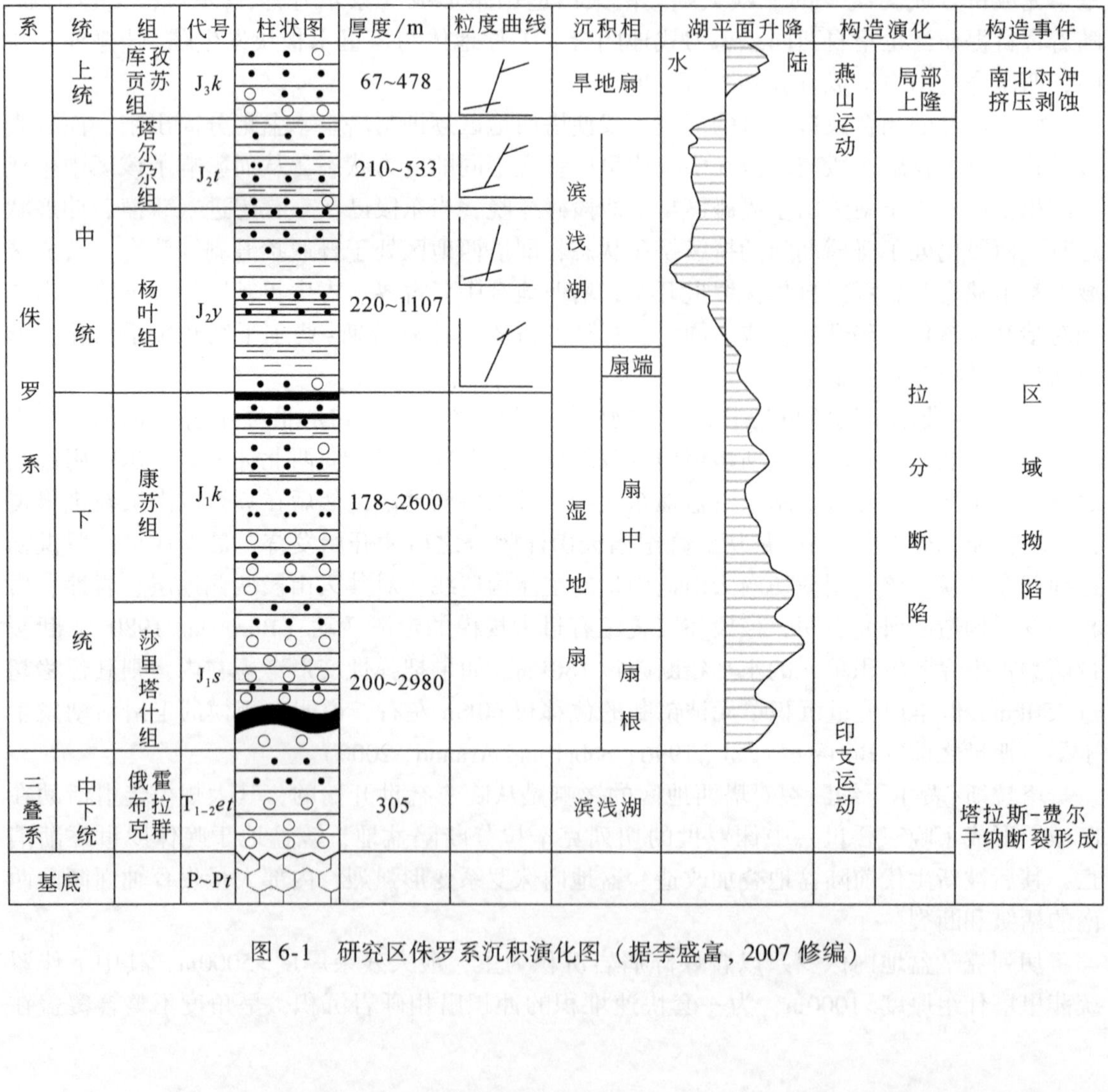

图 6-1　研究区侏罗系沉积演化图（据李盛富，2007 修编）

可能有两个：其一可能是南天山洋西段闭合之后挤压作用局部延续到早、中侏罗世的结果；其二可能是当时塔里木地块以南的西昆仑和中帕米尔一带地块拼合作用造成的远程效应。物源分析表明，盆地侏罗系既有来源于盆地西侧出露的前寒武系变质岩物源，又有断陷东侧出露的古生界沉积岩物源，两侧隆起区均为物源区，这与喀什拗陷的单侧物源区有明显差别。

侏罗系在喀什拗陷主要分布在乌恰至康苏一带，在康苏以西沿天山山前也有少量侏罗系分布，超覆在长城系或古生界之上。其中中侏罗统塔尔尕组尖灭于吾合沙鲁种羊场附近，上侏罗统库孜贡苏组尖灭于乌鲁克恰提附近，乌拉根隆起东部倾伏端可见下侏罗统莎里塔什组超覆在长城系之上，东部托帕一带侏罗系整体缺失，反映出侏罗纪喀什拗陷略具南高北低，北部局部裂陷、东西凸起的古地理特征，其间拗陷中始终存在乌拉根隆起，为一凹中隆起。

晚侏罗世受燕山运动（塔西地区称为库孜贡苏运动）的影响，塔西地区受到南北对冲挤压，造成区域整体隆升，沿南天山山前沉积的中-下侏罗统开始遭受剥蚀，和南天山山体一起成为盆地局部地段上侏罗统的物源，因此，在切列克辛断陷盆地南侧和南天山山前局部地段形成上侏罗统库孜贡苏组杂色粗碎屑岩沉积。晚侏罗世开始塔拉斯-费尔干纳断裂活动也大大减弱，几乎失去对切列克辛断陷盆地的控制作用，切列克辛断陷盆地成为南天山的一部分。

可能受控于晚侏罗世欧亚板块南部边缘拉萨地体拼贴的远程效应影响，塔西地区在晚侏罗世—早白垩世曾经历一期盆山调整，山-盆构造分异与抬升剥蚀增强，导致天山山前盆地沉积区（喀什拗陷）与天山内部古老基底区（苏鲁铁列克地块和切列克辛盆地）不再有物质交换（Yang et al., 2014；杨威等, 2017）。但因该期盆山调整的规模和影响程度有限，并未影响中生代塔里木盆地北缘被动沉陷盆地的总体属性（Liu et al., 2013）。其中，苏鲁铁列克地块和切列克辛断陷盆地因早白垩世构造抬升大部分没有接受沉积，下白垩统克孜勒苏群分布范围萎缩在萨热克巴依次级盆地和托云盆地之中。同时，由于北部西南天山的推挤作用，山前的喀什拗陷继续缓慢沉降，构造沉降和沉积中心转变并迁移至乌鲁克恰提-巴什布拉克-乌拉根一带，且由于侏罗系的先前充填作用使整个区域变为较宽阔而平坦的古地理背景，喀什拗陷整体接受下白垩统克孜勒苏群的一套辫状河相的红色砾岩、砂岩夹泥岩沉积，纵向上由砂岩夹泥岩组成一个粗→细→粗的沉积旋回。

早白垩世晚期—晚白垩世，西南天山发生区域隆升事件，苏鲁铁列克地块及切列克辛盆地由于显著的构造抬升，缺失上白垩统沉积。萨热克巴依盆地内出露的下白垩统克孜勒苏群其岩性由下至上依次为岩屑砂岩、含砾砂岩和灰绿色、灰白色砾岩，显出水体环境明显变浅的特征，反映出萨热克巴依盆地在早白垩世晚期开始抬升，同时在乌拉根一带，克孜勒苏群第五岩性段（K_1kz^5）中沉积碎屑锆石裂变径迹年龄为 119±6Ma（方维萱等, 2019），可能反映了该期构造隆升事件（刘孜等, 2020）。

与此同时，由于西南天山前陆冲断作用，喀什拗陷整体构造沉降，受同时期新特提斯洋扩张的影响，海水自西向东进入塔西地区，塔里木海湾开始形成，塔西地区由湖盆转入海盆的发展、演化过程，整体形成一套陆表海-海陆交互相潮坪-潟湖-滨岸沉积体系。但由于晚白垩世西南天山前陆冲断作用，喀什拗陷北部乌拉根隆起与苏鲁铁列克地块形成了半岛构造或陆桥，致使乌拉根地区缺失上白垩统沉积，而乌鲁克恰提地区演化为晚白垩世—古近纪局限海湾潟湖盆地。晚白垩世乌拉根地区具有“盆地北缘高陡、盆内局限海湾和半岛分隔、盆地南缘低缓”趋势。早白垩世晚期—晚白垩世的海陆过渡相及海相沉积在塔什皮萨克背斜区也未见分布。

晚白垩世—古新世，气候温暖，塔里木海湾与中亚地区连通，形成一个更大的陆表海，海水水体清澈，浅海生物繁盛，并经历了5次大规模的海侵-海退旋回，形成一个袋状的海湾，沿着天山山前广泛分布。

喀什拗陷的海侵过程最早可追溯到早白垩世Aptian（阿普特）晚期至Albian（阿尔必）期，在喀什一带存在间歇性的小规模海侵，以滨岸相为主，其证据包括在下白垩统克孜勒苏群下亚旋回上部和上亚旋回中发现了海相遗迹化石及少量有孔虫化石、双壳类化石、自生海绿石等（郝诒纯等，1987；郭宪璞，1991）。

塔西部真正大规模的海侵自Cenomanian（塞诺曼）期开始，在西南天山山前开始形成一套广泛的含化石的泥岩和碳酸盐岩沉积（图6-2）。伴随着塞诺曼/土伦（Cenomanian/Turonian，C/T）界线之交的全球白垩纪最大海侵，塔西地区也迎来第一次大规模的海侵，并在C/T界线上下规模达到最大（Xi er al.，2016）。随后在乌依塔克沉积期［Coniacian（科尼亚克）期—Santonian（桑顿）期?］发生了海退。Campanian（坎潘）期—Maastrichtian（马斯特里赫特）早期，塔里木盆地发生了第二次大规模的海侵，但这次海侵仅在西南天山山前形成了局部的碳酸盐沉积（唐天福，1992；雍天寿等，1989；Zhang et al.，2018；郭宪璞等，2018）。至晚白垩世Maastrichtian晚期—古近纪Danian（丹尼）早期，塔里木盆地再一次发生了大规模海退，形成了一套以吐依洛克组膏泥岩和阿尔塔什组石膏岩为主的沉积序列。

塔里木盆地古新世晚期—始新世早期（齐姆根组）发生了第三次海侵事件，这次海侵的范围较前两次更大，水体更深，形成了正常的浅海环境，浮游有孔虫、钙质超微、沟鞭藻等浮游生物繁盛，海平面也在古新世—始新世极热事件层（PETM）上下达到最高（Cao et al.，2018；Jiang et al.，2018）。之后，早始新世早中期开始，发生了大规模海退（图6-2）。

最新的研究表明，区域上齐姆根组下段顶部灰绿色泥岩的沉积时代为始新世Ypresian（伊普尔）早期，时代不超过50Ma（Cao et al.，2018；Jiang et al.，2018），而上段下部火山灰的同位素年龄为45.9~46.3Ma（席党鹏等，2020），表明齐姆根组下段碳酸盐岩和上段棕红色膏泥岩之间存在明显的沉积间断，该时期区域上可能发生了隆升事件，磷灰石裂变径迹年龄49.1Ma（韩凤彬，2012）可能为此次隆升事件的记录。

自中始新世中期开始，塔里木盆地西部发生了第四次大规模的海侵，在盆地内形成一套广泛的碳酸盐岩沉积（卡拉塔尔组），海侵范围可能较齐姆根组更为广泛（雍天寿等，1989），塔什皮萨克背斜区也接受海相沉积。乌拉根组中下部沉积是卡拉塔尔组海侵的继续，但由于陆源物质的大量输入，沉积环境由碳酸盐台地变为以碎屑岩沉积为主的滨浅海（图6-2）。自中始新世晚期（乌拉根组上部）开始，塔里木盆地发生了大规模的海退，但塔西地区乌拉根组上部变为石膏沉积，表明海水并未完全退出，并在晚始新世（巴什布拉克组第三段）又发生了一次较小规模的海侵事件，即第五次海侵，并最终于晚始新世晚期

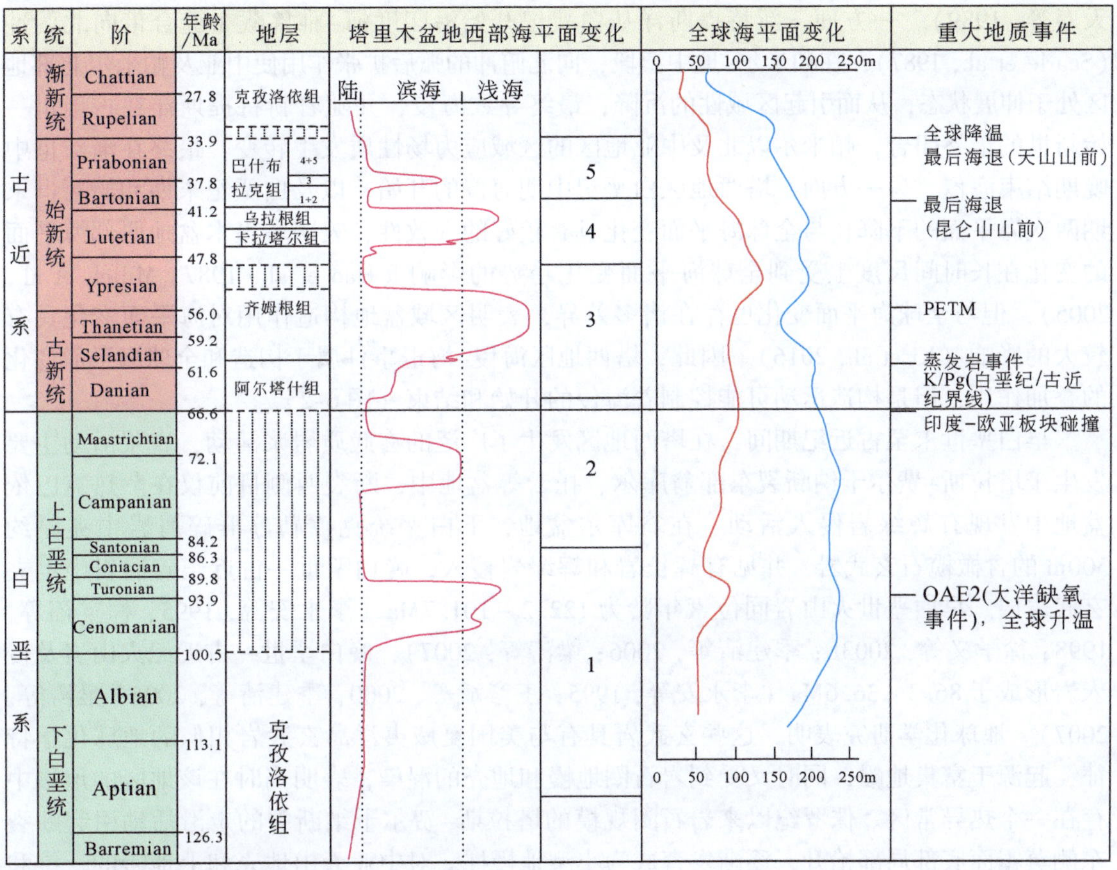

图 6-2　研究区晚白垩世—古近纪海平面变化及重要的地质事件（据席党鹏等，2020 修编）

Chattian-夏特；Rupelian-吕珀尔；Priabonian-普利亚本；Bartonian-巴顿；Lutetian-路特；Ypresian-伊普尔；Thanetian-塔内特；Selandian-塞兰特；Danian-丹尼；Maastrichtian-马斯特里赫特；Campanian-坎潘；Santonian-桑顿；Coniacian-科尼亚克；Turonian-土伦；Cenomanian-塞诺曼；Albian-阿尔必；Aptian-阿普特；Barremian-巴列姆

或渐新世最早期退出塔里木盆地西部（唐天福，1992；Bosboom et al., 2014a；Tang et al., 2015；郝诒纯和曾学鲁，1984）。至此，整个塔里木盆地转变为以陆相为主的沉积环境（周志毅和陈丕基，1990；Zheng et al., 2015）。

关于塔西地区海退事件的时间，目前普遍认为发生于巴什布拉克组，多数学者认为最高海相层位于巴什布拉克组第三段顶部及以后的层位，但关于最高海相层的层位和时代还存在争议。最高海相层包括第四段底部、第五段底部和第五段顶部，甚至更高的层位等有不同观点，海退的时间也存在晚始新世（Bosboom et al., 2014a，b，c；Tang et al., 2015）和早渐新世（Tang et al., 2015）等不同观点。席党鹏等（2020）通过对巴什布拉克剖面详细的生物地层学工作，在第四段发现了少量介形虫、有孔虫和钙质超微化石（Lan et al., 1997；孙燕琪，2019），认为第四段依然为海相环境，推测第五段沉积期海水才逐渐缓慢退出，最终海退的时间可能为晚始新世晚期，但也不排除进入渐新世最早期（图 6-2）。

塔西地区海平面变化和海侵–海退事件，可能同时受全球海平面变化和区域构造运动的双重控制（Bosboom et al., 2014c），构造对海侵–海退事件具有根本性的控制作用（雍天寿等，1989）。一方面，新特提斯洋从白垩纪开始沿印度河-雅鲁藏布缝合带向北俯冲（Scarle et al.，1987），在帕米尔-地中海段，向北俯冲的弧后扩张作用使中亚及帕米尔北部地区处于伸展状态，从而引起区域性的沉降，最终导致海侵，并随着新特提斯洋在古新世—始新世的最终闭合，帕米尔以北及中亚地区的区域应力场性质发生转变，最终在渐新世中晚期结束海侵。另一方面，塔西地区白垩纪中期海侵的开始，以及白垩纪末期和始新世末期两次海平面的下降，与全球海平面变化具有较好的一致性，表明塔里木盆地西部海平面的变化在长时间尺度上受到全球海平面变化趋势的影响（Hao et al.，1987；Millek et al.，2005），但与全球海平面变化也存在诸多差异，表明区域盆地构造作用对海平面变化具有较大的影响（Xi et al.，2016）。因此，塔西地区海侵-海退事件属于构造和全球海平面变化的叠加作用，但是构造运动可能控制着海侵的开始和结束（图6-2）。

早白垩世末至古近纪期间，在塔西地区发生了广泛的玄武质岩浆活动，岩浆活动主要发生于塔拉斯-费尔干纳断裂东部翁库尔、托云等盆地中，断裂西侧目前仅在萨热克巴依盆地中发现有辉绿岩侵入活动。在翁库尔盆地，下白垩统克孜勒苏群碎屑岩中夹厚约300m的含橄榄石玄武岩，并见有辉长岩和辉绿岩侵入，晚白垩世—古近纪碎屑岩中也夹玄武岩层。早白垩世火山岩同位素年龄为122.2～101.7Ma（李永安等，1995；韩宝福等，1998；徐学义等，2003b；季建清等，2006；梁涛等，2007），晚白垩世—古近纪火山岩及侵入岩形成于86.3～36.6Ma（李永安等，1995；王彦斌等，2000；季建清等，2006；梁涛等，2007）。地球化学研究表明，这些玄武岩具有与美国夏威夷洋岛玄武岩相似的地球化学特征，起源于富集地幔，同时又受到岩石圈地幔和地壳的混染，表明当时在该地区的地幔中存在一个热异常区。侏罗纪以来岩石圈规模的塔拉斯-费尔干纳断裂的走滑活动引起断裂东侧莫霍面底部局部抬升，逐渐发育成为小型地幔柱。对中亚天山地壳和上地幔的一维和三维构造研究表明，上述玄武质岩浆活动区域的下方目前仍处于热异常状态，地壳和上地幔在穿越塔拉斯-费尔干纳断裂时具有不连续构造。断裂东侧吉尔吉斯斯坦境内的天山被下伏地幔柱或地幔底辟的热浮力托起，而断裂西侧的天山则具有一个相对冷的、重的岩石圈根。中亚天山岩石圈结构的这种特征也支持上述地幔柱成因解释，同时也造成了塔拉斯-费尔干纳断裂两侧岩石圈“东热西冷”的地热特征。

始新世末，印度板块与欧亚板块碰撞，渐新世晚期上述碰撞的应力传递到南天山古生代碰撞造山带，使晚二叠世—三叠纪曾经存在的A型俯冲带再次活动。碰撞致使昆仑山西段向北推移，使遥遥相对的古天山和昆仑山彼此接近，同时使已被剥蚀为低山区的古天山和昆仑山又重新急剧抬升，并使喀什拗陷中生代发育的断陷盆地快速沉降，向大型内陆拗陷盆地发展。新近系在整个塔里木盆地均有分布，这表明塔里木自中新世开始已是一个统一的内陆盆地。

受南天山快速隆起和向南的推覆构造作用影响，喀什拗陷在中新世早期（克孜洛依组）转变为前陆盆地性质，接受一套以红色基调为主的厚约2400m的宽线氧化型的湖泊相砂泥岩沉积，下部夹多层石膏，以滨浅湖相沉积为主，局部有半深湖相，偶有浊流沉积，可能指示湖水变浅。其沉积环境变化较大，经历了氧化为主—还原为主—氧化为主的演变过程。在中新世中期（安居安组），则转为灰色、灰绿色的细-粉砂岩及泥岩沉积，表明此时湖盆水体变深，以浅湖-半深湖相沉积为主。到中新世晚期（帕卡布拉克组），发育一套褐红色、紫红色夹灰绿色中-厚层状细砂岩、粉砂岩与泥岩互层，夹少量中-薄层状或透镜状含砾砂岩及小砾岩，缺乏大、中型交错层理和斜层理，而发育水平层理和波浪构造，表现为浅湖相沉积为主，部分具滨湖相沉积特点。中新世喀什坳陷南、北分别为西昆仑、南天山剥蚀区，中间为一个宽浅氧化型湖盆，湖盆略具北高南低、西高东低的特点（图6-3）。

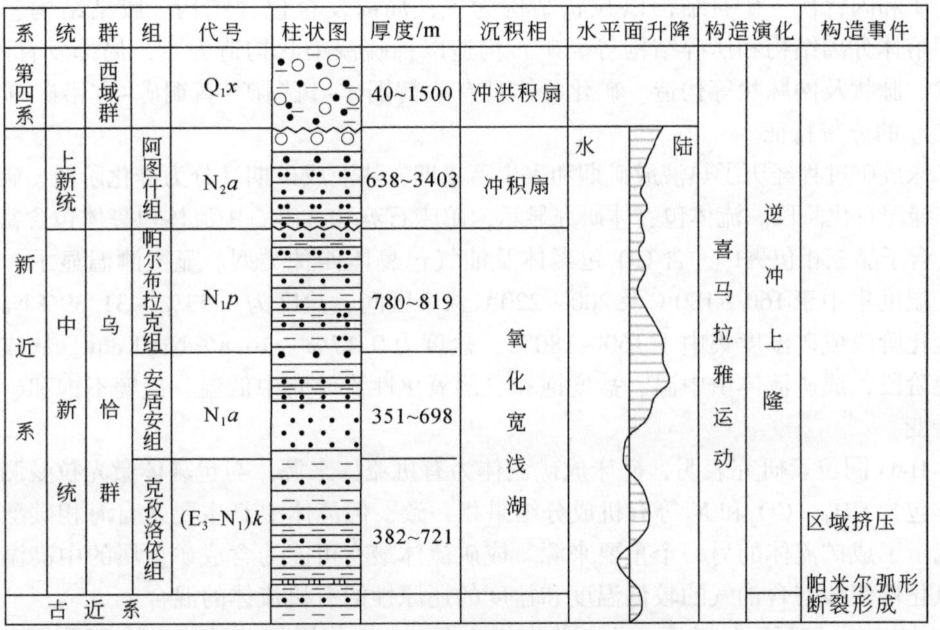

图6-3　研究区新近系-第四系沉积演化图（据方维萱等，2019）

上新世（阿图什组）喀什坳陷继承了中新世的古地形，沉积中心仍在喀什一带，山前坳陷下沉迅速，沉积厚度巨大，自下而上构成一个向上变粗的半个旋回的沉积。下部为滨湖相及辫状河相黄灰色、浅灰色砂泥岩夹砾岩及含砾砂岩，上部冲积扇为扇中和扇根相为褐灰色中-厚层状细-中砾岩与黄灰色含砾砂岩、砂岩互层沉积。

上新世末，由于晚喜马拉雅运动，古天山、古昆仑山山系急剧隆起，喀什坳陷已沦为半荒漠或沙漠化沉积。进入更新世，为前陆逆冲推覆带发育期，新近系褶皱变形。以山麓冲积扇沉积为特点的西域组巨厚砾岩层，在山前形成广泛发育的冲积平原。在研究区西北部（托帕）边界断裂带，还可以见到中泥盆统推覆逆冲于西域组之上。

第二节　矿床成矿模式

一、萨热克式砾岩型铜矿床

（一）矿床地质特征总结与成矿作用分析

萨热克式砾岩型铜矿床的赋矿层位为上侏罗统库孜贡苏组上段（J_3k^2）砾岩，主要为冲积扇相的扇中亚相，盖层为辫状河三角洲平原相的下白垩统克孜勒苏群第一岩性段（K_1kz^1）砂质泥岩。矿（化）体总体上呈层状、似层状或透镜状产出，总体产状与地层产状一致。围岩蚀变在宏观层面主要表现为赋矿砾岩层的大规模褪色蚀变，微观层面主要表现为硅化、碳酸盐化、绿泥石化和沥青化。矿石矿物包括辉铜矿、斑铜矿、黄铁矿、黄铜矿以及少量的方铅矿和闪锌矿。矿石结构以粒状结构为主，局部发育包含结构、胶结结构、交代结构、固溶体分离结构和压碎结构等。矿石构造以稀疏浸染状构造为主，局部发育团块状、斑点状、脉状及网脉状等构造。矿化整体具有“辉铜矿-斑铜矿-黄铜矿-方铅矿+闪锌矿-黄铁矿”的分带特征。

矿床成矿过程经历了热液成矿期和表生富集期，热液成矿期又分为硅化阶段、碳酸盐化阶段和绿泥石化阶段。流体包裹体研究显示，矿床石英和方解石中流体包裹体包含富液相包裹体、含子晶三相包裹体、含 CO_2 包裹体及油气包裹体四种类型。显微测温显示，硅化阶段成矿温度集中于 160～180℃及 200～220℃两个区间，盐度为 0.53%～31.39% NaCl eqv，碳酸盐化阶段成矿温度集中于 160～180℃，盐度为 0.17%～16.8% NaCl eqv。从成矿早阶段到晚阶段，成矿流体由中温、盐度饱和、偏氧化性流体向中低温、盐度不饱和、还原性流体转变。

C-H-O 同位素研究表明，矿床成矿流体为有机流体来源，与包裹体激光拉曼测试显示包裹体包含 CH_4、CO_2 和 N_2 等有机成分结果相一致，但流体中 C 主要来自海相碳酸盐的分解，揭示了成矿流体的另一个重要来源。成矿流体最有可能为含成矿金属的中高温度和盐度的氧化性流体与含油气的较低温度和盐度的还原性的有机流体的混合。

S 同位素示踪显示，矿区 S 主要为有机来源，TSR 作用是矿区 H_2S 的重要成因。Pb 同位素研究结果表明，成矿物质主要来源于上地壳和造山带的剥蚀区，没有地幔物质的参与。

矿床辉铜矿 Re-Os 同位素模式年龄为 141～146Ma，与萨热克巴依盆地晚侏罗世盆地萎缩抬升（燕山早期运动）的年代相一致，可能反映了成矿物质源区的时代。矿床黄铁矿的 Re-Os 同位素等时线年龄为 115.8±4.7Ma，与萨热克巴依盆地早白垩世末期隆升时代相一致，表明萨热克铜矿的成矿时代为早白垩世末。

矿区南矿带发育玄武质（辉绿岩）岩脉侵入下白垩统克孜勒苏群第二岩性段（K_1kz^2）中，岩脉两侧砂岩、粉砂质泥岩及泥质粉砂岩发育大规模的褪色蚀变并伴生孔雀石矿化，且岩脉呈角砾被捕获于或被含矿方解石+石英脉穿插，结合年代学研究揭示出的区域上玄武质岩浆活动集中于 120～110Ma 和 67～36Ma 两个年龄区间内的特征（韩宝福等，1998；Sobele and Arnaud，2000；王彦斌等，2000；季建清等，2006；梁涛等，2007），矿区辉绿岩脉侵入时代最有可能稍早于或与成矿作用（115.8±4.7Ma）近乎同期。

萨热克成矿深度一般为 0.75～1.68km（方维萱等，2017a），最大深度可达 1.84km，与杜玉龙等（2020）根据黑云母地质温度-压力计推测辉绿岩的成岩最小深度（2.15km）在垂向上极为接近，同时，方维萱等（2017b）研究表明含铜蚀变辉绿岩及其外接触带发生绿泥石化相蚀变温度平均为 175～238℃，与流体包裹体测温结果相一致，均表明矿区玄武质岩浆的活动与成矿作用具有耦合关系，岩浆作用可能为盆地深部烃源岩大规模生烃、排烃和流体运移提供了热驱动力。

（二）矿床成矿模式

对矿床地质特征、矿物地球化学、成矿流体、成矿物质来源以及年代学的综合研究，结合区域大地构造–盆地沉积演化，建立萨热克式砾岩型铜矿床成矿模式（图6-4）如下所示。

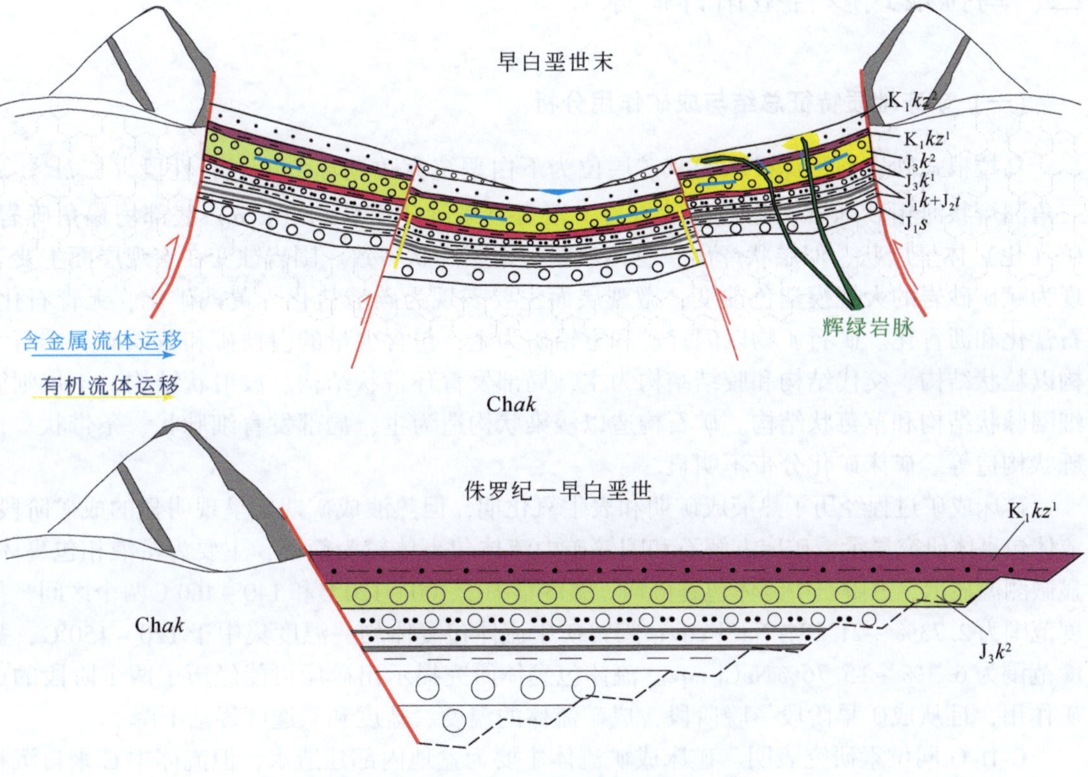

图6-4 萨热克式砾岩型铜矿成矿模式图

K_1kz^2-克孜勒苏群第二岩性段；K_1kz^1-克孜勒苏群第一岩性段；J_3k^2-库孜贡苏组第二岩性段；J_3k^1-库孜贡苏组第一岩性段；J_2t-塔尔尕组；J_1k-康苏组；J_1s-莎里塔什组；Chak-阿克苏群

（1）侏罗纪—早白垩世（J-E_1）：萨热克巴依断陷盆地经历了早侏罗世早期的盆地断陷快速下沉、早侏罗世晚期到中侏罗世的盆地稳定沉降、晚侏罗世盆地萎缩抬升消亡的三个发展演化阶段。其中早侏罗世晚期盆地接受稳定沉积，形成了一套巨厚的含煤、碳质层，为富烃类流体的形成提供基础；晚侏罗世，受燕山构造运动的影响，盆地迅速萎缩，接受盆地两侧高金属背景值的长城系变质岩碎屑快速堆积，形成了一套高孔隙度、高渗透率的砾岩，为后期成矿提供了赋矿空间；早白垩世，盆地接受稳定沉积，形成了一套陆相灰色、紫红色砂岩、泥岩，具有低孔隙度、低渗透率的特点，在成矿过程中，起到了圈闭流体的作用。

（2）早白垩世末（E_1）：萨热克巴依断陷盆地发生构造反转，由拉伸断陷转变为挤压抬升，同时伴随大规模的玄武质岩浆活动，构造+岩浆活动为区域性盆地卤水的运移提供了动力和热源，盆地卤水开始大规模地循环和排泄，在此过程中淋滤成矿物质（Cu/Pb/Zn）。同时，在经历侏罗纪—早白垩世的深埋和变质后，本区煤系地层中烃类开始大量生成，含烃类的还原性（含S）流体沿断裂上升，与富含成矿物质的盆地卤水在库孜贡苏组上段（J_3k^2）砾岩层混合，导致成矿物质卸载成矿。

二、乌拉根式砂岩型铅锌矿床

（一）矿床地质特征总结与成矿作用分析

乌拉根式砂岩型铅锌矿床的赋矿层位为下白垩统克孜勒苏群第五岩性段（K_1kz^5）扇三角洲辫状河相砂砾岩、砾岩和砂岩与上覆古近系阿尔塔什组（E_1a）底部坍塌角砾岩。矿（化）体呈层状、似层状产出，总体产状与地层产状一致。围岩蚀变在宏观层面主要表现为赋矿砂岩的大规模褪色蚀变，微观层面主要表现为碳酸盐化、黄铁矿化、天青石化、石膏化和沥青化。矿石矿物以闪锌矿和方铅矿为主，包含少量的白铁矿和黄铁矿。矿石结构以粒状结构、交代结构和胶结结构为主，局部发育环带状结构、放射状结构、不规则微细网脉状结构和草莓状结构。矿石构造以浸染状构造为主，局部发育细脉状、条带状、角砾状构造等。矿床矿化分带不明显。

矿床成矿过程经历了热液成矿期和表生氧化期，但热液成矿期未呈现明显的成矿阶段。流体包裹体研究显示，矿床方解石和闪锌矿中流体包裹体较为简单，主要为富液相包裹体。显微测温显示，方解石中流体包裹体均一温度集中于100～120℃和140～160℃两个区间，盐度范围为2.73%～21.18% NaCl eqv；闪锌矿中流体包裹体均一温度集中于120～150℃，盐度范围为6.3%～15.76% NaCl eqv。流体包裹体研究揭示出矿床可能经历了两个阶段的成矿作用，且从成矿早阶段→晚阶段，成矿流体的温度、盐度和氧逸度逐渐下降。

C-H-O同位素研究表明，矿床成矿流体主要为盆地内部建造水，但流体中C来自沉积有机物的脱羧基作用，表明成矿流体有有机质的加入，油田卤水可能为矿区成矿有机质的重要来源。

S同位素示踪显示，矿区S来源广泛，BSR和TSR均可能为矿区H_2S的重要成因，碎屑岩中的石膏胶结物可能也是S的重要来源。Pb同位素研究结果表明，成矿物质主要来源于上地壳和造山带的剥蚀区，没有地幔物质的参与，下白垩统克孜勒苏群第五岩性段（K_1kz^5）可能为成矿物质最直接的来源。

区域上在晚白垩世—古近纪经历了5次大规模的海侵-海退旋回，其中第二次海退过程在区域上形成了以古新统阿尔塔什组石膏岩为主的沉积序列，为成矿流体的圈闭提供了条件。矿床黄铁矿的Re-Os同位素等时线年龄为47.97±0.66Ma，与早始新世中晚期（50～46.3Ma）区域隆升事件相对应（席党鹏等，2020），表明乌拉根铅锌矿的成矿时代为早始新世末。

（二）矿床成矿模式

通过对矿床地质、矿物地球化学、成矿流体、成矿物质来源以及年代学的综合研究，结合区域大地构造-盆地沉积演化，建立起乌拉根式铅锌矿床成矿模式（图6-5）。

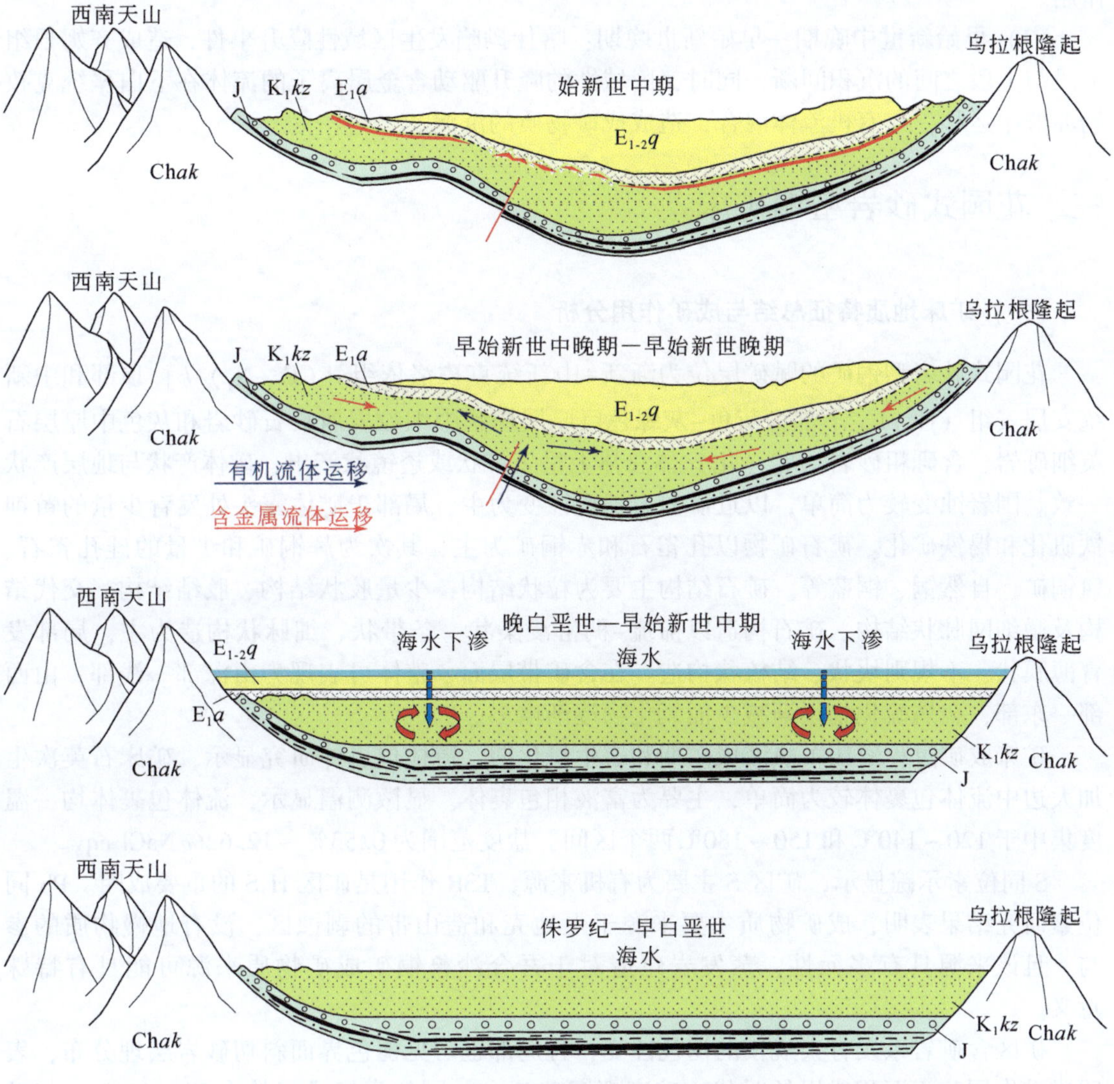

图6-5　乌拉根式铅锌矿成矿模式图

$E_{1-2}q$-齐姆根组；E_1a-阿尔塔什组；K_1kz-克孜勒苏群；J-侏罗系；Chak-阿克苏群

（1）侏罗纪—早白垩世：喀什拗陷在早侏罗世形成了一套巨厚含煤、碳质层，为富烃类流体的形成提供基础；晚侏罗世，受燕山构造运动的影响，接受盆地两侧高金属背景值的长城系变质岩碎屑快速堆积，形成了一套高孔隙度、高渗透率的砾岩；早白垩世，盆地接受稳定沉积，形成了一套陆相辫状河相紫红色砂岩、砂砾岩、泥岩，为后期成矿提供了矿源层和赋矿空间。

（2）晚白垩世—早始新世中期：喀什拗陷经历了3次海侵-海退旋回，其中第二次海退过程在区域上形成了古新统阿尔塔什组（E_1a）石膏-灰岩为主的沉积序列，第三次海侵-海退旋回形成了齐姆根组下段的碳酸盐岩建造，其间海水下渗形成盆地卤水，循环淋滤使得成矿物质初步富集，而阿尔塔什组的石膏-灰岩在成矿过程中，起到了圈闭流体的作用。

（3）早始新世中晚期—早始新世晚期：喀什拗陷发生区域性隆升事件，造成齐姆根组下段与上段之间的沉积间断，同时，区域性的隆升驱动含金属离子的流体在下白垩统克孜勒苏群中运移，与有机流体混合，造成成矿物质的沉淀。

三、花园式砂岩型铜矿床

（一）矿床地质特征总结与成矿作用分析

花园式砂岩型铜矿的赋矿层位为渐新-中新统克孜洛依组［(E_3-N_1) k］顶部和中新统安居安组（N_1a），下部为灰色-灰绿色巨厚层块状中细粒岩屑长石砂岩和灰色中厚层石英细砾岩、含砾粗砂岩。矿（化）体总体上呈条带状或透镜状产出，矿体产状与地层产状一致。围岩蚀变较为简单，以近矿砂岩褪色蚀变为主，局部于矿体露头处发育少量的黄钾铁矾化和褐铁矿化。矿石矿物以孔雀石和赤铜矿为主，其次为辉铜矿和少量的硅孔雀石、氯铜矿、自然铜、铜蓝等。矿石结构主要为粒状结构，少量胶状结构、胶结结构、交代结构及微细网脉状结构。矿石构造以稀疏-稠密浸染状、条带状、细脉状构造为主，局部发育薄膜状、不规则块状、结核状构造。在含矿带层面，整体可表现为由深部→浅部，由西部→东部，金属硫化物逐渐减少而氧化物逐渐增多。

矿床成矿过程经历了热液成矿期和表生氧化期。流体包裹体研究显示，矿床石英次生加大边中流体包裹体较为简单，主要为富液相包裹体。显微测温显示，流体包裹体均一温度集中于120～140℃和150～180℃两个区间，盐度范围为0.53%～12.62% NaCl eqv。

S同位素示踪显示，矿区S主要为有机来源，TSR作用是矿区H_2S的重要成因。Pb同位素研究结果表明，成矿物质主要来源于上地壳和造山带的剥蚀区，没有地幔物质的参与，且该来源具有多元性，蒸发岩建造对于吾合沙鲁铜矿成矿物质来源可能具有特殊意义。

矿区含矿岩系发育大规模的褪色蚀变，且局部也可见褪色界面斜切砂岩层理分布，表明成矿作用晚于沉积成岩的时代。矿床辉铜矿Re-Os同位素模式年龄为21～13Ma，与矿区中新世早-中期含矿建造（渐新-中新统克孜洛依组和中新统安居安组）沉积时代相一致，可能反映了成矿物质源区的时代，其最年轻的辉铜矿Re-Os同位素模式年龄为11Ma，与西南天山在中新世晚期（12Ma）逆冲推覆作用向盆地逐渐扩展时代相一致（陈伟新，2016），表明吾合沙鲁铜矿的成矿时代为中新世中期末。

（二）矿床成矿模式

通过对矿床地质、成矿流体、成矿物质来源和成矿年代学的综合研究，结合区域大地构造-盆地沉积演化，建立起花园式砂岩型铜矿成矿模式（图6-6）。

（1）渐新世晚期—中新世早-中期：随着南天山的逐渐隆升，喀什拗陷北部整体接受高金属背景值的岩石碎屑快速堆积，在中新世早-中期沉积了一套陆相红色沉积建造，形

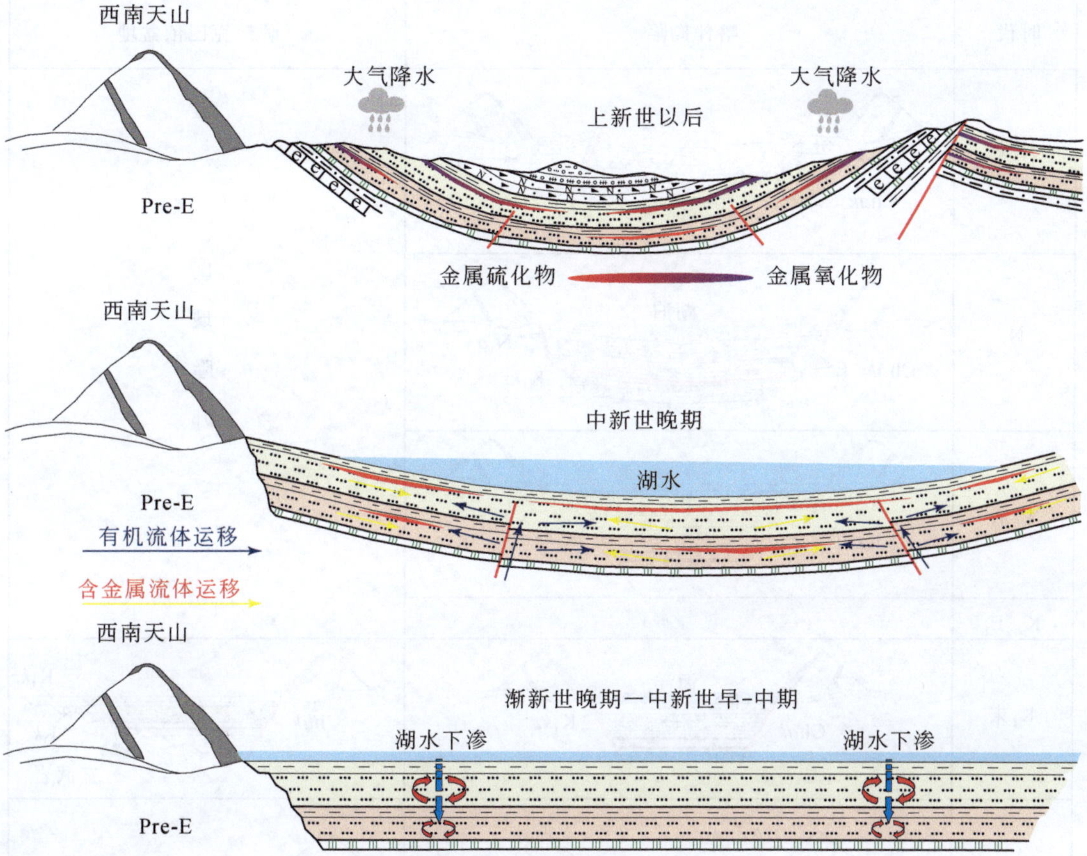

图 6-6　花园式铜矿成矿模式图

Pre-E-前古近系沉积

成矿源层和赋矿空间；与此同时，湖水下渗形成盆地卤水，卤水循环淋滤使得成矿物质初步富集。

（2）中新世晚期：受印度板块与亚洲大陆碰撞影响，南天山快速隆起并引起向南的大规模的推覆构造运动，盆地卤水开始大规模的循环和排泄，同时深部有机流体沿基底断裂上升，到达浅部砂岩层时遇有机质被还原，导致成矿物质卸载成矿。

（3）上新世以后：先期形成的硫化物在近地表环境下，在大气降水及氧气、二氧化碳等物质的直接参与下，黄铁矿等铁的硫化物被氧化成赤铁矿、褐铁矿等暗色矿物，而辉铜矿、斑铜矿、黄铜矿等铜的硫化物被氧化成赤铜矿，在地表环境则进一步被氧化成蓝铜矿、孔雀石、硅孔雀石等铜的碳酸盐类矿物。

第三节　区域构造-成矿作用时空格架

本次研究将矿床成矿作用与盆地沉积-构造演化相结合，构建了塔西地区砂砾岩型铜铅锌矿床的构造活动-盆山演化-成矿作用的时空格架，具体过程如图 6-7 所示。

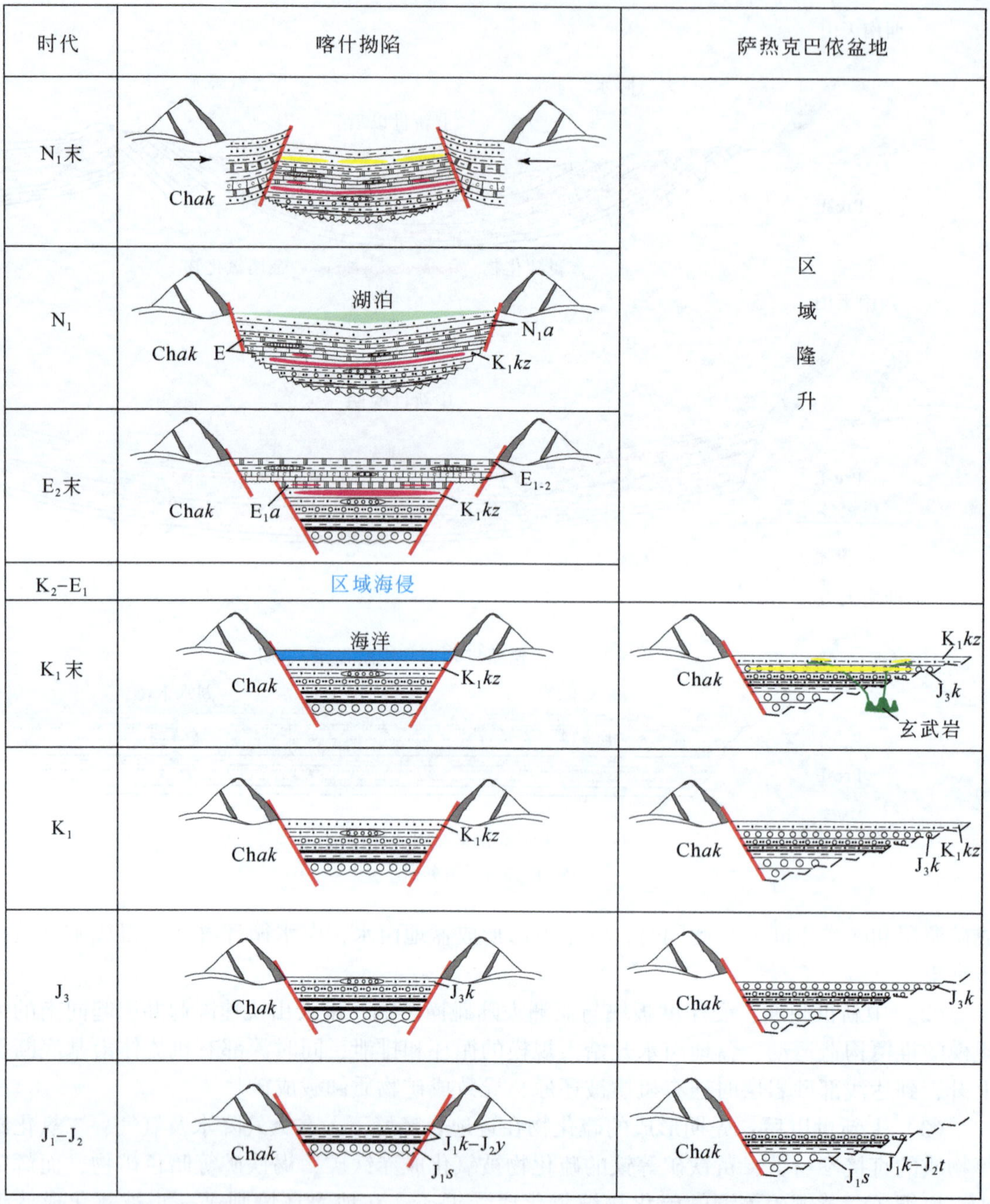

图 6-7　研究区砂砾岩型铜铅锌矿床成矿时空格架图谱

N_1a-安居安组；E_{1-2}-始新–渐新统；E-古近系；E_1a-阿尔塔什组；K_1kz-克孜勒苏群；J_3k-库孜贡苏组；J_2y-杨叶组；J_1k-康苏组；J_1s-莎里塔什组；Chak-阿克苏群

(一) 早–中侏罗世区域拗陷与塔拉斯–费尔干纳断裂活化事件

晚三叠世—早白垩世塔拉斯–费尔干纳断裂的走滑活动形成了切列克辛早、中侏罗世走滑拉分断陷盆地（萨热克巴依盆地属于其中一部分），为砾岩型铜矿的形成奠定了构造基础，盆地在早、中侏罗世沉积了一系列滨浅湖-半深湖相含煤系碎屑岩建造，成为区域上重要的烃源层位，为后期铜铅锌的成矿作用提供了丰富的油气及硫源。

（二）晚侏罗世南北对冲作用与抬升事件

晚侏罗世燕山早期构造运动（库孜贡苏运动）造成切列克辛（萨热克巴依）盆地整体挤压上隆，盆地内部沉积了上侏罗统库孜贡苏组冲积扇相杂色粗碎屑岩沉积，随后于早白垩世早期在盆地沉积了克孜勒苏群底部的砂质泥岩，两者共同构成了萨热克式砾岩型铜矿的控矿岩相组合，圈闭盆地卤水在库孜贡苏组等层位淋漓成矿物质并使其初步富集。

（三）早白垩世末区域玄武质岩浆活动

早白垩世末切列克辛（萨热克巴依）盆地开始整体抬升，引起盆地卤水的运移，卤水在运移的过程中沿库孜贡苏组内活动并与含有还原剂（有机质、油气）的流体混合，引起成矿物质卸载成矿，而同时期的盆地遭受玄武质岩浆的底侵作用，可能为成矿作用提供了流体驱动力和热源。

（四）早白垩世末—古近纪区域拗陷作用与海侵事件

早白垩世末喀什拗陷开始拗陷下沉，发生海侵作用，沉积了一套巨厚的三角洲相-海湾相-潟湖相碳酸盐岩-陆源碎屑岩-膏泥岩组合，其中古近系阿尔塔什组底部的石膏层与下白垩统克孜勒苏群灰白色辫状河三角洲相砂砾岩共同组成乌拉根式砂岩型铅锌矿的控矿岩相组合，圈闭盆地卤水在克孜勒苏群等层位淋漓成矿物质并使其初步富集。

（五）早始新世末—中始新世初喀什拗陷短暂抬升

可能受南天山早始新世末—中始新世初抬升事件的影响，喀什拗陷发生短暂区域性隆升事件，造成齐姆根组下段与上段之间的沉积间断，同时，区域性的隆升驱动含金属离子的流体在下白垩统克孜勒苏群中运移，与有机流体混合，造成成矿物质的沉淀成矿。

（六）中新世前陆盆地阶段

进入新近纪，印度板块与欧亚板块碰撞应力致使我国南天山迅速隆起，喀什拗陷进入再生前陆盆地发展阶段，盆地在中新世沉积了巨厚的陆相红色沉积建造，为后期砂岩型铜矿的形成奠定了坚实的物质基础（矿源层+富矿层）。

（七）中新世晚期以来的南天山逆冲推覆构造运动

受印度板块与亚洲大陆碰撞影响，中新世晚期我国南天山开始快速隆起并引起向南的大规模的推覆构造运动，驱动盆地卤水沿中新统等层位运移并在有利部位被还原剂（有机质、油气）还原而成矿。

参考文献

蔡东升，卢华复，贾东，等．1995. 南天山古生代板块构造演化．地质论评，41（5）：432-443.

蔡宏渊，邓贵安，郑跃鹏．2002. 新疆乌拉根铅锌矿床成因探讨．矿产与地质，16（1）：1-5.

陈伟新．2016. 帕米尔南天山新生代构造事件的沉积相应研究．杭州：浙江大学．

陈兴，薛春纪．2016. 西天山乌拉根大规模铅锌成矿中 H_2S 成因：菌生结构和硫同位素组成约束．岩石学报，32（5）：1301-1314.

董传奇，胡煌昭，任涛，等．2017. 塔西乌拉根铅锌矿床硫同位素地球化学特征．矿物学报，37（5）：653-660.

董书云．2010. 西南天山阔克萨勒岭地区蛇绿岩中的基性岩岩石学和地球化学研究．北京：中国地质大学（北京）．

董新丰，薛春纪，李志丹，等．2013. 新疆喀什拗陷乌拉根铅锌矿床有机质特征及其地质意义．地学前缘，20（1）：129-145.

董云鹏，朱炳泉，常向阳，等．2002. 滇东师宗–弥勒带北段基性火山岩地球化学及其对华南大陆构造格局的制约．岩石学报，18（1）：37-46.

杜玉龙，方维萱，鲁佳．2020. 新疆萨热克辉长辉绿岩类成岩温度–压力–氧逸度特征与成岩作用演化趋势. 岩石学报，36（2）：484-508.

方维萱，贾润幸，王磊．2017a. 塔西陆内红层盆地中盆地流体类型、砂砾岩型铜铅锌–铀矿床的大规模褪色化围岩蚀变与金属成矿．地球科学与环境学报，39（5）：585-619.

方维萱，王磊，鲁佳，等．2017b. 新疆萨热克铜矿床绿泥石化蚀变相与构造–岩浆–古地热事件的热通量恢复．矿物学报，37（5）：661-675.

方维萱，王磊，王寿成，等．2019. 塔西砂砾岩型铜铅锌矿床成矿规律与找矿预测．北京：科学出版社．

高荣臻．2018. 新疆西南天山中–新生界砂岩容矿铅锌成矿作用——以乌拉根铅锌矿床为例．北京：中国地质大学（北京）．

高振家，陈晋镳，陆松年，等．1993. 新疆北部前寒武系．北京：地质出版社．

郭会其．2016. 新疆乌拉根铅锌矿床地质特征及成因．成都：成都理工大学．

郭宪璞．1991. 新疆克孜勒苏群的沉积环境探讨：兼论塔里木盆地在西部白垩系最低海相层位．地质学报，65（2）：188-198.

郭宪璞，丁孝忠，赵子然，等．2018. 塔里木盆地西南地区晚白垩世中晚期海相性南北分异研究．地质论评，64（5）：1078-1086.

韩宝福，王学潮，何国琦，等．1998. 西南天山早白垩世火山岩中发现地幔和下地壳捕虏体．科学通报，43（23）：2544-2547.

韩凤彬．2012. 新疆乌恰乌拉根铅锌矿床成因研究．北京：中国地质科学院．

韩凤彬，陈正乐，刘增仁，等．2012. 塔里木盆地西北缘乌恰地区乌拉根铅锌矿床 S-Pb 同位素特征及其地质意义．地质通报，31（5）：783-792.

韩吟文，马振东，张宏飞，等．2003. 地球化学．北京：地质出版社．

郝诒纯，曾学鲁．1984. 从有孔虫的特征探讨中新生代西塔里木古海湾的演变．微体古生物学报，1（1）：1-18.

郝诒纯，曾学鲁，李汉敏．1982. 塔里木盆地西部晚白垩世–第三纪地层及有孔虫．地质研究，1（2）：1-142.

郝诒纯，曾学鲁，郭宪璞．1987. 新疆塔里木盆地西部海相白垩系及其沉积环境探讨．地质学报，

61（3）：205-217.

何岸北．2017. 新疆乌拉根铅锌矿克孜勒苏群五段物源分析及沉积特征研究．昆明：昆明理工大学．

季建清，韩宝福，朱美妃，等．2006. 西天山托云盆地及周边中新生代岩浆活动的岩石学、地球化学与年代学研究．岩石学报，22（5）：1324-1340.

贾润幸，方维萱，王磊，等．2016. 新疆萨热克铜多金属矿成矿预测方法．矿产勘查，7（6）：965-970.

贾润幸，方维萱，胡雷雷，等．2017. 新疆萨热克铜矿床硫铅氢氧碳同位素地球化学特征．矿物学报，37（5）：630-637.

贾润幸，方维萱，李建旭，等．2018. 新疆萨热克铜矿床铼-锇同位素年龄及其地质意义．矿床地质，37（1）：151-162.

李超，杨雪，赵鸿，等．2015. Pg-Ng 级 Os 同位素热表面电离质谱高精度分析测试技术．岩矿测试，34（4）：392-398.

李丰收，王伟，杨金明．2005. 新疆乌恰县乌拉根铅锌矿床地质地球化学特征及其成因探讨．矿产与地质，19（4）：335-340.

李盛富．2007. 喀什拗陷北缘侏罗系沉积特征及其含铀性．世界核地质科学，24（1）：1-6.

李永安，李强，张慧，等．1995. 塔里木盆地及其周边古地磁研究与盆地形成演化．新疆地质，13（4）：341-344.

李志丹，薛春纪，董新丰，等．2013. 新疆乌恰县乌拉根铅锌矿床地质特征和 S-Pb 同位素组成．地学前缘，20（1）：40-54.

梁涛，罗照华，柯珊，等．2007. 新疆托云火山群 SHRIMP 锆石 U-Pb 年代学及其动力学意义．岩石学报，23（6）：1381-1391.

刘家军，何明勤，李志明，等．2004. 云南白秧坪银铜多金属矿集区碳氧同位素组成及其意义．矿床地质，23（1）：1-10.

刘增仁，田培仁，祝新友，等．2011. 新疆乌拉根铅锌矿成矿地质特征及成矿模式．矿产勘查，2（6）：669-680.

刘孜，方维萱，卜鹏．2020. 新疆萨热克巴依盆地中-新生代构造变形特征及其找矿意义．地质通报，39（11）：196-210.

柳坤峰，冯昌荣，祁晓鹏，等．2020. 新疆乌恰县吾合沙鲁砂岩型铜矿床地质特征及找矿标志．西北地质，53（3）：113-126.

孙燕琪．2019. 塔里木盆地西部阿尔塔什剖面乌拉根组钙质超微古生物地层及对特提斯海退时间的约束．北京：中国地质大学（北京）．

唐天福．1992. 新疆塔里木盆地西部晚白垩世至早第三纪海相沉积特征及沉积环境．北京：科学出版社．

王富军，陆远志，郑碧海，等．2017. 乌什-阿克苏地区新元古代蓝片岩地体构造变形特征．地质学报，95（5）：1414-1425.

王彦斌，王永，刘训，等．2000. 南天山托云盆地晚白垩纪-早第三纪玄武岩的地球化学特征及成因初探．岩石矿物学杂志，19（2）：131-139.

席党鹏，唐自华，王雪娇．2020. 塔里木盆地西部白垩纪-古近纪海相地层框架及对重大地质事件的记录．地学前缘，27（5）：165-198.

谢世业，莫江平，杨建功，等．2003. 新疆乌恰县乌拉根新生代热卤水喷流沉积铅锌矿成因研究．矿产与地质，17（1）：11-16.

新疆维吾尔自治区地质矿产局．1999. 新疆维吾尔自治区岩石地层．武汉：中国地质大学出版社．

新疆维吾尔自治区区域地层表编写组．1981. 西北地区区域地层表·新疆维吾尔自治区分册．北京：地质出版社．

徐学义，马中平，李向民，等. 2003a. 西南天山吉根地区 P-MORB 残片的发现及其构造意义. 岩石矿物学杂志，22（3）：245-253.

徐学义，夏林圻，夏祖春，等. 2003b. 西南天山托云地区白垩纪-早第三纪玄武岩地球化学及其成因机制. 地球化学，32（6）：551-560.

杨威，郭召杰，姜振学. 2017. 西南天山前陆盆地侏罗纪-白垩纪盆山格局——来自碎屑锆石年代学的证据. 大地构造与成矿学，41（3）：533-550.

杨耘. 2001. 萨瓦亚尔顿金矿床成矿物质来源的初步探讨. 新疆地质，19（4）：34-38.

雍天寿，单金榜，魏景明，等. 1989. 古特提斯海北支塔里木古海湾岩相古地理. 北京：科学出版社.

张传林，马华东，朱炳玉. 2019. 西昆仑-喀喇昆仑造山带构造演化及其成矿效应. 地质论评，65（5）：1077-1102.

张桂权，吕勇，丁维敏. 2003. 喀什凹陷北部下白垩统克孜勒苏群（K_1kz）储层评价. 南方油气，16（2）：25-30.

张健，张传林，李怀坤，等. 2014. 再论塔里木北缘阿克苏蓝片岩的时代和成因环境：来自锆石 U-Pb 年龄、Hf 同位素的新证据. 岩石学报，30（11）：3357-3365.

张君峰，王东良，王招明，等. 2005. 喀什拗陷阿克莫木气田天然气成藏地球化学. 天然气地球科学，16（4）：507-513.

张舒. 2010. 南天山典型铅锌矿床地质-地球化学特征及成因研究. 北京：中国地质大学（北京）.

赵冰爽. 2018. 硫化物 Re-Os 同位素等时线及其在东天山梅岭铜矿床黄铁矿中的探讨. 广州：中国科学院广州地球化学研究所.

赵路通，马忠美，杨卫立. 2021. 新疆托帕铜铅锌矿床地质特征及找矿标志. 矿产勘查，12（4）：911-918.

赵孟军，王招明，宋岩，等. 2005. 塔里木盆地喀什拗陷油气来源及其成藏过程. 石油勘探与开发，32（2）：40-54.

周志毅，陈丕基. 1990. 塔里木生物地层和地质演化. 北京：科学出版社.

祝新友，王京彬，刘增仁，等. 2010. 新疆乌拉根铅锌矿床地质特征与成因. 地质学报，84（5）：695-702.

Bosboom R E, Dupont-Nivet G, Grothe A, et al. 2014a. Timing, cause and impact of the late eocene stepwise sea retreat from the Tarim basin (West China). Palaeogeography Palaeoclimatology Palaeoecology, 403: 101-118.

Bosboom R E, Dupont-Nivet G, Grothe A, et al. 2014b. Linking Tarim basin sea retreat (West China) and Asian aridification in the late Eocene. Basin Research, 26: 621-640.

Bosboom R E, Dupont-Nivet G, Grothe A, et al. 2014c. Oligocene clockwise rotations along the eastern Pamir: tectonic and paleogeographic implications. Tectonics, 33: 53-66.

Burtman V S. 1980. Faults of Middle Asia. American Journal of Science, 280 (8): 725-744.

Burtman V S, Skobelev S F, Molnar P. 1996. Late cenozoic slip on the Talas-Fergana fault, the Tienshan, Central Asia. Geological Society of America Bulletin, 108 (8): 1004-1021.

Canfield D E, Teske A. 1996. Late proterozoic rise in atmospheric oxygen concentration inferred from phylogenetic and sulfur-isotope studies. Nature, 382 (6587): 127-132.

Canfield D E, Thamdrup B. 1994. The production of δ^{34}S-depleted sulfide during bacterial disproportionation of elemental sulfur. Science, 266 (5193): 1973-1975.

Cao W C, Xi D P, Jiang T, et al. 2018. Calcareous nannofossil changes linked to climate deterioration during the Paleocene-Eocene thermal maximum in Tarim basin, NW China. Geoscience Frontiers, 9 (5): 1465-1478.

Clayton R N, O'Neil J R, Mayeda T K. 1972. Oxygen isotope exchange between quartz and water. Journal of Geophysical Research Atmospheres, 77 (17): 3057-3067.

Creaser R A, Papanastassiou D A, Wasserburg G J W. 1991. Negative thermal ion mass spectrometry of osmium, rhenium, and iridium. Geochimica et Cosmochimica Acta, 55 (1): 397-401.

Du N D, Qu W J, Wang D H, et al. 2013. Re-Os geochronology and its application in ore deposits. Beijing: Geological Publishing House Publication.

Greenwood P F, Brocks J J, Grice K, et al. 2013. Organic geochemistry and mineralogy. I: Characterisation of organic matter associated with metal deposits. Ore Geology Reviews, 50: 1-27.

Habicht K S, Canfield D E. 1997. Sulfur isotope fractionation during bacterial sulfate reduction in organic-rich sediments. Geochimica et Cosmochimica Acta, 61 (24): 5351-5361.

Hall D L, Sterner S M, Bodnar R J. 1998. Freezing point depression of NaCl-KCl-H_2O solutions. Economic Geology, 83: 197-202.

Haq B U, Hardenbol J, Vail P R. 1987. Chronology of fluctuating sea levels since the Triassic. Science, 235: 1156-1167.

Head I M, Jones D M, Larter S R. 2003. Biological activity in the deep subsurface and the origin of heavy oil. Nature, 426 (6964): 344-352.

Jiang T, Wan X Q, Aitchison J C, et al. 2018. Foraminiferal response to the PETM recorded in the SW Tarim basin, central Asia. Palaeogeography, Palaeoclimatology, Palaeoecology, 506: 217-225.

Lan X. 1997. Paleogene bivalve communities in the western Tarim Basin and their paleoenvironmental implications. Paleoworld, 7: 137-157.

Leach D L, Sangster D F, Kelley K D, et al. 2005. Sediment-hosted lead-zinc deposits: a global perspective. Economic Geology 100th Anniversary Volume, 561-607.

Liu D D, Jolivet M, Yang W, et al. 2013. Latest paleozoic-early mesozoic basin-range interactions in South Tian Shan (northwest China) and their tectonic significance: constraints from detrital zircon U/Pb ages. Tectonophysics, 599: 197-213.

Ludwig K R. 2003. Isoplot 3.0a—A geochronological toolkit for Microsoft Excel. Berkeley, California, Berkeley Geochronology Center Special, Publication, 4: 1-71.

Machel H G. 2001. Bacterial and thermochemical sulfate reduction in diagenetic settings: old and new insights. Sedimentary Geology, 140 (1-2): 143-175.

Miller K G, Kominz M A, Browning J V, et al. 2005. The Phanerozoic record of global sea-level change. Science, 310: 1293-1298.

Sheppard S M F. 1986. Characterization and isotopic variations in natural waters. Reviews in Mineralogy, 16 (1): 165-183.

Smoliar M I, Walker R J, Morgan J W. 1996. Re-Os ages of group IIA, IIIA, IVA, and IVB iron meteorites. Science, 271: 1099-1102.

Sobel E R, Arnaud N. 2000. Cretaceous-Paleogene basaltic rocks of the Tuyon basin, NW China and the Kyrgyz Tianshan: the trace of a small plume. Lithos, 50 (1-3): 191-215.

Southam G, Saunders J A. 2005. The geomicrobiology of ore deposits. Economic Geology, 100 (6): 1067-1084.

Tang Z H, Dong X X, Wang X, et al. 2015. Oligocene-Miocene magnetostratigraphy and magnetic anisotropy of the Baxbulak section from the Pamir-Tian Shan convergence zone. Geochemistry, Geophysics, Geosystems, 16 (10): 3575-3592.

Wang Y, Zhang Z C, Zhang S, et al. 2017. Palaeogene sediment-hosted Pb-Zn deposits in SE Asia: the Uragen example. International Geology Review, 1-13.

Wilhelms A, Larter S R, Head I, et al. 2001. Biodegradation of oil in uplifted basins prevented by deep-burial sterilization. Nature, 411 (6841): 1034-1037.

Wilson M. 1989. Igneous Petrogenesis. London: Unwin Hyman.

Xi D P, Cao W X, Chen Y, et al. 2016. Late Cretaceous biostratigraphy and sea-level change in the southwest Tarim Basin. Palaeogeography, Palaeoclimatology, Palaeoecology, 414: 516-527.

Xue X J, Chi G X, Li Z D, et al. 2014. Geology, geochemistry and genesis of the Cretaceous and Paleocene sandstone- and conglomerate-hosted Uragen Zn-Pb deposit, Xinjiang, China: a review. Ore Geology Reviews, 63: 328-342.

Yang W, Jolivet M, Dupont-Nivet G, et al. 2014. Mesozoic-Cenozoic tectonic evolution of southwestern Tian Shan: evidence from detrital zircon U/Pb and apatite fission track ages of the Ulugqat area, Northwest China. Gondwana Research, 26: 986-1008.

Zartman R E, Doe B R. 1981. Plumbotectonics—the model. Tectonophysics, 75: 135-162.

Zhang S J, Hu X M, Zhong H, et al. 2018. Climatic and tectonic controls on Cretaceous-Palaeogene sea-level changes recorded in the Tarim epicontinental sea. Palaeogeography, Palaeoclimatology, Palaeoecology, 501: 92-110.

Zhao L T, Wang J B, Wang Y Y, et al. 2019. Pyrite Re-Os geochronology of the Sareke sediment-hosted Cu deposit, Xinjiang, NW China. Ore Geology Reviews, 104: 620-627.

Zheng H B, Wei X C, Tada R, et al. 2015. Late oligocene early miocene birth of the Taklimakan Desert. Proceedings of the National Academy of Sciences of the United States of America, 112 (25): 7662-7667.

Zheng Y F. 1999. Oxygen isotope fractionation in carbonate and sulfate minerals. Geochemical Journal, 33: 109-126.